理工系学生の

線形代数

［Webアシスト演習付］

桂 利行［編］ 池田敏春・佐藤好久・廣瀬英雄［共著］

培風館

編者まえがき

線形代数は，微分積分学とともに，大学初年度の理系の学生がマスターしなければならない科学の基礎である．2013 年に，日本学術会議は数理科学の「参照基準」を作成し，数理科学とはどのような分野であり，大学ではどのようなことが教えられるべきであるかという基準を明示した．その中で，線形代数の重要性に言及している．このように，線形代数が数理科学の基礎として重要な位置を占めるということは変わることがないが，IT 等の進歩によりこの十数年で社会は大きく変化し，学生の気質も昔とは大きく変わってきた．数学の教材は普遍的な内容を尊重しつつ，そのような変化に対応していかなければならない．

本書は，現在の平均的な大学の理系の学生が，無理なく線形代数を学習できるよう配慮して執筆されている．つまり，数学の完成された理論をただ理路整然と解説するというのではなく，どのような理由があってそうなっているのかという理論の裏側にも光をあて，本質的な理解をするための助けとなるような書き方がなされている．証明法もできるだけ簡潔に理解できるよう工夫されている．とくに特徴があるのは演習問題による学習法である．IRT という Web を利用した方式が採用されており，出版社の Web に入れば，学習者の到達レベルにあわせた問題が提供され，それに従って問題を解いていくことにより自然に学力が向上する仕掛けになっている．IT の進歩に呼応し学習者の立場に立った方式であり，この IRT を「愛あるって」と読ませるにふさわしい学習法になっている．

数学は大学で講義を聴いただけで修得できる分野ではない．自ら考え，手を動かして計算してみなければ身に付かない．本書を用いて主体的に学習を進めることにより，機械的なアルゴリズムを覚えて理解したつもりになるだけではなく，線形代数を本質的に理解し，状況に応じた対応ができるような数理科学の力を培っていただきたいと願っている．

2015 年 2 月

桂　利行

培風館のホームページ

http://www.baifukan.co.jp/shoseki/kanren.html

から，オンライン学習のサイト「愛あるって」に入ることができる．あわせて，演習問題の詳細な解答・解説，本文中で省略した内容の補足解説が与えられているので，参考にして有効に活用していただきたい．

目　　次

1

2 次元・3 次元ベクトル空間の線形代数

1.1 2 次元ベクトルと 3 次元ベクトル

平面または空間内の 2 点 A, B に対して，A を始点とし B を終点とする向きが指定された線分を有向線分 AB という．有向線分は「始点の位置」「向き」「線分の長さ」によって決定されるが，始点の位置を問題にせずに，その向きと線分の長さだけを考慮したものを $\overrightarrow{\mathrm{AB}}$ と表し，有向線分 AB が定める**幾何ベクトル**または**ベクトル**という．すなわち，2 つの有向線分 AB, CD が互いに向きを込めて平行移動でぴったりと重なるとき，2 つの有向線分はベクトルとして等しく，$\overrightarrow{\mathrm{AB}} = \overrightarrow{\mathrm{CD}}$ と書く．高等学校ではベクトルを表すのに，$\vec{a}, \vec{b}, \cdots$ などを用いたが，本書では太字の小文字 $\boldsymbol{a}, \boldsymbol{b}, \cdots$ などを用いる．また，ベクトル $\boldsymbol{a}$ の**長さ**，すなわち，有向線分としての線分の長さを $\|\boldsymbol{a}\|$ で表す．平面上のベクトルや空間内のベクトルについて，零ベクトル $\boldsymbol{0}$，和 $\boldsymbol{a}+\boldsymbol{b}$，スカラー倍 $\lambda\boldsymbol{a}$ などを高等学校で学習しているので，本書ではこれらのことは既知のこととし，本節ではベクトルの「内積」と「外積」を中心に取り扱う．

1.1.1 2 次元ベクトル

原点を O とする直交座標平面の点 $\mathrm{E}_1(1, 0)$ と $\mathrm{E}_2(0, 1)$ に対して，$\boldsymbol{e}_1 = \overrightarrow{\mathrm{OE}_1}$，$\boldsymbol{e}_2 = \overrightarrow{\mathrm{OE}_2}$ とおき，これらを座標平面の**基本ベクトル**という．このとき，図 1.1 で示されるように，直交座標平面上の任意のベクトル $\boldsymbol{a}$ は基本ベクトル $\boldsymbol{e}_1$，$\boldsymbol{e}_2$ を用いて，

$$\boldsymbol{a} = a_1\boldsymbol{e}_1 + a_2\boldsymbol{e}_2 \tag{1.1.1}$$

と表され，この表し方は一意的である．すなわち，

$$a_1\boldsymbol{e}_1 + a_2\boldsymbol{e}_2 = b_1\boldsymbol{e}_1 + b_2\boldsymbol{e}_2 \quad\Longleftrightarrow\quad a_1 = b_1,\ a_2 = b_2$$

が成立する．

したがって，$\boldsymbol{a}$ の表現 (1.1.1) における 2 つの実数の組 a_1, a_2 を取り出し，

$$\boldsymbol{a} = \begin{pmatrix} a_1 \\ a_2 \end{pmatrix}$$

と書き，これを $\boldsymbol{a}$ の**成分表示**という．例えば，点 A, B の座標が各々 $(a_1, a_2), (b_1, b_2)$ であるとき，$\overrightarrow{\mathrm{OA}}$，$\overrightarrow{\mathrm{AB}}$ の成分表示は

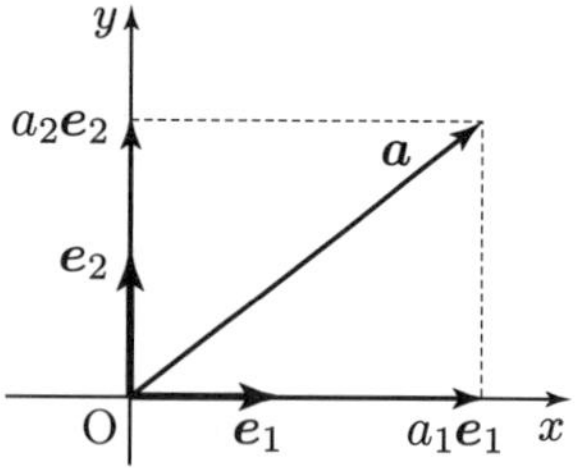

図 1.1

$$\overrightarrow{\mathrm{OA}} = \begin{pmatrix} a_1 \\ a_2 \end{pmatrix}, \quad \overrightarrow{\mathrm{AB}} = \begin{pmatrix} b_1 - a_1 \\ b_2 - a_2 \end{pmatrix}$$

である．

2 つのベクトル $\boldsymbol{a} = \begin{pmatrix} a_1 \\ a_2 \end{pmatrix}$，$\boldsymbol{b} = \begin{pmatrix} b_1 \\ b_2 \end{pmatrix}$ に対して，次で定められる実数値 $(\boldsymbol{a}, \boldsymbol{b})$ を $\boldsymbol{a}$ と $\boldsymbol{b}$ の**内積**という．

$$(\boldsymbol{a}, \boldsymbol{b}) = a_1 b_1 + a_2 b_2$$

高等学校では内積を表すのに $\boldsymbol{a}\cdot\boldsymbol{b}$ のように「$\cdot$」を用いたが，本書では $(\boldsymbol{a}, \boldsymbol{b})$ と書き表す．また，成分表示による $\boldsymbol{a}$ の長さ $\|\boldsymbol{a}\|$ は $\|\boldsymbol{a}\| = \sqrt{(\boldsymbol{a}, \boldsymbol{a})} = \sqrt{a_1^2 + a_2^2}$ で与えられる．

$\mathbf{0}$ でない 2 つのベクトル $\boldsymbol{a}, \boldsymbol{b}$ に対して，$\boldsymbol{a} = \overrightarrow{\mathrm{OA}}$，$\boldsymbol{b} = \overrightarrow{\mathrm{OB}}$ であるように点 A, B をとると，$\boldsymbol{a} - \boldsymbol{b} = \overrightarrow{\mathrm{BA}}$ である．$\boldsymbol{a}$ と $\boldsymbol{b}$ のなす角を θ $(0 \leqq \theta \leqq \pi)$ とすると，三角形 OAB に余弦定理を適用して，

$$\begin{aligned} \|\boldsymbol{a}\|\,\|\boldsymbol{b}\| \cos\theta &= \frac{1}{2}(\|\boldsymbol{a}\|^2 + \|\boldsymbol{b}\|^2 - \|\boldsymbol{a} - \boldsymbol{b}\|^2) \\ &= a_1 b_1 + a_2 b_2 \end{aligned}$$

である．よって，

$$(\boldsymbol{a}, \boldsymbol{b}) = \|\boldsymbol{a}\|\,\|\boldsymbol{b}\| \cos\theta$$

が成立する．ベクトルのなす角 θ が $\theta = \dfrac{\pi}{2}$ $(= 90°)$ であるとき，$\boldsymbol{a}$ と $\boldsymbol{b}$ は**直交する**といい，直交することを $\boldsymbol{a} \perp \boldsymbol{b}$ と書き表す．上記の関係式により，次のことがわかる．

$$\boldsymbol{a} \perp \boldsymbol{b} \quad \Longleftrightarrow \quad (\boldsymbol{a}, \boldsymbol{b}) = 0$$

1.1.2　3 次元ベクトル

原点を O とする直交座標空間の点 $E_1(1, 0, 0), E_2(0, 1, 0), E_3(0, 0, 1)$ に対して，**基本ベクトル**とよばれる 3 つのベクトル $\boldsymbol{e}_1 = \overrightarrow{OE_1}$, $\boldsymbol{e}_2 = \overrightarrow{OE_2}$, $\boldsymbol{e}_3 = \overrightarrow{OE_3}$ を用いて，座標空間内の任意のベクトル $\boldsymbol{a}$ は

$$\boldsymbol{a} = a_1\boldsymbol{e}_1 + a_2\boldsymbol{e}_2 + a_3\boldsymbol{e}_3 \tag{1.1.2}$$

と一意的に表される．$\boldsymbol{a}$ の表現 (1.1.2) における 3 つの実数の組 a_1, a_2, a_3 を取り出し，

$$\boldsymbol{a} = \begin{pmatrix} a_1 \\ a_2 \\ a_3 \end{pmatrix}$$

と書き，これを $\boldsymbol{a}$ の**成分表示**という．また，紙面の都合により，$\boldsymbol{a}$ の成分表示を $\boldsymbol{a} = {}^t(a_1\ a_2\ a_3)$ と表すこともある．これは行列の転置を用いた表現であり，これについては第 2 章で学ぶ．座標平面上のベクトルの場合と同様，点 A, B の座標が各々 $(a_1, a_2, a_3), (b_1, b_2, b_3)$ であるとき，$\overrightarrow{OA}$, $\overrightarrow{AB}$ の成分表示は

$$\overrightarrow{OA} = \begin{pmatrix} a_1 \\ a_2 \\ a_3 \end{pmatrix}, \quad \overrightarrow{AB} = \begin{pmatrix} b_1 - a_1 \\ b_2 - a_2 \\ b_3 - a_3 \end{pmatrix}$$

である．

2 つのベクトル $\boldsymbol{a} = \begin{pmatrix} a_1 \\ a_2 \\ a_3 \end{pmatrix}$, $\boldsymbol{b} = \begin{pmatrix} b_1 \\ b_2 \\ b_3 \end{pmatrix}$ に対して，次で定められる実数値 $(\boldsymbol{a}, \boldsymbol{b})$ を $\boldsymbol{a}$ と $\boldsymbol{b}$ の**内積**という．

$$(\boldsymbol{a}\,, \boldsymbol{b}) = a_1b_1 + a_2b_2 + a_3b_3$$

また，ベクトル $\boldsymbol{a}$ の長さ $\|\boldsymbol{a}\|$ は $\|\boldsymbol{a}\| = \sqrt{(\boldsymbol{a}, \boldsymbol{a})} = \sqrt{a_1^2 + a_2^2 + a_3^2}$ である．

座標平面上のベクトルの場合と同様に，$\boldsymbol{0}$ でない 2 つのベクトル $\boldsymbol{a}$ と $\boldsymbol{b}$ のなす角を θ $(0 \leqq \theta \leqq \pi)$ とすると，

$$(\boldsymbol{a}, \boldsymbol{b}) = \|\boldsymbol{a}\|\,\|\boldsymbol{b}\| \cos\theta$$

が成立する．3 次元ベクトルの場合も，$\boldsymbol{a}$ と $\boldsymbol{b}$ のなす角 θ が $\theta = \dfrac{\pi}{2}$ $(= 90^\circ)$ であるとき，$\boldsymbol{a}$ と $\boldsymbol{b}$ は**直交する** $(\boldsymbol{a} \perp \boldsymbol{b})$ といい，上記の関係式から次のことがわかる．

$$\boldsymbol{a} \perp \boldsymbol{b} \quad \Longleftrightarrow \quad (\boldsymbol{a}, \boldsymbol{b}) = 0$$

次に，高等学校では学習しなかったベクトルの「外積」を導入する．

2つのベクトル $\boldsymbol{a}=\begin{pmatrix}a_1\\a_2\\a_3\end{pmatrix}$，$\boldsymbol{b}=\begin{pmatrix}b_1\\b_2\\b_3\end{pmatrix}$ に対して，

$$\boldsymbol{a}\times\boldsymbol{b}=\begin{pmatrix}a_2b_3-a_3b_2\\-a_1b_3+a_3b_1\\a_1b_2-a_2b_1\end{pmatrix}$$

で定められるベクトル $\boldsymbol{a}\times\boldsymbol{b}$ を $\boldsymbol{a}$ と $\boldsymbol{b}$ の**外積**という．内積はスカラーであるのに対し，外積はベクトルであることに注意しなければならない．

外積について，次の定理 1.1.1，定理 1.1.2 が成立する．

定理 1.1.1　空間内の任意のベクトル $\boldsymbol{a},\boldsymbol{b},\boldsymbol{c}$ と任意の実数 λ に対して，次が成り立つ．

(1) $\boldsymbol{a}\times\boldsymbol{b}=-\boldsymbol{b}\times\boldsymbol{a}$．とくに，$\boldsymbol{a}\times\boldsymbol{a}=\boldsymbol{0}$．

(2) $\boldsymbol{a}\times(\boldsymbol{b}+\boldsymbol{c})=\boldsymbol{a}\times\boldsymbol{b}+\boldsymbol{a}\times\boldsymbol{c}$

(3) $(\boldsymbol{a}+\boldsymbol{b})\times\boldsymbol{c}=\boldsymbol{a}\times\boldsymbol{c}+\boldsymbol{b}\times\boldsymbol{c}$

(4) $(\lambda\boldsymbol{a})\times\boldsymbol{b}=\lambda(\boldsymbol{a}\times\boldsymbol{b})=\boldsymbol{a}\times(\lambda\boldsymbol{b})$．とくに，$\boldsymbol{0}\times\boldsymbol{a}=\boldsymbol{a}\times\boldsymbol{0}=\boldsymbol{0}$．

定理 1.1.2　$\boldsymbol{a},\boldsymbol{b},\boldsymbol{c}$ を空間内のベクトルとする．

(1) $\boldsymbol{a}\times\boldsymbol{b}\perp\boldsymbol{a}$, $\boldsymbol{a}\times\boldsymbol{b}\perp\boldsymbol{b}$

(2) $\boldsymbol{a}\times\boldsymbol{b}=\boldsymbol{0}\iff$ $\boldsymbol{a}$ と $\boldsymbol{b}$ が平行である．(すなわち，$\boldsymbol{a}=\lambda\boldsymbol{b}$ または $\boldsymbol{b}=\lambda\boldsymbol{a}$ となる実数 λ が存在する)

(3) $\|\boldsymbol{a}\times\boldsymbol{b}\|=\sqrt{\|\boldsymbol{a}\|^2\|\boldsymbol{b}\|^2-(\boldsymbol{a},\boldsymbol{b})^2}$ である．よって，平行でない $\boldsymbol{a},\boldsymbol{b}$ に対して，$\|\boldsymbol{a}\times\boldsymbol{b}\|$ は $\boldsymbol{a}$ と $\boldsymbol{b}$ が張る平行四辺形の面積に等しい．

(4) $\boldsymbol{a},\boldsymbol{b},\boldsymbol{c}$ が張る平行六面体の体積は $|(\boldsymbol{a}\times\boldsymbol{b},\,\boldsymbol{c})|$ に等しい．

ここで，$\boldsymbol{a}=\overrightarrow{\mathrm{OA}}$，$\boldsymbol{b}=\overrightarrow{\mathrm{OB}}$，$\boldsymbol{c}=\overrightarrow{\mathrm{OC}}$ とするとき，線分 OA, OB を2辺とする平行四辺形を $\boldsymbol{a},\boldsymbol{b}$ の張る平行四辺形といい，線分 OA, OB, OC を3辺とする平行六面体を $\boldsymbol{a},\boldsymbol{b},\boldsymbol{c}$ の張る平行六面体という (図 1.2)．

ベクトルは「向き」と「長さ」からなる量であることに注意すると，$\boldsymbol{0}$ でもなく平行でもないベクトル $\boldsymbol{a},\boldsymbol{b}$ の外積 $\boldsymbol{a}\times\boldsymbol{b}$ は次のように幾何的に定義される (図 1.3)．

(向き)　$\boldsymbol{a},\boldsymbol{b}$ の張る平行四辺形に垂直な方向で，$\boldsymbol{a}$ を $\boldsymbol{b}$ に重ねようと 180° 以内の回転で回したときに右ねじが進む向き．

(長さ)　$\boldsymbol{a},\boldsymbol{b}$ の張る平行四辺形の面積．

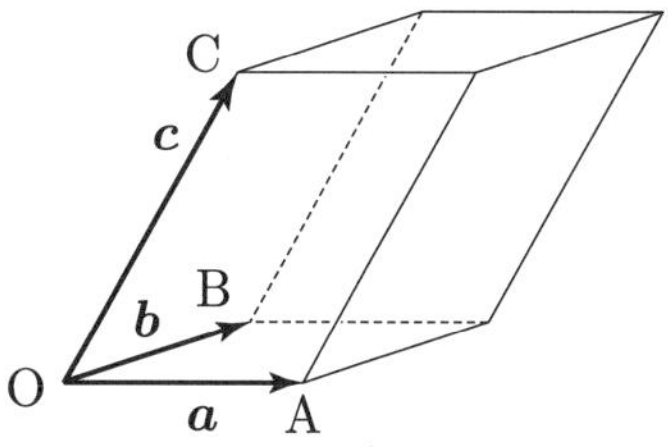

図 1.2

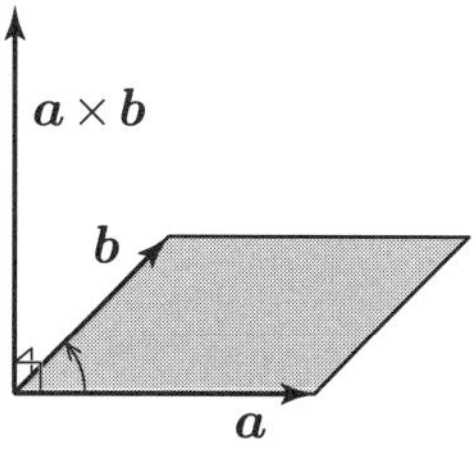

図 1.3

演 習 問 題

1.1.1　次の座標空間内のベクトル $\boldsymbol{a}, \boldsymbol{b}$ の外積 $\boldsymbol{a} \times \boldsymbol{b}$ の成分表示を求めよ．

(1)　$\boldsymbol{a} = {}^t(5\ \ -1\ \ 2),\ \boldsymbol{b} = {}^t(-2\ \ 0\ \ 3)$

(2)　$\boldsymbol{a} = {}^t(2\ \ 1\ \ -4),\ \boldsymbol{b} = {}^t(1\ \ -2\ \ -3)$

1.1.2　座標空間内のベクトル $\boldsymbol{a} = {}^t(1\ \ 2\ \ -1),\ \boldsymbol{b} = {}^t(-1\ \ 1\ \ -1)$ の両方に直交する単位ベクトルを求めよ．

1.1.3　空間内のベクトル $\boldsymbol{a},\ \boldsymbol{b},\ \boldsymbol{c}$ に対して，等式 $\boldsymbol{a} \times (\boldsymbol{b} \times \boldsymbol{c}) = (\boldsymbol{a},\ \boldsymbol{c})\boldsymbol{b} - (\boldsymbol{a},\ \boldsymbol{b})\boldsymbol{c}$ が成立することを証明せよ．

1.1.4　定理 1.1.1 を証明せよ．

1.1.5　定理 1.1.2 を証明せよ．

1.2　空間内の直線と平面の方程式

1.2.1　空間内の直線の方程式

座標空間内の直線は，空間内の通るべき 1 点とその直線に平行なベクトルが指定されれば，一意的に決定される．

座標空間内の点 A を通り，$\boldsymbol{0}$ でないベクトル $\boldsymbol{v}$ に平行な直線を ℓ とする．このとき，$\boldsymbol{v}$ を直線 ℓ の**方向ベクトル**という．点 A の位置ベクトルを $\boldsymbol{a} = \overrightarrow{\mathrm{OA}}$ とおくと，直線 ℓ 上の任意の点 X の位置ベクトル $\boldsymbol{x} = \overrightarrow{\mathrm{OX}}$ は実数 t を用いて

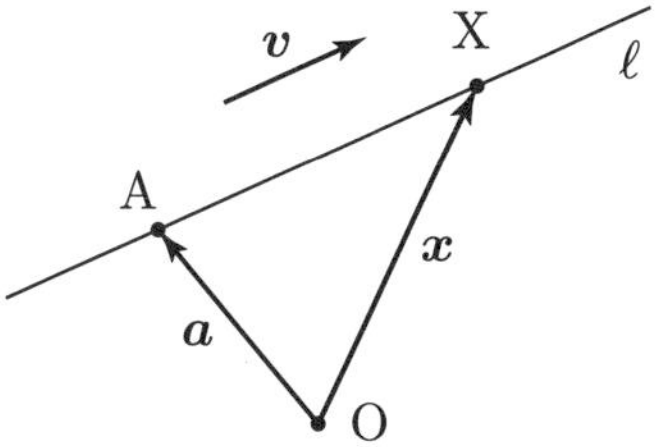

図 1.4

$$\boldsymbol{x} = t\boldsymbol{v} + \boldsymbol{a} \tag{1.2.1}$$

と表される．逆に，位置ベクトルが等式 (1.2.1) のように表される点 X は直線 ℓ 上にある．等式 (1.2.1) を**媒介変数 t による直線 ℓ のベクトル表示**という．

点 A の座標を $(x_0,\ y_0,\ z_0)$ とし，方向ベクトル $\boldsymbol{v}$ の成分表示を $\boldsymbol{v} = {}^t\!(a\ \ b\ \ c)$ とする．直線 ℓ のベクトル表示 (1.2.1) を成分表示することにより，直線 ℓ 上の点 $\mathrm{X}(x,\ y,\ z)$ は，

$$\begin{pmatrix} x \\ y \\ z \end{pmatrix} = t\begin{pmatrix} a \\ b \\ c \end{pmatrix} + \begin{pmatrix} x_0 \\ y_0 \\ z_0 \end{pmatrix}, \quad \text{または} \quad \begin{cases} x = at + x_0 \\ y = bt + y_0 \\ z = ct + z_0 \end{cases} \tag{1.2.2}$$

と表すことができる．

さらに，表示 (1.2.2) において媒介変数 t を消去することで，

(i)　$abc \neq 0$ のとき：

$$\frac{x - x_0}{a} = \frac{y - y_0}{b} = \frac{z - z_0}{c}$$

(ii)　$ab \neq 0,\ c = 0$ のとき：

$$\frac{x - x_0}{a} = \frac{y - y_0}{b}, \quad z = z_0$$

などの表示を得ることができる．このような表示を**直線 ℓ の方程式**という．

例題 1.2.1　座標空間内の点 $\mathrm{A}(-1,\ 3,\ 1)$, $\mathrm{B}(2,\ 1,\ 5)$ を通る直線 ℓ のベクトル表示と直線の方程式を求めよ．

［解答］　直線 ℓ を，点 A を通り $\overrightarrow{\mathrm{AB}} = {}^t\!(3\ \ -2\ \ 4)$ を方向ベクトルとする直線と考えると，求める直線 ℓ のベクトル表示と直線の方程式はそれぞれ

$$\begin{pmatrix} x \\ y \\ z \end{pmatrix} = t\begin{pmatrix} 3 \\ -2 \\ 4 \end{pmatrix} + \begin{pmatrix} -1 \\ 3 \\ 1 \end{pmatrix}, \quad \frac{x+1}{3} = \frac{y-3}{-2} = \frac{z-1}{4}$$

である．　■

1.2.2　空間内の平面の方程式

座標空間内の原点 O を通る平面 π_0 上の 2 点 U, V を $\boldsymbol{u} = \overrightarrow{\mathrm{OU}}$ と $\boldsymbol{v} = \overrightarrow{\mathrm{OV}}$ が平行でないようにとる．このとき，平面 π_0 上の任意の点 X の位置ベクトル $\boldsymbol{x} = \overrightarrow{\mathrm{OX}}$ は，実数 s, t を用いて

$$\boldsymbol{x} = s\boldsymbol{u} + t\boldsymbol{v} \tag{1.2.3}$$

と表すことができる．逆に，位置ベクトルが等式 (1.2.3) のように表される点 X は原点 O を通る平面 π_0 上にある．

一般の任意の平面 π はある原点を通る平面に平行である．平面 π を，点 A を通り，原点を通る平面 π_0 に平行な平面とする．このとき，平面 π は平面 π_0 を $\boldsymbol{a} = \overrightarrow{\mathrm{OA}}$ だけ平行移動して得られるので，平面 π 上の任意の点 X の位置ベクトル $\boldsymbol{x}$ は，実数 s, t を用いて

$$\boldsymbol{x} = s\boldsymbol{u} + t\boldsymbol{v} + \boldsymbol{a} \tag{1.2.4}$$

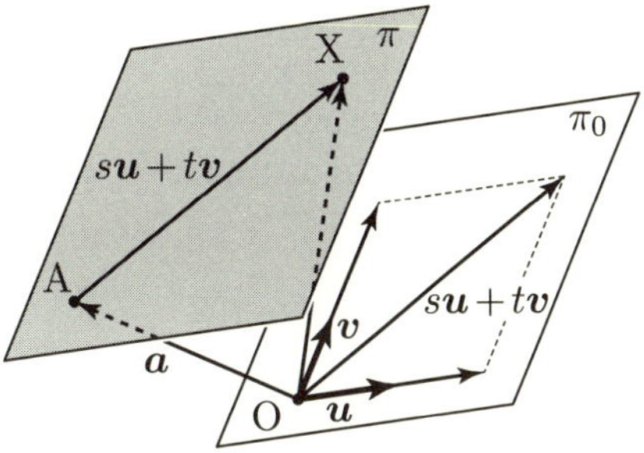

図 1.5

と表すことができる．ここで，$\boldsymbol{u}, \boldsymbol{v}$ は平面 π_0 上の互いに平行ではないベクトルである．逆に，位置ベクトルが等式 (1.2.4) のように表される点 X は平面 π 上にある．等式 (1.2.4) を**媒介変数 s, t による平面 π のベクトル表示**という．

また，空間内の平面は，通るべき 1 点とその平面に垂直なベクトルが 1 つ指定されれば，一意的に決定される．平面 π を点 $\mathrm{A}(x_0, y_0, z_0)$ を通り，ベクトル $\boldsymbol{n} = {}^t(a\ \ b\ \ c)$ に垂直な平面とする．このとき，$\boldsymbol{n}$ を平面 π の**法線ベクトル**という．平面 π 上の任意の点 $\mathrm{X}(x, y, z)$ について，ベクトル $\overrightarrow{\mathrm{AX}}$ と法線ベクトル $\boldsymbol{n}$ とは垂直であるので，

$$(\overrightarrow{\mathrm{AX}}, \boldsymbol{n}) = 0$$

が成立する．内積をベクトルの成分を使って計算することにより，

$$a(x - x_0) + b(y - y_0) + c(z - z_0) = 0 \tag{1.2.5}$$

が成立する．また，この 1 次方程式を整理して，

$$ax + by + cz = d \tag{1.2.6}$$

を得る．ただし，$d = ax_0 + by_0 + cz_0$ である．1 次方程式 (1.2.5) または (1.2.6) を**平面 π の方程式**という．逆に，1 次方程式 (1.2.6) をみたす x, y, z は $\boldsymbol{n} = {}^t(a\ \ b\ \ c)$ を法線ベクトルとする平面上の点の座標を与える．

例題 1.2.2　座標空間内の3点 A(2, 1, −1), B(0, 3, 1), C(−1, −2, 1) を通る平面の方程式を求めよ．また，この平面のベクトル表示を求めよ．

［解答］ 法線ベクトル $\boldsymbol{n}$ は2つのベクトル $\overrightarrow{\mathrm{AB}}$, $\overrightarrow{\mathrm{AC}}$ の両方に垂直であるので，$\overrightarrow{\mathrm{AB}} \times \overrightarrow{\mathrm{AC}}$ を考えればよい．$\overrightarrow{\mathrm{AB}} \times \overrightarrow{\mathrm{AC}} = {}^t(10\ \ -2\ \ 12) = 2\,{}^t(5\ \ -1\ \ 6)$ なので，法線ベクトルとして $\boldsymbol{n} = {}^t(5\ \ -1\ \ 6)$ とし，求める平面の方程式は

$$5(x-2)-(y-1)+6(z+1)=0, \quad \text{すなわち}, \quad 5x-y+6z=3$$

である．平面の方程式 $5x-y+6z=3$ において，$x=s$, $z=t$ とおくと，$y=5s+6t-3$ である．よって，媒介変数 s,t による平面のベクトル表示

$$\begin{pmatrix} x \\ y \\ z \end{pmatrix} = s\begin{pmatrix} 1 \\ 5 \\ 0 \end{pmatrix} + t\begin{pmatrix} 0 \\ 6 \\ 1 \end{pmatrix} + \begin{pmatrix} 0 \\ -3 \\ 0 \end{pmatrix}$$

を得る．■

演 習 問 題

1.2.1 次の与えられた条件をみたす空間内の直線の方程式を求めよ．

(1) 点 A(−2, 3, 1) を通り，$\boldsymbol{v} = {}^t(5\ \ 2\ \ -1)$ を方向ベクトルとする直線

(2) 2点 A(1, 3, −2), B(−2, 3, 2) を通る直線

1.2.2 次の2つの平面のなす角 θ について，その $\cos\theta$ を求めよ．

(1) 平面 $-2x-y+z=2$ と平面 $x-y+2z=-3$

(2) 平面 $2x-3y-z=-1$ と平面 $x+y+z=1$

1.2.3 座標空間内の3点 A(−3, 1, 2), B(2, −2, 1), C(0, 1, −1) を通る平面の方程式を求めよ．また，この平面のベクトル表示を求めよ．

1.3 行列とその演算

数や文字または文字式を，次のように長方形状に配置したものを**行列**という．

$$\begin{pmatrix} 1 & -2 \end{pmatrix}, \quad \begin{pmatrix} -3 \\ 5 \end{pmatrix}, \quad \begin{pmatrix} 7 & -1 \\ 2 & 3 \end{pmatrix}, \quad \begin{pmatrix} a & b & ab \\ a+b & 1 & 2 \end{pmatrix}, \quad \begin{pmatrix} 3 & -1 & 0 \\ 0 & 1 & 1 \\ -5 & 2 & 2 \end{pmatrix}$$

行列を構成する個々の数や文字または文字式を行列の**成分**という．また，行列において，その成分の横の並びを**行**といい，上から順に第1行，第2行，⋯ などとよぶ．行列の成分の縦の並びを**列**といい，左から順に第1列，第2列，⋯

などとよぶ．第 i 行と第 j 列の交わりのところの成分を **(i,j) 成分**という．そして，m 個の行と n 個の列からなる行列を **$m \times n$ 行列**または **$m \times n$ 型行列**という．とくに，$m = n$ のとき，$n \times n$ 行列を **n 次正方行列**という．また，$1 \times n$ 行列を **n 次行ベクトル**といい，$m \times 1$ 行列を **m 次列ベクトル**ともいう．

○**例 1.3.1**　行列 $A = \begin{pmatrix} 7 & -1 \\ 2 & 3 \end{pmatrix}$ は 2 次正方行列であり，$\begin{pmatrix} 7 & -1 \end{pmatrix}$ は行列 A の第 1 行である．また，行列 A の $(2,1)$ 成分は 2 である．

行列 $B = \begin{pmatrix} a & b & ab \\ a+b & 1 & 2 \end{pmatrix}$ は 2×3 行列であり，$\begin{pmatrix} ab \\ 2 \end{pmatrix}$ は行列 B の第 3 列である．また，行列 B の $(1,3)$ 成分は ab である．

このように，行列は大文字 A, B などで表されることが多い．また，行列の (i,j) 成分を小文字を使って a_{ij} のように表すことがある．例えば，2 次正方行列や 3 次正方行列は次のように表されることがある．

$$\begin{pmatrix} a_{11} & a_{12} \\ a_{21} & a_{22} \end{pmatrix}, \quad \begin{pmatrix} a_{11} & a_{12} & a_{13} \\ a_{21} & a_{22} & a_{23} \\ a_{31} & a_{32} & a_{33} \end{pmatrix}$$

2 つの行列 A, B が**等しい**とは，2 つの条件

(1) A, B の行の個数が等しく，かつ，A, B の列の個数が等しい (**同じ型**)，

(2) 対応する成分がそれぞれ等しい，

をみたすときをいい，$A = B$ と表す．

<u>**零行列と単位行列**</u>：$\begin{pmatrix} 0 & 0 \\ 0 & 0 \end{pmatrix}$，$\begin{pmatrix} 0 & 0 & 0 \\ 0 & 0 & 0 \end{pmatrix}$ のように，すべての成分が 0 である行列を**零行列**という．零行列は型とは無関係に大文字 O で表すことが多く，型を気にする必要がある場合には記号としての O の使い方に注意をする必要がある．また，正方行列で，$\begin{pmatrix} 1 & 0 \\ 0 & 1 \end{pmatrix}$，$\begin{pmatrix} 1 & 0 & 0 \\ 0 & 1 & 0 \\ 0 & 0 & 1 \end{pmatrix}$ のように，対角線上にある $(1,1)$ 成分，$(2,2)$ 成分，$\cdots$ がすべて 1 で，対角線上にない他のすべての成分が 0 である行列を**単位行列**といい，型とは無関係に大文字 E で表す．

行列において，「和」「スカラー倍」の演算が以下のように定義される．

行列の和：　2 つの行列 A, B に対して，**和** $A+B$ を

(定義可能条件)　A と B が同じ型である，

($A+B$ の型)　A, B と同じ型，

($A+B$ の成分)　A, B の対応する成分の和を $A+B$ の成分とする，

として定義する．

○例 **1.3.2**

$$\begin{pmatrix} 5 & -3 \\ -2 & 3 \end{pmatrix} + \begin{pmatrix} -2 & 1 \\ -3 & 4 \end{pmatrix} = \begin{pmatrix} 5+(-2) & -3+1 \\ -2+(-3) & 3+4 \end{pmatrix} = \begin{pmatrix} 3 & -2 \\ -5 & 7 \end{pmatrix}$$

同じ型の行列の和について，次の基本性質が成立する．

和の基本性質

(i)　$(A+B)+C = A+(B+C)$　　(結合法則)

(ii)　$A+B = B+A$　　(交換法則)

(iii)　$A+O = A = O+A$

●**注意**　性質 (i) により，A, B, C の和は計算の順序によらず一意的に決まる．したがって，括弧による計算の順序を指定する必要がない場合には，簡単に $A+B+C$ と書くことにする．

行列のスカラー倍：　行列と対比して数を**スカラー**とよぶ．行列 A とスカラー c に対して，行列 A の**スカラー倍**または c **倍** cA を

(cA の型)　A と同じ型，

(cA の成分)　A の対応する成分の c 倍を cA の成分とする，

として定義する．とくに，A の -1 倍を $-A$ で表す．このとき，同じ型の行列 A と B の**差** $A-B$ を

$$A-B = A+(-B)$$

として定義する．

○例 **1.3.3**

$$3\begin{pmatrix} 5 & -3 \\ -2 & 3 \end{pmatrix} = \begin{pmatrix} 3\cdot 5 & 3\cdot(-3) \\ 3\cdot(-2) & 3\cdot 3 \end{pmatrix} = \begin{pmatrix} 15 & -9 \\ -6 & 9 \end{pmatrix}$$

行列のスカラー倍について，次の基本性質が成立する．ただし，A と B は同じ型の行列とし，c, d をスカラーとする．

スカラー倍の基本性質

(i)　$1A = A,\ 0A = O,\ cO = O$

(ii)　$A - A = O$

(iii)　$c(A+B) = cA + cB$　　(分配法則)

(iv)　$(c+d)A = cA + dA$　　(分配法則)

(v)　$c(dA) = (cd)A$　　(結合法則)

例題 1.3.1　$A = \begin{pmatrix} -1 & 3 \\ 4 & 2 \end{pmatrix}$, $B = \begin{pmatrix} 5 & 1 \\ -2 & -4 \end{pmatrix}$ のとき，等式 $A - 2X = 3B$ をみたす行列 X を求めよ．

［解答］ $A - 2X = 3B$ から $X = \frac{1}{2}(A - 3B)$ を得るので，

$$X = \frac{1}{2}(A - 3B) = \frac{1}{2}\left\{\begin{pmatrix} -1 & 3 \\ 4 & 2 \end{pmatrix} - 3\begin{pmatrix} 5 & 1 \\ -2 & -4 \end{pmatrix}\right\} = \begin{pmatrix} -8 & 0 \\ 5 & 7 \end{pmatrix}.$$

■

同じ次数の行ベクトルと列ベクトルにおいて，対応する成分の積の総和を行ベクトルと列ベクトルの**積**という．2 次行ベクトルと 2 次列ベクトルの積，3 次行ベクトルと 3 次列ベクトルの積は次のようになる．

$$\begin{pmatrix} a_1 & a_2 \end{pmatrix}\begin{pmatrix} b_1 \\ b_2 \end{pmatrix} = a_1b_1 + a_2b_2, \quad \begin{pmatrix} a_1 & a_2 & a_3 \end{pmatrix}\begin{pmatrix} b_1 \\ b_2 \\ b_3 \end{pmatrix} = a_1b_1 + a_2b_2 + a_3b_3$$

<u>**行列の積**</u>：　2 つの行列 A, B に対して，**積** AB を

(定義可能条件)　A の列の個数と B の行の個数が一致する，

(AB の型)　A が $\ell \times m$ 型，B が $m \times n$ 型の場合，AB の型は $\ell \times n$ 型，

(AB の成分)　A の第 i 行ベクトルと B の第 j 列ベクトルの積を AB の (i, j) 成分とする，

として定義する．

○例 **1.3.4**　(1)　$\begin{pmatrix} 1 & 4 \end{pmatrix}\begin{pmatrix} 2 & -1 \\ -5 & 3 \end{pmatrix}$

$$= \begin{pmatrix} 1 \cdot 2 + 4 \cdot (-5) & 1 \cdot (-1) + 4 \cdot 3 \end{pmatrix} = \begin{pmatrix} -18 & 11 \end{pmatrix}$$

(2) $$\begin{pmatrix} 3 & -2 \\ 1 & 4 \end{pmatrix} \begin{pmatrix} 2 \\ -5 \end{pmatrix} = \begin{pmatrix} 3 \cdot 2 + (-2) \cdot (-5) \\ 1 \cdot 2 + 4 \cdot (-5) \end{pmatrix} = \begin{pmatrix} 16 \\ -18 \end{pmatrix}$$

(3) $$\begin{pmatrix} 3 & -2 \\ 1 & 4 \end{pmatrix} \begin{pmatrix} 2 & -1 \\ -5 & 3 \end{pmatrix} = \begin{pmatrix} 3 \cdot 2 + (-2) \cdot (-5) & 3 \cdot (-1) + (-2) \cdot 3 \\ 1 \cdot 2 + 4 \cdot (-5) & 1 \cdot (-1) + 4 \cdot 3 \end{pmatrix} = \begin{pmatrix} 16 & -9 \\ -18 & 11 \end{pmatrix}$$

(4) $$\begin{pmatrix} 3 & -2 & -1 \\ 1 & 4 & 2 \end{pmatrix} \begin{pmatrix} 2 & -1 & 4 \\ -5 & 3 & 0 \\ 1 & -2 & -3 \end{pmatrix} = \begin{pmatrix} 15 & -7 & 15 \\ -16 & 7 & -2 \end{pmatrix}$$

このように，積 AB では，左側の A は行ごとに，右側の B は列ごとに考え，「(行)×(列)」と覚えるとよい．また，A の列の個数と B の行の個数が一致しない場合には，積 AB が定義されていないことに注意しよう．

行列の積について，次の基本性質が成立する．ただし，A, B, C は行列，λ はスカラーであるとし，「和」や「積」について定義可能であるとする．

積の基本性質

(i) $AE = A,\ EA = A$

(ii) $AO = O,\ OA = O$

(iii) $(A + B)C = AC + BC,\quad A(B + C) = AB + AC$　　(分配法則)

(iv) $A(\lambda B) = (\lambda A)B = \lambda(AB)$

(v) $(AB)C = A(BC)$　　(結合法則)

●**注意**　(1) 性質 (i) において，A が正方行列ではない場合，AE の単位行列 E の型と EA の単位行列 E の型は異なる．性質 (ii) においても，両辺の零行列の型が同じであるとは限らない．

(2) 数の積では交換法則 $ab = ba$ が成立するが，行列の積では交換法則は一般には成り立たない．例えば，

$$A = \begin{pmatrix} 3 & -2 \\ 1 & 2 \end{pmatrix},\ B = \begin{pmatrix} 2 & -1 \\ 3 & 0 \end{pmatrix} \text{ のとき，} AB = \begin{pmatrix} 0 & -3 \\ 8 & -1 \end{pmatrix},\ BA = \begin{pmatrix} 5 & -6 \\ 9 & -6 \end{pmatrix}$$

なので，これら A, B に対して，$AB \neq BA$ である．したがって，行列の積では，積の順序に注意しなければならない．

(3) 性質 (ii) により,「$A=O$ または $B=O$ ならば, $AB=O$」が成立するが, この逆は成立しない. 実際, $A=\begin{pmatrix}1 & -1\\ -1 & 1\end{pmatrix}$, $B=\begin{pmatrix}0 & 1\\ 0 & 1\end{pmatrix}$ について, $A\neq O$, $B\neq O$ であるが, $AB=O$ である.

(4) 性質 (v) により, A,B,C の積は計算の順序によらず一意的に決まる. したがって, 括弧による計算の順序を指定する必要がない場合には, 簡単に ABC と書くことにする. 一般に n 個の行列 $A_1, A_2, \cdots, A_n$ の積についても, 隣り合う行列の積が定義可能であれば存在し, それらの積を $A_1A_2\cdots A_n$ と書くことができる.

n 個の正方行列 A の積 $\overbrace{AA\cdots A}^{n\text{ 個}}$ を A^n で表し, A の **n 乗** (または**べき乗**) という. 数のときと同様に, べき乗についての次の指数法則が成り立つ.

$$A^mA^n=A^{m+n}, \quad (A^m)^n=A^{mn} \quad (m,n \text{ は自然数})$$

○**例 1.3.5**　(1) $\begin{pmatrix}4 & -3\\ -1 & 2\end{pmatrix}^2=\begin{pmatrix}4 & -3\\ -1 & 2\end{pmatrix}\begin{pmatrix}4 & -3\\ -1 & 2\end{pmatrix}=\begin{pmatrix}19 & -18\\ -6 & 7\end{pmatrix}$

(2) $$\begin{pmatrix}0 & 2 & -1\\ 1 & 1 & 3\\ -2 & 3 & -1\end{pmatrix}^2=\begin{pmatrix}0 & 2 & -1\\ 1 & 1 & 3\\ -2 & 3 & -1\end{pmatrix}\begin{pmatrix}0 & 2 & -1\\ 1 & 1 & 3\\ -2 & 3 & -1\end{pmatrix}=\begin{pmatrix}4 & -1 & 7\\ -5 & 12 & -1\\ 5 & -4 & 12\end{pmatrix}$$

定理 1.3.1 (2 次正方行列のケーリー・ハミルトンの定理)

2 次正方行列 $A=\begin{pmatrix}a & b\\ c & d\end{pmatrix}$ に対して, 次が成立する.

$$A^2-(a+d)A+(ad-bc)E=O$$

実際に左辺を計算して, 零行列 O になることを確認することにより, ケーリー・ハミルトンの定理を証明することができる.

例題 1.3.2　2 次正方行列 $A=\begin{pmatrix}2 & -1\\ -6 & 3\end{pmatrix}$ に対して, A の n 乗 A^n を求めよ.

[解答] $n \geqq 2$ とする．ケーリー・ハミルトンの定理により，$A^2 - 5A = O$ が成立するので，

$$\begin{aligned} A^n &= A^2A^{n-2} = (5A)A^{n-2} = 5A^{n-1} = 5A^2A^{n-3} = 5(5A)A^{n-3} = 5^2A^{n-2} \\ &= \cdots = 5^kA^{n-k} = \cdots \\ &= 5^{n-2}A^2 = 5^{n-2}(5A) = 5^{n-1}A = \begin{pmatrix} 2\cdot 5^{n-1} & -5^{n-1} \\ -6\cdot 5^{n-1} & 3\cdot 5^{n-1} \end{pmatrix} \end{aligned}$$

であることがわかる．これは $n = 1$ のときも成り立つ． ■

例題 1.3.3 成分がすべて実数である2次正方行列 A が $A^3 = E$ をみたすならば，$A = E$ または $A^2 + A + E = O$ であることを示せ．

[解答] ケーリー・ハミルトンの定理により，$A^2 + \lambda A + \mu E = O$ をみたす実数 λ, μ がある．この両辺に左から A をかけると，関係式 $A^3 = E$ により，$E + \lambda A^2 + \mu A = O$ を得る．すなわち，

$$\begin{cases} A^2 + \lambda A + \mu E = O \\ \lambda A^2 + \mu A + E = O \end{cases}$$

が成立するので，$(\lambda^2 - \mu)A + (\lambda\mu - 1)E = O$ を得る．

$\lambda^2 - \mu = 0$ の場合，$\lambda\mu = 1$ でなければならず，$\lambda^3 = 1$ である．λ は実数であるので，$\lambda = \mu = 1$ である．よって，$A^2 + A + E = O$ である．

$\lambda^2 - \mu \neq 0$ の場合，$A = \nu E$ $(\nu = \frac{1-\lambda\mu}{\lambda^2-\mu})$ とおくことができる．$A^3 = E$ より，$\nu^3 = 1$ をみたさなければならない．ν が実数であることに注意すると，$\nu = 1$ であり，$A = E$ であることがわかる． ■

●**注意** 例題 1.3.3 において，$A^3 - E = (A - E)(A^2 + A + E)$ が成立するからといって，安易に $A - E = O$ または $A^2 + A + E = O$ であると判断することはできない．なぜなら，積に関する注意 (3) のようなことがあるからである．

演習問題

1.3.1 等式 $\begin{pmatrix} x-1 & xy \\ 2y+1 & x^2-y^2 \end{pmatrix} = \begin{pmatrix} -y+1 & -3 \\ -2x+5 & 8 \end{pmatrix}$ をみたす x, y を求めよ．

1.3.2 $A = \begin{pmatrix} 3 & -7 \\ 2 & 1 \end{pmatrix}$, $B = \begin{pmatrix} -1 & -3 \\ 3 & 4 \end{pmatrix}$ に対して，次の等式をみたす行列 X, Y を求めよ．

$$2A + 3(X - B) = 2(Y - A), \quad A + B - 2(X + A) = -3Y + 2B$$

1.3.3 $A = \begin{pmatrix} 2 & -1 \\ 1 & 3 \end{pmatrix}$, $B = \begin{pmatrix} 1 & 5 \\ -1 & 3 \end{pmatrix}$, $C = \begin{pmatrix} 3 & -1 & 0 \\ 2 & 1 & 1 \end{pmatrix}$, $D = \begin{pmatrix} -2 & 2 \\ 1 & 3 \\ 1 & -1 \end{pmatrix}$,

$F = \begin{pmatrix} 0 & -3 & 1 \\ 2 & 4 & 0 \\ -1 & -2 & 1 \end{pmatrix}$, $\boldsymbol{x} = \begin{pmatrix} -5 \\ 1 \end{pmatrix}$, $\boldsymbol{y} = \begin{pmatrix} 2 \\ 3 \\ -1 \end{pmatrix}$ について，次のなかで演算が定義されているものを計算せよ．

(1) AB (2) A^2 (3) AC (4) BD (5) $DC+2F$
(6) $-2A+CD$ (7) $-3C+DA$ (8) F^2 (9) $A\boldsymbol{x}$ (10) $F\boldsymbol{y}$

1.3.4 和の基本性質 (i), (ii), (iii) が成立することを，2 次正方行列の場合について証明せよ．

1.3.5 積の基本性質 (iii), (v) が成立することを，2 次正方行列の場合について証明せよ．

1.3.6 同じ型の正方行列 A, B が $AB = BA$ をみたすとき，次の等式を証明せよ．

(1) $(A+B)(A-B) = A^2 - B^2$ (2) $(A+B)^3 = A^3 + 3A^2B + 3AB^2 + B^3$

1.3.7 自然数 n に対して，行列 A_n を $A_n = \begin{pmatrix} 3n-1 & 3\cdot(-2)^{n-1} \\ 1 & \frac{1}{n(n+1)} \end{pmatrix}$ と定めるとき，$A_1 + A_2 + \cdots + A_n$ を求めよ．

1.3.8 次の問いに答えよ．

(1) 等式 $\begin{pmatrix} \cos\alpha & -\sin\alpha \\ \sin\alpha & \cos\alpha \end{pmatrix} \begin{pmatrix} \cos\beta & -\sin\beta \\ \sin\beta & \cos\beta \end{pmatrix} = \begin{pmatrix} \cos(\alpha+\beta) & -\sin(\alpha+\beta) \\ \sin(\alpha+\beta) & \cos(\alpha+\beta) \end{pmatrix}$ を示せ．

(2) 自然数 n に対して，$\begin{pmatrix} \cos\theta & -\sin\theta \\ \sin\theta & \cos\theta \end{pmatrix}^n$ を求めよ．

1.3.9 2 次正方行列に対するケーリー・ハミルトンの定理を証明せよ．

1.3.10 ケーリー・ハミルトンの定理を利用して，与えられた行列 A の n 乗 A^n を求めよ．

(1) $A = \begin{pmatrix} 1 & -1 \\ -2 & 2 \end{pmatrix}$ (2) $A = \begin{pmatrix} 1 & 4 \\ 1 & -2 \end{pmatrix}$

1.3.11 次の行列 A, B について，以下の問いに答えよ．

$$A = \begin{pmatrix} 0 & a & b \\ 0 & 0 & a \\ 0 & 0 & 0 \end{pmatrix}, \quad B = \begin{pmatrix} 1 & a & b \\ 0 & 1 & a \\ 0 & 0 & 1 \end{pmatrix}$$

(1) 自然数 n に対して，n 乗 A^n を求めよ．

(2) $B = E + A$ であることに注意して，自然数 n に対して，$B^n = (E+A)^n$ を求めよ．

1.4 連立1次方程式

本節では，x, y, z を未知数とするいくつかの1次方程式からなる連立1次方程式について考察し，「掃き出し法」とよばれる解法について学ぶ．

方程式に対する次の3つの基本操作

(I) 2つの方程式を入れ替える．

(II) 1つの方程式の両辺に0でない数をかける．

(III) 1つの方程式の両辺に他の方程式の両辺を何倍かしたものを加える．

を繰り返すことによって，与えられた連立1次方程式をより簡単な連立1次方程式へと変形して解く方法を**掃き出し法**という．掃き出し法は線形代数において最も基本的な計算手法の1つである．

第 i 番目の方程式と第 j 番目の方程式を入れ替える場合は「ⓘ $\leftrightarrow$ ⓙ」で表すことにする．同様に，第 i 番目の方程式の両辺を $c\,(\neq 0)$ 倍する場合は「ⓘ $\times c$」で表し，第 i 番目の方程式に第 j 番目の方程式を c 倍したものを加える場合は「ⓘ $+$ ⓙ $\times c$」で表すことにする．

まずは，次の連立1次方程式

$$\begin{cases} 2x - y + 4z = 5 \\ x - y + z = 2 \\ -x + 2y + 2z = 1 \end{cases} \tag{1.4.1}$$

を掃き出し法により解いてみよう．

$$\begin{cases} 2x - y + 4z = 5 \\ x - y + z = 2 \\ -x + 2y + 2z = 1 \end{cases} \xrightarrow[\text{①}+\text{②}\times(-2)]{} \begin{cases} y + 2z = 1 \\ x - y + z = 2 \\ -x + 2y + 2z = 1 \end{cases}$$

$$\xrightarrow[\text{③}+\text{②}\times 1]{} \begin{cases} y + 2z = 1 \\ x - y + z = 2 \\ y + 3z = 3 \end{cases} \xrightarrow[\text{①}\leftrightarrow\text{②}]{} \begin{cases} x - y + z = 2 \\ y + 2z = 1 \\ y + 3z = 3 \end{cases}$$

$$\xrightarrow[\substack{\text{①}+\text{②}\times 1 \\ \text{③}+\text{②}\times(-1)}]{} \begin{cases} x + 3z = 3 \\ y + 2z = 1 \\ z = 2 \end{cases} \xrightarrow[\substack{\text{①}+\text{③}\times(-3) \\ \text{②}+\text{③}\times(-2)}]{} \begin{cases} x = -3 \\ y = -3 \\ z = 2 \end{cases}$$

よって，求める解は $x = -3,\ y = -3,\ z = 2$ である．

このような解法の過程において，方程式の左辺は1次の同次式であり右辺は0次の項であること，および，未知数 x, y, z の順序がそろっていることが守られていれば，未知数の係数や右辺の定数項のみの変化をとらえればよいので，未知数や等号を省略し係数と右辺の値を成分とする行列を考えると便利である．すなわち，連立 1 次方程式 (1.4.1) を次の行列で対応させて考える．

$$\begin{cases} 2x - y + 4z = 5 \\ x - y + z = 2 \\ -x + 2y + 2z = 1 \end{cases} \qquad \begin{pmatrix} 2 & -1 & 4 & 5 \\ 1 & -1 & 1 & 2 \\ -1 & 2 & 2 & 1 \end{pmatrix}$$

この行列を連立 1 次方程式 (1.4.1) の**拡大係数行列**という．

掃き出し法における連立 1 次方程式の 3 つの基本操作は，対応する拡大係数行列における

(I) 2 つの行を入れ替える．

(II) 1 つの行に 0 でない数をかける．

(III) 1 つの行に他の行を何倍かしたものを加える．

の 3 つの基本操作に対応する．このような行列の行に対する基本操作を**行基本変形**という．

連立 1 次方程式 (1.4.1) の掃き出し法による変形過程での，対応する拡大係数行列の変化と使用した行基本変形は次のようになる．

$$\begin{pmatrix} 2 & -1 & 4 & 5 \\ 1 & -1 & 1 & 2 \\ -1 & 2 & 2 & 1 \end{pmatrix} \xrightarrow[\text{①}+\text{②}\times(-2)]{} \begin{pmatrix} 0 & 1 & 2 & 1 \\ 1 & -1 & 1 & 2 \\ -1 & 2 & 2 & 1 \end{pmatrix}$$

$$\xrightarrow[\text{③}+\text{②}\times 1]{} \begin{pmatrix} 0 & 1 & 2 & 1 \\ 1 & -1 & 1 & 2 \\ 0 & 1 & 3 & 3 \end{pmatrix} \xrightarrow[\text{①}\leftrightarrow\text{②}]{} \begin{pmatrix} 1 & -1 & 1 & 2 \\ 0 & 1 & 2 & 1 \\ 0 & 1 & 3 & 3 \end{pmatrix}$$

$$\xrightarrow[\substack{\text{①}+\text{②}\times 1 \\ \text{③}+\text{②}\times(-1)}]{} \begin{pmatrix} 1 & 0 & 3 & 3 \\ 0 & 1 & 2 & 1 \\ 0 & 0 & 1 & 2 \end{pmatrix} \xrightarrow[\substack{\text{①}+\text{③}\times(-3) \\ \text{②}+\text{③}\times(-2)}]{} \begin{pmatrix} 1 & 0 & 0 & -3 \\ 0 & 1 & 0 & -3 \\ 0 & 0 & 1 & 2 \end{pmatrix}$$

1.4.1 方程式が 2 個の場合

未知数 x, y, z の 2 個の 1 次方程式からなる連立 1 次方程式

$$\begin{cases} a_{11}x + a_{12}y + a_{13}z = b_1 \\ a_{21}x + a_{22}y + a_{23}z = b_2 \end{cases} \tag{1.4.2}$$

を考える．未知数 x, y, z の 1 次方程式は座標空間内の平面を表すものと考えることができるので，連立 1 次方程式 (1.4.2) の解は 2 枚の平面の共有点を表

すものと考えることができる．したがって，連立1次方程式 (1.4.2) の解全体は対応する2枚の平面の共通部分を表す．

連立1次方程式 (1.4.2) の拡大係数行列は

$$\begin{pmatrix} a_{11} & a_{12} & a_{13} & b_1 \\ a_{21} & a_{22} & a_{23} & b_2 \end{pmatrix}$$

である．拡大係数行列に対して行基本変形を施しながらより簡単な行列へと変形することで，連立1次方程式を解くことができる．

○例 **1.4.1**

$$\begin{cases} x + 2y - 3z = 3 \\ -2x + y + z = -1 \end{cases} \tag{1.4.3}$$

を掃き出し法により解く．拡大係数行列は $\begin{pmatrix} 1 & 2 & -3 & 3 \\ -2 & 1 & 1 & -1 \end{pmatrix}$ である．対応する拡大係数行列の行基本変形による変形は次のようになる．

$$\begin{pmatrix} 1 & 2 & -3 & 3 \\ -2 & 1 & 1 & -1 \end{pmatrix} \xrightarrow[②+①\times 2]{} \begin{pmatrix} 1 & 2 & -3 & 3 \\ 0 & 5 & -5 & 5 \end{pmatrix}$$

$$\xrightarrow[②\times 1/5]{} \begin{pmatrix} 1 & 2 & -3 & 3 \\ 0 & 1 & -1 & 1 \end{pmatrix} \xrightarrow[①+②\times(-2)]{} \begin{pmatrix} 1 & 0 & -1 & 1 \\ 0 & 1 & -1 & 1 \end{pmatrix}$$

最後の行列を拡大係数行列とする連立1次方程式は

$$\begin{cases} x \quad - z = 1 \\ \quad y - z = 1 \end{cases} \tag{1.4.4}$$

である．連立1次方程式 (1.4.4) は連立1次方程式 (1.4.3) に対して掃き出し法の基本操作を適用して得られたものであるので，連立1次方程式 (1.4.3) と (1.4.4) はまったく同じ解をもつ．すなわち，(1.4.3) を解くためには，(1.4.4) を解けばよい．

連立1次方程式 (1.4.4) の第1方程式が表す平面の法線ベクトルは $\boldsymbol{n}_1 = {}^t(1\ 0\ -1)$ であり，第2方程式が表す平面の法線ベクトルは $\boldsymbol{n}_2 = {}^t(0\ 1\ -1)$ である．2つの法線ベクトルは平行ではないので，2枚の平面は交わり，その共通部分は直線となる．よって，連立1次方程式 (1.4.4) の解は1つの媒介変数 (任意定数) を用いて表現される．$z = t$ とおくと，(1.4.4) より，$x = t + 1$, $y = t + 1$, $z = t$ であり，これが (1.4.4)，したがって，(1.4.3) の解のすべてを与える．このように，無数に多くの解をもつ場合，任意定数を用いて表現される解を**一般解**という．連立 1 次方程式 (1.4.3) の一般解は

$$\begin{pmatrix} x \\ y \\ z \end{pmatrix} = t\begin{pmatrix} 1 \\ 1 \\ 1 \end{pmatrix} + \begin{pmatrix} 1 \\ 1 \\ 0 \end{pmatrix} \quad (t \text{ は任意定数})$$

である．この一般解の表現からもわかるように，連立 1 次方程式 (1.4.3) に対応する 2 枚の平面の共通部分は，点 (1, 1, 0) を通り，ベクトル $\boldsymbol{v} = {}^t(1\ 1\ 1)$ を方向ベクトルとする直線である．

○例 **1.4.2**

$$\begin{cases} 2x + y + z = 1 \\ -4x - 2y - 2z = -2 \end{cases} \tag{1.4.5}$$

拡大係数行列は $\begin{pmatrix} 2 & 1 & 1 & 1 \\ -4 & -2 & -2 & -2 \end{pmatrix}$ である．この拡大係数行列に対して，行基本変形を施すと

$$\begin{pmatrix} 2 & 1 & 1 & 1 \\ -4 & -2 & -2 & -2 \end{pmatrix} \xrightarrow[②+①\times 2]{} \begin{pmatrix} 2 & 1 & 1 & 1 \\ 0 & 0 & 0 & 0 \end{pmatrix}$$

を得る．これは連立 1 次方程式 (1.4.5) は 1 つの方程式 $2x + y + z = 1$ と同値であることを意味している．実際に，第 2 方程式は第 1 方程式の両辺を -2 倍して得られ，対応する平面は「重なる」．よって，$x = s$, $y = t$ とおくと，$z = -2s - t + 1$ であり，(1.4.5) の一般解は

$$\begin{pmatrix} x \\ y \\ z \end{pmatrix} = s\begin{pmatrix} 1 \\ 0 \\ -2 \end{pmatrix} + t\begin{pmatrix} 0 \\ 1 \\ -1 \end{pmatrix} + \begin{pmatrix} 0 \\ 0 \\ 1 \end{pmatrix} \quad (s, t \text{ は任意定数})$$

である．

○例 **1.4.3**

$$\begin{cases} 2x + y + z = 4 \\ -4x - 2y - 2z = 3 \end{cases} \tag{1.4.6}$$

拡大係数行列は $\begin{pmatrix} 2 & 1 & 1 & 4 \\ -4 & -2 & -2 & 3 \end{pmatrix}$ である．この拡大係数行列に対して，行基本変形を施すと

$$\begin{pmatrix} 2 & 1 & 1 & 4 \\ -4 & -2 & -2 & 3 \end{pmatrix} \xrightarrow[②+①\times 2]{} \begin{pmatrix} 2 & 1 & 1 & 4 \\ 0 & 0 & 0 & 11 \end{pmatrix}$$

を得る．最後の行列の第2行が表す方程式は $0x + 0y + 0z = 11$ であり，どのような x, y, z の値に対しても等号は成立しない．よって，連立1次方程式 (1.4.6) の解は存在しない．

実際に，連立1次方程式の第1方程式が表す平面の法線ベクトルは $\boldsymbol{n}_1 = {}^t(2\ 1\ 1)$ であり，第2方程式が表す平面の法線ベクトルは $\boldsymbol{n}_2 = {}^t(-4\ -2\ -2)$ である．これら異なる2枚の平面の法線ベクトルは互いに平行であるので，2枚の平面は平行である．ゆえに，2枚の平面は共有点をもたない．

連立1次方程式 (1.4.2) のような2個の方程式からなる場合，解の状態は

(i) 解が無数に多く存在する (直線状)

(ii) 解が無数に多く存在する (平面状)

(iii) 解が存在しない

のいずれかである．

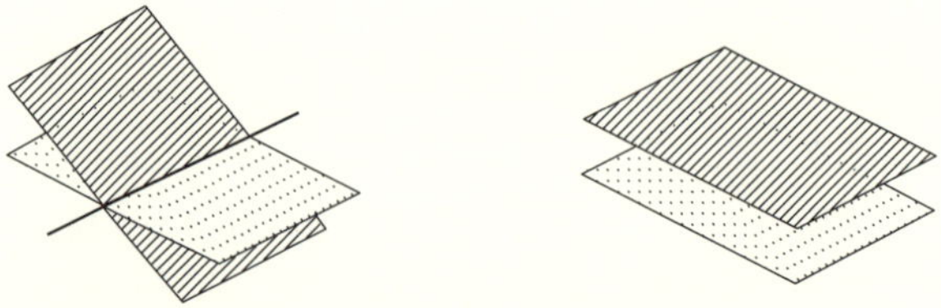

図 1.6 2枚の平面の交わり方 (重なる場合を除く)

1.4.2 方程式が3個の場合

3個の方程式からなる連立1次方程式

$$\begin{cases} a_{11}x + a_{12}y + a_{13}z = b_1 \\ a_{21}x + a_{22}y + a_{23}z = b_2 \\ a_{31}x + a_{32}y + a_{33}z = b_3 \end{cases} \tag{1.4.7}$$

の解は，対応する3枚の平面が同時に交わる共有点を表し，連立1次方程式 (1.4.7) の解の全体は3枚の平面が同時に交わる共通部分である．また，この連立1次方程式の拡大係数行列は

$$\begin{pmatrix} a_{11} & a_{12} & a_{13} & b_1 \\ a_{21} & a_{22} & a_{23} & b_2 \\ a_{31} & a_{32} & a_{33} & b_3 \end{pmatrix}$$

である．

○例 **1.4.4**

$$\begin{cases} 2x - y + 4z = 5 \\ x - y + z = 2 \\ -x + 2y + 2z = 1 \end{cases} \tag{1.4.8}$$

すでに調べたように，連立 1 次方程式 (1.4.8) はただ 1 組の解 $x = -3$, $y = -3$, $z = 2$ をもつ．すなわち，対応する 3 枚の平面が同時に交わる共有点は 1 点のみである．

3 枚の平面の法線ベクトルはそれぞれ $\boldsymbol{n}_1 = {}^t(2\ \ -1\ \ 4)$, $\boldsymbol{n}_2 = {}^t(1\ \ -1\ \ 1)$, $\boldsymbol{n}_3 = {}^t(-1\ \ 2\ \ 2)$ であり，これらは互いに独立した方向をもっている．

○例 **1.4.5**

$$\begin{cases} x - 2y + z = 4 \\ 2x - 4y + z = 5 \\ -x + 2y + z = 2 \end{cases} \tag{1.4.9}$$

拡大係数行列の行基本変形による変形を結果のみ記述すると，

$$\begin{pmatrix} 1 & -2 & 1 & 4 \\ 2 & -4 & 1 & 5 \\ -1 & 2 & 1 & 2 \end{pmatrix} \xrightarrow[\text{行基本変形}]{} \begin{pmatrix} 1 & -2 & 0 & 1 \\ 0 & 0 & 1 & 3 \\ 0 & 0 & 0 & 0 \end{pmatrix}.$$

よって，連立 1 次方程式 (1.4.9) は連立 1 次方程式

$$\begin{cases} x - 2y \qquad = 1 \\ \qquad\qquad z = 3 \end{cases} \tag{1.4.10}$$

と同値である．$y = t$ とおくと，任意定数 t により，解は $x = 2t + 1$, $y = t$, $z = 3$ で与えられる．すなわち，一般解は

$$\begin{pmatrix} x \\ y \\ z \end{pmatrix} = t \begin{pmatrix} 2 \\ 1 \\ 0 \end{pmatrix} + \begin{pmatrix} 1 \\ 0 \\ 3 \end{pmatrix} \quad (t \text{ は任意定数})$$

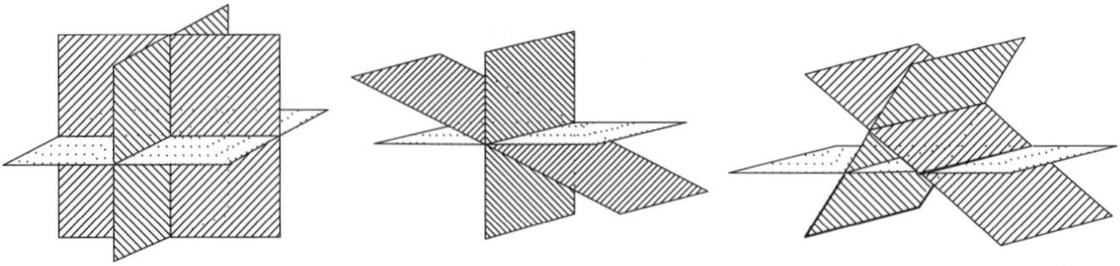

図 1.7　例 1.4.4, 例 1.4.5, 例 1.4.6 の模式図

である．対応する3枚の平面の共通部分は点 (1, 0, 3) を通り，$\boldsymbol{v} = {}^t(2\ 1\ 0)$ を方向ベクトルとする直線であることがわかる．また，3枚の平面の法線ベクトル $\boldsymbol{n}_1$, $\boldsymbol{n}_2$, $\boldsymbol{n}_3$ は $\boldsymbol{n}_3 = 3\boldsymbol{n}_1 - 2\boldsymbol{n}_2$ をみたし，3つの法線ベクトルは同一平面上にある．

○例 **1.4.6**

$$\begin{cases} -4x - 2y + 3z = -4 \\ 5x - y - 2z = -2 \\ -x + 3y - z = -1 \end{cases} \tag{1.4.11}$$

拡大係数行列の行基本変形による変形を結果のみ記述すると，

$$\begin{pmatrix} -4 & -2 & 3 & -4 \\ 5 & -1 & -2 & -2 \\ -1 & 3 & -1 & -1 \end{pmatrix} \xrightarrow[\text{行基本変形}]{} \begin{pmatrix} 1 & 0 & -1/2 & 0 \\ 0 & 1 & -1/2 & 0 \\ 0 & 0 & 0 & 1 \end{pmatrix}.$$

変形後の行列の第3行が表す1次方程式は $0x+0y+0z=1$ なので，どのような x, y, z もこの方程式をみたさない．よって，連立1次方程式 (1.4.11) の解は存在しない．また，3枚の平面の法線ベクトル $\boldsymbol{n}_1$, $\boldsymbol{n}_2$, $\boldsymbol{n}_3$ は $\boldsymbol{n}_3 = -\boldsymbol{n}_1 - \boldsymbol{n}_2$ をみたし，3つの法線ベクトルは同一平面上にある．

連立1次方程式 (1.4.7) のような3個の方程式からなる場合，解の状態は，対応する平面の法線ベクトルの状況に応じて，次のいずれかである．ただし，ここでは法線ベクトル $\boldsymbol{n}_1$, $\boldsymbol{n}_2$, $\boldsymbol{n}_3$ を始点が同じベクトルと考えている．

(1) $\boldsymbol{n}_1$, $\boldsymbol{n}_2$, $\boldsymbol{n}_3$ が独立した方向をもつ場合

　(i) ただ1組の解が存在する

(2) $\boldsymbol{n}_1$, $\boldsymbol{n}_2$, $\boldsymbol{n}_3$ が同一直線上にはないが同一平面上にある場合

　(i) 解が無数に多く存在する (直線状),　　(ii) 解が存在しない

図 1.8　3 枚の平面の交わり方 (重なる場合を除く)

(3)　$\boldsymbol{n}_1$, $\boldsymbol{n}_2$, $\boldsymbol{n}_3$ が同一直線上にある場合

(i)　解が無数に多く存在する (平面状),　　(ii)　解が存在しない

1.4.3　連立 1 次方程式の行列表示

$$\begin{pmatrix} a_{11} & a_{12} & a_{13} \\ a_{21} & a_{22} & a_{23} \end{pmatrix} \begin{pmatrix} x \\ y \\ z \end{pmatrix} = \begin{pmatrix} a_{11}x + a_{12}y + a_{13}z \\ a_{21}x + a_{22}y + a_{23}z \end{pmatrix}$$

であるので，連立 1 次方程式 (1.4.2) を行列を使って，

$$\begin{pmatrix} a_{11} & a_{12} & a_{13} \\ a_{21} & a_{22} & a_{23} \end{pmatrix} \begin{pmatrix} x \\ y \\ z \end{pmatrix} = \begin{pmatrix} b_1 \\ b_2 \end{pmatrix}$$

と表現することができる．行列 $\begin{pmatrix} a_{11} & a_{12} & a_{13} \\ a_{21} & a_{22} & a_{23} \end{pmatrix}$ をこの連立 1 次方程式の**係数行列**という．

同様に，3 個の方程式からなる連立 1 次方程式 (1.4.7) も行列を使って，

$$\begin{pmatrix} a_{11} & a_{12} & a_{13} \\ a_{21} & a_{22} & a_{23} \\ a_{31} & a_{32} & a_{33} \end{pmatrix} \begin{pmatrix} x \\ y \\ z \end{pmatrix} = \begin{pmatrix} b_1 \\ b_2 \\ b_3 \end{pmatrix}$$

と表現することができる．行列 $\begin{pmatrix} a_{11} & a_{12} & a_{13} \\ a_{21} & a_{22} & a_{23} \\ a_{31} & a_{32} & a_{33} \end{pmatrix}$ をこの連立 1 次方程式の**係数行列**という．

第 2 章では，より一般の n 個の未知数，m 個の方程式からなる連立 1 次方程式について取り扱う．

演 習 問 題

1.4.1 次の連立1次方程式を解け.

(1) $\begin{cases} 2x + y - z = 1 \\ x + 3y + 2z = -2 \end{cases}$ (2) $\begin{cases} -3x + 3y - 6z = 1 \\ 2x - 2y + 4z = -3 \end{cases}$

1.4.2 次の連立1次方程式を解け.

(1) $\begin{cases} x - y - 7z = 4 \\ 2x - y - 9z = 5 \\ 3x - y - 11z = 6 \end{cases}$ (2) $\begin{cases} 2x + 3z = 1 \\ -4x + y - 7z = -1 \\ 4x + y + 5z = 1 \end{cases}$

(3) $\begin{cases} -2x + 4y + 2z = 4 \\ 5x - 10y - 5z = -10 \\ 3x - 6y - 3z = -6 \end{cases}$

1.5 2次・3次の正方行列の行列式と逆行列

第2章において，一般の n 次正方行列の行列式を学ぶことになるが，その前に，2次・3次の正方行列の行列式について考えることにする.

1.5.1 2次の行列式

2次正方行列 $A = \begin{pmatrix} a & b \\ c & d \end{pmatrix}$ に対して，A の**行列式** $|A|$ を次のように定義する.

$$|A| = ad - bc$$

行列式 $|A|$ は $\det A$ や $\begin{vmatrix} a & b \\ c & d \end{vmatrix}$ のように表されることもある.

●**注意** 正方行列 A の行列式を表す記号として $|A|$ を用いる場合，絶対値を表す記号と間違うことのないように注意しなければならない.

○**例 1.5.1** (1) $\begin{vmatrix} 3 & -5 \\ 1 & 2 \end{vmatrix} = 3 \cdot 2 - (-5) \cdot 1 = 11$

(2) $\begin{vmatrix} 3 & 6 \\ -2 & -4 \end{vmatrix} = 3 \cdot (-4) - 6 \cdot (-2) = 0$

2次正方行列 $A = \begin{pmatrix} a & b \\ c & d \end{pmatrix}$ の列ベクトルを $\boldsymbol{a} = \begin{pmatrix} a \\ c \end{pmatrix}$，$\boldsymbol{b} = \begin{pmatrix} b \\ d \end{pmatrix}$ とす

るとき，行列 A や行列式 $|A|$ を $A = (\boldsymbol{a}\ \ \boldsymbol{b})$ や $|A| = \det(\boldsymbol{a}\ \ \boldsymbol{b}) = |\boldsymbol{a}\ \ \boldsymbol{b}|$ などと表すことができる．$\boldsymbol{a}$ と x 軸の正の向きとのなす角を α としたとき，$a = \|\boldsymbol{a}\| \cos\alpha$, $c = \|\boldsymbol{a}\| \sin\alpha$ と表すことができる．$\boldsymbol{a}$ を反時計回りに原点を中心として θ 回転 $(-\pi < \theta \leqq \pi)$ させて $\boldsymbol{b}$ の向きに重ねることができるとすると，$|\theta|$ は $\boldsymbol{a}$ と $\boldsymbol{b}$ のなす角の大きさであり，$b = \|\boldsymbol{b}\| \cos(\alpha+\theta)$, $d = \|\boldsymbol{b}\| \cos(\alpha+\theta)$ である．このとき，

$$\det(\boldsymbol{a}\ \ \boldsymbol{b}) = \|\boldsymbol{a}\|\,\|\boldsymbol{b}\|\,\{\cos\alpha\sin(\alpha+\theta) - \sin\alpha\cos(\alpha+\theta)\} = \|\boldsymbol{a}\|\,\|\boldsymbol{b}\|\sin\theta$$

である．このことに注意すると，2次の行列式は次の幾何的意味をもつことがわかる．

定理 1.5.1 (2次の行列式の幾何的意味)　2次正方行列 $A = (\boldsymbol{a}\ \ \boldsymbol{b})$ に対して，次が成立する．

$$\boldsymbol{a} \text{ と } \boldsymbol{b} \text{ の張る平行四辺形の面積} = |\det(\boldsymbol{a}\ \ \boldsymbol{b})|$$

1.5.2　3次の行列式

3次正方行列 $A = \begin{pmatrix} a_{11} & a_{12} & a_{13} \\ a_{21} & a_{22} & a_{23} \\ a_{31} & a_{32} & a_{33} \end{pmatrix}$ の行列式 $|A|$ を

$$\begin{vmatrix} a_{11} & a_{12} & a_{13} \\ a_{21} & a_{22} & a_{23} \\ a_{31} & a_{32} & a_{33} \end{vmatrix} = a_{11}a_{22}a_{33} + a_{12}a_{23}a_{31} + a_{13}a_{21}a_{32} - a_{11}a_{23}a_{32} - a_{12}a_{21}a_{33} - a_{13}a_{22}a_{31}$$

と定義する．

2次の行列式や3次の行列式には，**サラスの方法**とよばれる図1.9に示す覚え方がある．

○例 1.5.2

$$\begin{vmatrix} 2 & 0 & -1 \\ -3 & 3 & -5 \\ 4 & -2 & 1 \end{vmatrix} = 2\cdot3\cdot1 + 0\cdot(-5)\cdot4 + (-1)\cdot(-3)\cdot(-2) - 2\cdot(-5)\cdot(-2) - 0\cdot(-3)\cdot1 - (-1)\cdot3\cdot4 = -8$$

2次正方行列の場合と同様に，3次正方行列 A の列ベクトルを $\boldsymbol{a}$, $\boldsymbol{b}$, $\boldsymbol{c}$ とするとき，行列 A や行列式 $|A|$ を $A = (\boldsymbol{a}\ \boldsymbol{b}\ \boldsymbol{c})$ や $|A| = \det(\boldsymbol{a}\ \boldsymbol{b}\ \boldsymbol{c}) = |\boldsymbol{a}\ \boldsymbol{b}\ \boldsymbol{c}|$ などと表すことがある．

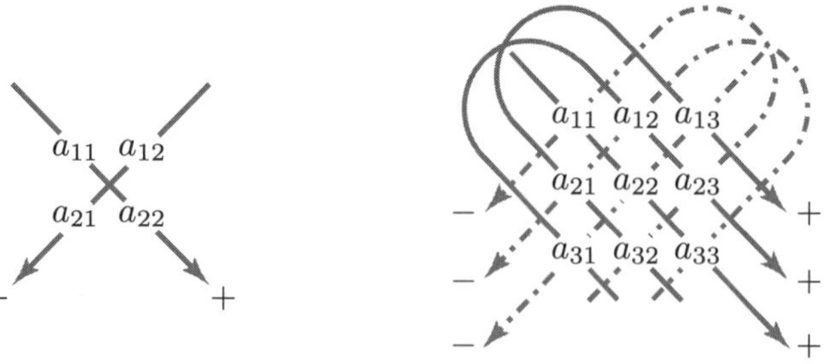

図 1.9　サラスの方法

このとき，3 次正方行列は次の幾何的意味をもつ．証明は両辺の各々を計算して一致することを確かめればよい．

定理 1.5.2 (3 次の行列式の幾何的意味)　3 次正方行列 $A=(\boldsymbol{a}\ \boldsymbol{b}\ \boldsymbol{c})$ に対して，次が成立する．

$$(\boldsymbol{a}\times\boldsymbol{b},\ \boldsymbol{c})=\det(\boldsymbol{a}\ \boldsymbol{b}\ \boldsymbol{c})$$

したがって，$|\det(\boldsymbol{a}\ \boldsymbol{b}\ \boldsymbol{c})|$ は $\boldsymbol{a}$, $\boldsymbol{b}$, $\boldsymbol{c}$ の張る平行六面体の体積に等しい．

1.5.3　2 次正方行列の逆行列

a を 0 でない数とするとき，a の逆数 a^{-1} は

$$aa^{-1}=a^{-1}a=1$$

をみたす．行列の積の基本性質 (i) によれば，行列の積に関して，単位行列 E は数の積における「1」と同じはたらきをする．そこで，行列についても，数の逆数に相当するものを考えたい．

正方行列 A と同じ型の単位行列 E に対して，

$$AX=XA=E$$

をみたす正方行列 X が存在するとき，A を**正則行列**という．また，このときの X を A の**逆行列**といい，A^{-1} で表す．すなわち，A が正則行列であるとき，

$$AA^{-1}=A^{-1}A=E$$

が成立する．

●**注意**　(1) 零行列 O ではない正方行列が正則であるとは限らない．零行列でも正則行列でもない正方行列が存在する．

(2)　正則行列 A に対して，A の逆行列を $\dfrac{1}{A}$ などと書かない．

○**例 1.5.3**　行列 $A = \begin{pmatrix} 5 & 6 \\ 2 & 3 \end{pmatrix}$ に対して，$X = \dfrac{1}{3}\begin{pmatrix} 3 & -6 \\ -2 & 5 \end{pmatrix}$ とおくと，

$$\begin{aligned} AX &= \begin{pmatrix} 5 & 6 \\ 2 & 3 \end{pmatrix}\left(\frac{1}{3}\begin{pmatrix} 3 & -6 \\ -2 & 5 \end{pmatrix}\right) \\ &= \frac{1}{3}\begin{pmatrix} 5 & 6 \\ 2 & 3 \end{pmatrix}\begin{pmatrix} 3 & -6 \\ -2 & 5 \end{pmatrix} = \begin{pmatrix} 1 & 0 \\ 0 & 1 \end{pmatrix} = E, \\ XA &= \frac{1}{3}\begin{pmatrix} 3 & -6 \\ -2 & 5 \end{pmatrix}\begin{pmatrix} 5 & 6 \\ 2 & 3 \end{pmatrix} = \begin{pmatrix} 1 & 0 \\ 0 & 1 \end{pmatrix} = E \end{aligned}$$

よって，A は正則であり，$X = \dfrac{1}{3}\begin{pmatrix} 3 & -6 \\ -2 & 5 \end{pmatrix}$ は A の逆行列である．

正則行列とその逆行列について，以下の基本的性質がある．証明は第2章で述べられるので，事実のみを記述する．

逆行列の基本性質

A, B を同じ型の正則行列とする．このとき，

(1)　A の逆行列 A^{-1} も正則であり，その逆行列は $(A^{-1})^{-1} = A$ である．

(2)　積 AB も正則であり，その逆行列は $(AB)^{-1} = B^{-1}A^{-1}$ である．

例えば，A が正則行列であるとき，

$$AB = AC \quad \text{ならば} \quad B = C$$

が成立する．実際に，$AB = AC$ の両辺に左から A^{-1} をかけると，

$$A^{-1}(AB) = A^{-1}(AC)$$

である．$A^{-1}(AB) = (A^{-1}A)B = EB = B$ であり，同様に，$A^{-1}(AC) = C$ であるので，$B = C$ が成り立つ．しかしながら，A が正則ではないとき，$AB = AC$ であっても $B = C$ であるとは限らない．

例題 1.5.1　次の (1), (2) を証明せよ．

(1)　A が正則行列であるとき，等式 $AX = B$ をみたす X は $X = A^{-1}B$ である．

(2) P が正則行列であるとき，自然数 n に対して，$(P^{-1}AP)^n = P^{-1}A^nP$ である．

[解答] (1) 等式 $AX = B$ に対して，左から A^{-1} をかけると，$A^{-1}(AX) = A^{-1}B$ である．このとき，$A^{-1}(AX) = (A^{-1}A)X = EX = X$ であるので，$X = A^{-1}B$ である．

(2)
$$\begin{aligned}(P^{-1}AP)^n &= \overbrace{(P^{-1}AP)(P^{-1}AP)\cdots(P^{-1}AP)}^{n\text{ 個}} \\ &= P^{-1}A(PP^{-1})A(PP^{-1})\cdots(PP^{-1})AP \\ &= P^{-1}AEAE\cdots EAP \\ &= P^{-1}\overbrace{AA\cdots A}^{n\text{ 個}}P = P^{-1}A^nP\end{aligned}$$

である． ■

2次正方行列 $A = \begin{pmatrix} a & b \\ c & d \end{pmatrix}$ に対して，

$$\begin{pmatrix} a & b \\ c & d \end{pmatrix}\begin{pmatrix} d & -b \\ -c & a \end{pmatrix} = \begin{pmatrix} ad-bc & 0 \\ 0 & ad-bc \end{pmatrix} = (ad-bc)E$$

である．同様に，

$$\begin{pmatrix} d & -b \\ -c & a \end{pmatrix}\begin{pmatrix} a & b \\ c & d \end{pmatrix} = (ad-bc)E$$

も成立する．よって，$ad - bc \neq 0$ であるならば，2次正方行列は正則で，その逆行列は $A^{-1} = \dfrac{1}{ad-bc}\begin{pmatrix} d & -b \\ -c & a \end{pmatrix}$ である．一方，$ad - bc = 0$ である場合には，A が正則でないことも証明することができる．

2次正方行列の正則性と逆行列

行列 $A = \begin{pmatrix} a & b \\ c & d \end{pmatrix}$ について，次が成立する．

(1) $|A| \neq 0$ であるならば，A は正則であり，その逆行列は次で与えられる．

$$A^{-1} = \frac{1}{|A|}\begin{pmatrix} d & -b \\ -c & a \end{pmatrix}$$

(2) $|A| = 0$ であるならば，A は正則ではない．

例題 1.5.2　次の行列が正則行列であるならば，その逆行列を求めよ．

(1) $A = \begin{pmatrix} 7 & 4 \\ -3 & -2 \end{pmatrix}$　　(2) $B = \begin{pmatrix} 4 & 2 \\ 6 & 3 \end{pmatrix}$

［解答］ (1) $|A| = 7\cdot(-2) - 4\cdot(-3) = -2 \neq 0$ なので，A は正則行列であり，逆行列は $A^{-1} = -\dfrac{1}{2}\begin{pmatrix} -2 & -4 \\ 3 & 7 \end{pmatrix}$ である．

(2) $|B| = 4\cdot 3 - 2\cdot 6 = 0$ なので，B は正則行列ではない．■

例題 1.5.3　等式 $\begin{pmatrix} 2 & 5 \\ 3 & 7 \end{pmatrix} X = \begin{pmatrix} 2 & 3 \\ -1 & 4 \end{pmatrix}$ をみたす行列 X を求めよ．

［解答］ $A = \begin{pmatrix} 2 & 5 \\ 3 & 7 \end{pmatrix}$ とおく．$|A| = -1 \neq 0$ であるので，A は正則行列であり，その逆行列は $A^{-1} = -\begin{pmatrix} 7 & -5 \\ -3 & 2 \end{pmatrix} = \begin{pmatrix} -7 & 5 \\ 3 & -2 \end{pmatrix}$ である．例題 1.5.1 (1) により，求める X は

$$X = A^{-1}\begin{pmatrix} 2 & 3 \\ -1 & 4 \end{pmatrix} = \begin{pmatrix} -7 & 5 \\ 3 & -2 \end{pmatrix}\begin{pmatrix} 2 & 3 \\ -1 & 4 \end{pmatrix} = \begin{pmatrix} -19 & -1 \\ 8 & 1 \end{pmatrix}.$$

例題 1.5.4　行列 $A = \begin{pmatrix} -3 & 4 \\ -1 & 2 \end{pmatrix}$，$P = \begin{pmatrix} 4 & 1 \\ 1 & 1 \end{pmatrix}$ に対して，以下の問いに答えよ．

(1) P が正則行列であることを示し，その逆行列を求めよ．

(2) $P^{-1}AP$ を計算せよ．

(3) 自然数 n に対して，n 乗 A^n を求めよ．

［解答］ (1) $|P| = 3 \neq 0$ なので，P は正則行列であり，その逆行列は $P^{-1} = \dfrac{1}{3}\begin{pmatrix} 1 & -1 \\ -1 & 4 \end{pmatrix}$ である．

(2) $P^{-1}AP = \dfrac{1}{3}\begin{pmatrix} 1 & -1 \\ -1 & 4 \end{pmatrix}\begin{pmatrix} -3 & 4 \\ -1 & 2 \end{pmatrix}\begin{pmatrix} 4 & 1 \\ 1 & 1 \end{pmatrix} = \begin{pmatrix} -2 & 0 \\ 0 & 1 \end{pmatrix}$

(3) 例題 1.5.1 (2) により，$(P^{-1}AP)^n = P^{-1}A^nP$ である．この等式に左から P を，右から P^{-1} をかけると，

$$A^n = P(P^{-1}AP)^nP^{-1}$$

である．ここで，$(P^{-1}AP)^n = \begin{pmatrix} -2 & 0 \\ 0 & 1 \end{pmatrix}^n = \begin{pmatrix} (-2)^n & 0 \\ 0 & 1^n \end{pmatrix} = \begin{pmatrix} (-2)^n & 0 \\ 0 & 1 \end{pmatrix}$ であるので，

$$\begin{aligned} A^n = P(P^{-1}AP)^n P^{-1} &= \begin{pmatrix} 4 & 1 \\ 1 & 1 \end{pmatrix} \begin{pmatrix} (-2)^n & 0 \\ 0 & 1 \end{pmatrix} \left(\frac{1}{3} \begin{pmatrix} 1 & -1 \\ -1 & 4 \end{pmatrix} \right) \\ &= \frac{1}{3} \begin{pmatrix} 4 \cdot (-2)^n - 1 & -4 \cdot (-2)^n + 4 \\ (-2)^n - 1 & -(-2)^n + 4 \end{pmatrix}. \end{aligned}$$

■

●**注意**　例題 1.5.4 の $\begin{pmatrix} -2 & 0 \\ 0 & 1 \end{pmatrix}$ のような $\begin{pmatrix} \lambda & 0 \\ 0 & \mu \end{pmatrix}$ の形の行列を**対角行列**という．対角行列の n 乗は

$$\begin{pmatrix} \lambda & 0 \\ 0 & \mu \end{pmatrix}^n = \begin{pmatrix} \lambda^n & 0 \\ 0 & \mu^n \end{pmatrix}$$

であることが，数学的帰納法により証明される．

演 習 問 題

1.5.1　次の行列式の値を求めよ．

(1) $\begin{vmatrix} 8 & -2 \\ -4 & 3 \end{vmatrix}$　　(2) $\begin{vmatrix} 5 & 6 \\ 3 & -7 \end{vmatrix}$　　(3) $\begin{vmatrix} 3 & 0 & -4 \\ 1 & 5 & -1 \\ 7 & -2 & 3 \end{vmatrix}$　　(4) $\begin{vmatrix} -2 & 5 & 2 \\ 3 & 1 & -4 \\ 6 & 7 & -3 \end{vmatrix}$

1.5.2　3次正方行列 $A = (\boldsymbol{a}\ \ \boldsymbol{b}\ \ \boldsymbol{c})$ に対して，$(\boldsymbol{a} \times \boldsymbol{b}, \boldsymbol{c}) = \det(\boldsymbol{a}\ \ \boldsymbol{b}\ \ \boldsymbol{c})$ であることを示せ．

1.5.3　A を正則行列とする．このとき，次の (1), (2) を証明せよ．

(1) $BA = CA$ ならば，$B = C$ である．

(2) 等式 $XA = B$ をみたす X は $X = BA^{-1}$ である．

1.5.4 (1)　正方行列 A, B について，$AB = O$ であるならば A, B は正則ではないことを示せ．

(2)　2次正方行列 $A = \begin{pmatrix} a & b \\ c & d \end{pmatrix}$ に対して，$|A| = ad - bc = 0$ であるならば A は正則ではないことを示せ．

1.5.5　次の2次正方行列が正則行列であれば，その逆行列を求めよ．

(1) $\begin{pmatrix} -5 & 3 \\ 10 & -6 \end{pmatrix}$　　(2) $\begin{pmatrix} 5 & 2 \\ 4 & 3 \end{pmatrix}$　　(3) $\begin{pmatrix} 3 & -2 \\ 4 & -3 \end{pmatrix}$

1.5.6 次の 3 次正方行列の逆行列を定義に従って求めよ．

(1) $\begin{pmatrix} 2 & 0 & 0 \\ 0 & 1 & -1 \\ 0 & 1 & 2 \end{pmatrix}$　　(2) $\begin{pmatrix} 1 & 0 & 0 \\ -1 & 2 & 0 \\ 1 & 1 & -2 \end{pmatrix}$

1.5.7 次の行列が正則行列であるための x の条件を求めよ．

(1) $\begin{pmatrix} x & 1 \\ 3 & x \end{pmatrix}$　　(2) $\begin{pmatrix} 2x+1 & x-7 \\ x & x-3 \end{pmatrix}$

1.5.8 次の等式をみたす行列 X を求めよ．

(1) $\begin{pmatrix} 3 & -1 \\ 2 & 1 \end{pmatrix} X = \begin{pmatrix} -5 & 3 \\ 2 & -3 \end{pmatrix}$　　(2) $X \begin{pmatrix} 1 & 2 \\ 2 & 5 \end{pmatrix} = \begin{pmatrix} 4 & 7 \\ 3 & 5 \end{pmatrix}$

1.5.9 $A = \begin{pmatrix} 4 & 7 \\ -2 & -5 \end{pmatrix}$，$P = \begin{pmatrix} 1 & -7 \\ -1 & 2 \end{pmatrix}$ に対して，以下の問いに答えよ．

(1) P が正則行列であることを示し，その逆行列を求めよ．
(2) $P^{-1}AP$ を計算せよ．
(3) 自然数 n に対して，A^n を求めよ．

1.6　2 次元・3 次元の線形変換

1.6.1　2 次元の線形変換

2 次正方行列 $A = \begin{pmatrix} a & b \\ c & d \end{pmatrix}$ に対して, 座標平面上の変換 $f : (x, y) \mapsto (x', y')$ を

$$\begin{cases} x' = ax + by \\ y' = cx + dy \end{cases} \tag{1.6.1}$$

で定める．この変換 f により，座標平面上の点 (x, y) は点 (x', y') に移される．また，変換 f の定義式 (1.6.1) は行列を用いて，

$$\begin{pmatrix} x' \\ y' \end{pmatrix} = \begin{pmatrix} a & b \\ c & d \end{pmatrix} \begin{pmatrix} x \\ y \end{pmatrix}$$

で表すことができる．この変換 f を行列 $A = \begin{pmatrix} a & b \\ c & d \end{pmatrix}$ の定める**線形変換**という．行列 A を明示したい場合は，変換 f を f_A と書き表すこともある．

例えば，行列 $\begin{pmatrix} 2 & 3 \\ 4 & -1 \end{pmatrix}$ の定める線形変換による点 $(1, -2)$ の像は，

$$\begin{pmatrix} 2 & 3 \\ 4 & -1 \end{pmatrix}\begin{pmatrix} 1 \\ -2 \end{pmatrix} = \begin{pmatrix} -4 \\ 6 \end{pmatrix}$$

により，点 $(-4, 6)$ である．

○例 **1.6.1**　x 軸に関する対称変換は $(x, y) \mapsto (x, -y)$ であるので，x 軸に関する対称変換を表す行列は $\begin{pmatrix} 1 & 0 \\ 0 & -1 \end{pmatrix}$ である．

○例 **1.6.2**　座標平面における原点 O を中心とする角 θ だけ回転させる変換を考える．いま，座標平面上の点 (x, y) を $(x, y) = (r\cos\alpha, r\sin\alpha)$ と表すと，回転して得られた点 (x', y') は $(x', y') = (r\cos(\alpha+\theta), r\sin(\alpha+\theta))$ である．このとき，

$$\begin{pmatrix} x' \\ y' \end{pmatrix} = \begin{pmatrix} r\cos\alpha\cos\theta - r\sin\alpha\sin\theta \\ r\sin\alpha\cos\theta + r\cos\alpha\sin\theta \end{pmatrix} = \begin{pmatrix} x\cos\theta - y\sin\theta \\ y\cos\theta + x\sin\theta \end{pmatrix}$$
$$= \begin{pmatrix} \cos\theta & -\sin\theta \\ \sin\theta & \cos\theta \end{pmatrix}\begin{pmatrix} x \\ y \end{pmatrix}$$

である．よって，原点を中心とし，回転角が θ の回転は線形変換であり，この回転を表す行列は

$$\begin{pmatrix} \cos\theta & -\sin\theta \\ \sin\theta & \cos\theta \end{pmatrix}$$

である．

1.6.2　線形変換の合成

2次正方行列 A, B で表される線形変換 f_A，f_B の合成 $f_B \circ f_A$ について考える．

座標平面上の点 (x, y) が線形変換 f_A により点 (x', y') に移され，点 (x', y') が線形変換 f_B により点 (x'', y'') に移されるとすると，点 (x, y) は合成 $f_B \circ f_A$ により点 (x'', y'') に移される．このとき，

$$\begin{pmatrix} x' \\ y' \end{pmatrix} = A\begin{pmatrix} x \\ y \end{pmatrix}, \quad \begin{pmatrix} x'' \\ y'' \end{pmatrix} = B\begin{pmatrix} x' \\ y' \end{pmatrix}$$

であるので，

$$\begin{pmatrix} x'' \\ y'' \end{pmatrix} = B \begin{pmatrix} x' \\ y' \end{pmatrix} = B \left(A \begin{pmatrix} x \\ y \end{pmatrix} \right) = BA \begin{pmatrix} x \\ y \end{pmatrix}$$

である．よって，合成 $f_B \circ f_A$ は線形変換であり，$f_B \circ f_A$ を表す行列は BA である．

○**例 1.6.3**　座標平面における x 軸に関する対称変換と原点 O を中心とする回転角 θ の回転の合成を表す行列は，

$$\begin{pmatrix} \cos\theta & -\sin\theta \\ \sin\theta & \cos\theta \end{pmatrix} \begin{pmatrix} 1 & 0 \\ 0 & -1 \end{pmatrix} = \begin{pmatrix} \cos\theta & \sin\theta \\ \sin\theta & -\cos\theta \end{pmatrix}$$

である．

○**例 1.6.4**　座標平面における原点 O とする回転角 α の回転と回転角 β の回転は回転角 $\alpha + \beta$ の回転である．実際，

$$\begin{pmatrix} \cos\beta & -\sin\beta \\ \sin\beta & \cos\beta \end{pmatrix} \begin{pmatrix} \cos\alpha & -\sin\alpha \\ \sin\alpha & \cos\alpha \end{pmatrix} = \begin{pmatrix} \cos(\alpha+\beta) & -\sin(\alpha+\beta) \\ \sin(\alpha+\beta) & \cos(\alpha+\beta) \end{pmatrix}$$

である．

回転角 θ の回転を n 回連続して合成して得られる変換は $\begin{pmatrix} \cos\theta & -\sin\theta \\ \sin\theta & \cos\theta \end{pmatrix}^n$ で表される．一方，回転角 θ の回転を n 回連続して合成して得られる変換は回転角 $n\theta$ の回転でもある．よって，次の関係式を得ることができる．

$$\begin{pmatrix} \cos\theta & -\sin\theta \\ \sin\theta & \cos\theta \end{pmatrix}^n = \begin{pmatrix} \cos n\theta & -\sin n\theta \\ \sin n\theta & \cos n\theta \end{pmatrix}$$

1.6.3　3 次の線形変換

座標空間上の変換 $f : (x,\, y,\, z) \mapsto (x',\, y',\, z')$ が 3 次正方行列 A により

$$\begin{pmatrix} x' \\ y' \\ z' \end{pmatrix} = A \begin{pmatrix} x \\ y \\ z \end{pmatrix}$$

で定められるとき，変換 f を 3 次正方行列 A の定める**線形変換**という．

○例 **1.6.5** 座標空間における xy 平面に関する対称変換は，点 (x, y, z) を点 $(x, y, -z)$ へ移すので，xy 平面に関する対称変換を表す行列は $\begin{pmatrix} 1 & 0 & 0 \\ 0 & 1 & 0 \\ 0 & 0 & -1 \end{pmatrix}$ である．

○例 **1.6.6** 座標空間において，z 軸のまわりに，z 軸の正の側から見て反時計回りに回転角 θ で回転する変換は，z 座標は変えずに x 座標，y 座標のみが回転により変化するので，3 次正方行列 $\begin{pmatrix} \cos\theta & -\sin\theta & 0 \\ \sin\theta & \cos\theta & 0 \\ 0 & 0 & 1 \end{pmatrix}$ で表される．

演 習 問 題

1.6.1 座標平面における，y 軸に関する対称変換，および，原点 O に関する点対称変換を表す行列を求めよ．

1.6.2 座標平面における原点を通る直線 $y = \dfrac{1}{\sqrt{3}}x$ に関する対称変換を表す行列を求めよ．

1.6.3 行列 $A = \dfrac{1}{2}\begin{pmatrix} 1 & -\sqrt{3} \\ \sqrt{3} & 1 \end{pmatrix}$ について，以下の問いに答えよ．

(1) A の表す線形変換 f はどのような変換か答えよ．

(2) (1) を利用して，$A + A^2 + A^3 + A^4 + A^5 + A^6 = O$ であることを示せ．

1.6.4 座標空間において，原点に関する点対称変換，yz 平面に関する対称変換，zx 平面に関する対称変換を表す行列を求めよ．

1.6.5 座標空間において，x 軸のまわりに，x 軸の正の側から見て反時計回りに回転角 θ で回転する変換を表す行列を求めよ．また，y 軸のまわりに，y 軸の正の側から見て反時計回りに回転角 θ で回転する変換を表す行列を求めよ．

1.6.6 2 次正方行列 A が正則行列であるとき，座標平面上の直線は線形変換 f_A によって直線へ移されることを示せ．また，A が正則行列ではない場合は，線形変換 f_A によって座標平面上の直線はどのように移されるか．

1.6.7 3 次正方行列 A が正則行列であるとき，線形変換 f_A によって座標空間上の直線は直線へ移され，座標空間内の平面は平面に移されることを示せ．

2
行列と連立 1 次方程式

2.1 一般の行列

2.1.1 行列の定義

第 1 章で述べた 2 次元および 3 次元ベクトル空間の線形代数を一般の次元に拡張して考えるため，基本にもどりもう一度，一般の行列の定義からはじめる．

m と n を自然数とする．mn 個の数 a_{ij} $(i = 1, 2, \cdots, m;\ j = 1, 2, \cdots, n)$ を次のように長方形に並べたものを $\boldsymbol{m \times n}$ **行列**，$\boldsymbol{m \times n}$ **型行列**，$\boldsymbol{(m, n)}$ **型行列**などという．

$$A = \begin{pmatrix} a_{11} & a_{12} & \ldots & a_{1n} \\ a_{21} & a_{22} & \ldots & a_{2n} \\ \vdots & \vdots & \ddots & \vdots \\ a_{m1} & a_{m2} & \ldots & a_{mn} \end{pmatrix}$$

とくに，$m = n$ のときには，$n \times n$ 行列を $\boldsymbol{n}$ **次正方行列**という．

行列において，横の並びを上から順に第 1 行，第 2 行，$\cdots$，第 m 行，縦の並びを左から順に第 1 列，第 2 列，$\cdots$，第 n 行とよび，第 i 行と第 j 列の交点にある数を $\boldsymbol{(i, j)}$ **成分**という．上のように，行列 A の (i, j) 成分が a_{ij} で与えられているとき，簡単に

$$A = (a_{ij})$$

と表す．また，行列の型を明示したいときは $A_{m,n}$ のように書くこともある．

$m \times 1$ 行列を $\boldsymbol{m}$ **次列ベクトル**といい，$1 \times n$ 行列を $\boldsymbol{n}$ **次行ベクトル**という．$m \times n$ 行列 $A = (a_{ij})$ は，n 個の m 次列ベクトル

$$\boldsymbol{a}_1 = \begin{pmatrix} a_{11} \\ a_{21} \\ \vdots \\ a_{m1} \end{pmatrix},\ \boldsymbol{a}_2 = \begin{pmatrix} a_{12} \\ a_{22} \\ \vdots \\ a_{m2} \end{pmatrix},\ \cdots,\ \boldsymbol{a}_n = \begin{pmatrix} a_{1n} \\ a_{2n} \\ \vdots \\ a_{mn} \end{pmatrix}$$

および m 個の n 次行ベクトル

$$\boldsymbol{a}'_1 = (a_{11}\ \ a_{12}\ \ \cdots\ \ a_{1n}),\ \boldsymbol{a}'_2 = (a_{21}\ \ a_{22}\ \ \cdots\ \ a_{2n}),\ \cdots,$$
$$\boldsymbol{a}'_m = (a_{m1}\ \ a_{m2}\ \ \cdots\ \ a_{mn})$$

により

$$A = (\boldsymbol{a}_1\ \boldsymbol{a}_2\ \cdots\ \boldsymbol{a}_n), \qquad A = \begin{pmatrix} \boldsymbol{a}'_1 \\ \boldsymbol{a}'_2 \\ \vdots \\ \boldsymbol{a}'_m \end{pmatrix}$$

と表すことができる．この表し方をそれぞれ A の**列ベクトル表示**，**行ベクトル表示**という．

成分がすべて実数である行列を**実行列**といい，成分が複素数である行列を**複素行列**という．本書では，とくに断らない限り実行列を扱っているが，複素行列として読み進むこともできる．また，成分として関数や行列などを考えることもある．

2.1.2　行列の和とスカラー倍

2 つの行列 $A = (a_{ij})$ と $B = (b_{ij})$ が**等しい**とは，A と B が同じ型の行列であり，すべての (i, j) 成分について $a_{ij} = b_{ij}$ であるときをいう．このとき，$A = B$ と表す．

2 つの $m \times n$ 行列 $A = (a_{ij})$ と $B = (b_{ij})$ の**和** $A + B$ を

$$A + B = \bigl(a_{ij} + b_{ij}\bigr) = \begin{pmatrix} a_{11} + b_{11} & \cdots & a_{1n} + b_{1n} \\ \vdots & \ddots & \vdots \\ a_{m1} + b_{m1} & \cdots & a_{mn} + b_{mn} \end{pmatrix}$$

により定義する．同様に，A と B の**差**を

$$A - B = \bigl(a_{ij} - b_{ij}\bigr)$$

により定義する．行列の和と差は同じ型の行列についてのみ定義される．

行列と対比して数を**スカラー**とよぶ．スカラー c に対して，行列 $A = (a_{ij})$

の**スカラー倍** cA を

$$cA = \big(ca_{ij}\big) = \begin{pmatrix} ca_{11} & \cdots & ca_{1n} \\ \vdots & \ddots & \vdots \\ ca_{m1} & \cdots & ca_{mn} \end{pmatrix}$$

により定義する．とくに，$(-1)A$ を $-A$ で表す．このとき，$A-B = A+(-B)$ である．

すべての成分が 0 である行列を**零行列**といい，大文字 O で表す．零行列の型 $m \times n$ を明示したいときには，$O_{m,n}$ と書く．とくに，$m=1$ または $n=1$ のときは**零ベクトル**といい，$\mathbf{0}$ で表す．

定理 2.1.1 同じ型の行列の和とスカラー倍について，次が成り立つ．

(1) $(A+B)+C = A+(B+C)$ (結合法則)

(2) $A+B = B+A$ (交換法則)

(3) $A+O = A,\quad A-A = O$

(4) $c(A+B) = cA+cB$ (分配法則)

(5) $(c+d)A = cA+dA$ (分配法則)

(6) $c(dA) = (cd)A$ (結合法則)

(7) $1A = A,\quad 0A = O$

2.1.3 行列の積

$m \times n$ 行列 $A = (a_{ij})$ と $n \times l$ 行列 $B = (b_{ij})$ に対して，**積** $AB = (c_{ij})$ を

$$\begin{aligned} c_{ij} &= \sum_{k=1}^{n} a_{ik}b_{kj} \\ &= a_{i1}b_{1j} + a_{i2}b_{2j} + \cdots + a_{in}b_{nj} \end{aligned}$$

である $m \times l$ 行列と定義する．すなわち，AB の (i,j) 成分は，A の第 i 行の左からと B の第 j 列の上からとの対応する成分どうしの積を加えたものである．

$$AB = \begin{pmatrix} a_{11} & a_{12} & \cdots & a_{1n} \\ \vdots & \vdots & & \vdots \\ a_{i1} & a_{i2} & \cdots & a_{in} \\ \vdots & \vdots & & \vdots \\ a_{m1} & a_{m2} & \cdots & a_{mn} \end{pmatrix} \begin{pmatrix} b_{11} & \cdots & b_{1j} & \cdots & b_{1l} \\ b_{21} & \cdots & b_{2j} & \cdots & b_{2l} \\ \vdots & & \vdots & & \vdots \\ b_{n1} & \cdots & b_{nj} & \cdots & b_{nl} \end{pmatrix}$$

$$= \begin{pmatrix} c_{11} & \cdots & c_{1j} & \cdots & c_{1l} \\ \vdots & & \vdots & & \vdots \\ c_{i1} & \cdots & c_{ij} & \cdots & c_{il} \\ \vdots & & \vdots & & \vdots \\ c_{m1} & \cdots & c_{mj} & \cdots & c_{ml} \end{pmatrix}$$

積 AB は，A の列の個数と B の行の個数が等しいときのみ定義されることに注意する．

○例 **2.1.1** $(2 \ \ 5 \ \ 8)\begin{pmatrix} 9 \\ -3 \\ 1 \end{pmatrix} = 2\cdot 9 + 5(-3) + 8\cdot 1 = 11,$

$$\begin{pmatrix} 1 & 2 \\ 9 & 8 \end{pmatrix}\begin{pmatrix} a_1 & b_1 & c_1 \\ a_2 & b_2 & c_2 \end{pmatrix} = \begin{pmatrix} a_1 + 2a_2 & b_1 + 2b_2 & c_1 + 2c_2 \\ 9a_1 + 8a_2 & 9b_1 + 8b_2 & 9c_1 + 8c_2 \end{pmatrix},$$

$$\begin{pmatrix} a \\ b \\ c \end{pmatrix}(x \ \ y \ \ z) = \begin{pmatrix} ax & ay & az \\ bx & by & bz \\ cx & cy & cz \end{pmatrix}$$

●**注意** 1×1 行列 (a) はスカラー a と同一視し，通常は ( ) を省いて書く．

定理 2.1.2 行列の積について，次が成り立つ．ただし，それぞれにおいて行列の型は演算が定義できるものとする．

(1) $(AB)C = A(BC)$ (結合法則)

(2) $(A+B)C = AC + BC$ (分配法則)

(3) $A(B+C) = AB + AC$ (分配法則)

(4) $(cA)B = A(cB) = c(AB)$ (c はスカラー)

(5) $AO = O$, $OA = O$

［証明］(1) $A = (a_{ij})$, $B = (b_{ij})$, $C = (c_{ij})$ をそれぞれ $m \times n$ 行列，$n \times l$ 行列，$l \times p$ 行列とする．このとき，AB は $m \times l$ 行列，BC は $n \times p$ 行列であり，$(AB)C$ と $A(BC)$ はともに $m \times p$ 行列である．(i,j) 成分を比較すると

$$(AB)C \text{ の } (i,j) \text{ 成分} = \sum_{k=1}^{l} (AB \text{ の } (i,k) \text{ 成分})\, c_{kj}$$

$$= \sum_{k=1}^{l} (a_{i1}b_{1k} + \cdots + a_{in}b_{nk})\, c_{kj} = \sum_{k=1}^{l} (a_{i1}b_{1k}c_{kj} + \cdots + a_{in}b_{nk}c_{kj})$$

$$= a_{i1}\left(\sum_{k=1}^{l} b_{1k}c_{kj}\right) + \cdots + a_{in}\left(\sum_{k=1}^{l} b_{nk}c_{kj}\right)$$

$$= a_{i1}\,(BC \text{ の } (1,j) \text{ 成分}) + \cdots + a_{in}\,(BC \text{ の } (n,j) \text{ 成分})$$
$$= A(BC) \text{ の } (i,j) \text{ 成分}$$

となるので，$(AB)C = A(BC)$ である．

(2), (3), (4), (5) についても，それぞれ両辺の (i,j) 成分を比較して容易に等式を示すことができる． ■

●**注意** 次のことは第 1 章でも注意されているが，数と行列で異なるところである．

(i) AB と BA が定義されて同じ型であっても，$AB = BA$ とは限らない．

(ii) $A \neq O$，$B \neq O$ であっても，$AB = O$ となることがある．

例題 2.1.1 $A\begin{pmatrix} 3 & 1 \\ -1 & 1 \\ 0 & -2 \end{pmatrix} = \begin{pmatrix} 0 & 0 \\ 0 & 0 \end{pmatrix}$ をみたす行列 A をすべて求めよ．

[解答] 積が定義されて，右辺が 2×2 行列であるので，条件をみたす行列 A は 2×3 行列である．$A = \begin{pmatrix} a & b & c \\ d & e & f \end{pmatrix}$ とおくと

$$\begin{pmatrix} a & b & c \\ d & e & f \end{pmatrix}\begin{pmatrix} 3 & 1 \\ -1 & 1 \\ 0 & -2 \end{pmatrix} = \begin{pmatrix} 3a-b & a+b-2c \\ 3d-e & d+e-2f \end{pmatrix} = \begin{pmatrix} 0 & 0 \\ 0 & 0 \end{pmatrix}$$

より，$3a-b=0$，$a+b-2c=0$，$3d-e=0$，$d+e-2f=0$ であるので，$b=3a$，$c=2a$，$e=3d$，$f=2d$ である．したがって，求める行列 A は

$$A = \begin{pmatrix} a & 3a & 2a \\ d & 3d & 2d \end{pmatrix} = a\begin{pmatrix} 1 & 3 & 2 \\ 0 & 0 & 0 \end{pmatrix} + d\begin{pmatrix} 0 & 0 & 0 \\ 1 & 3 & 2 \end{pmatrix} \quad (a, d \text{ は任意の数})$$

である． ■

2.1.4 正則行列

n 次正方行列 $A = (a_{ij})$ において，成分 $a_{11}, a_{22}, \cdots, a_{nn}$ を A の**対角成分**という．対角成分以外の成分がすべて 0 である n 次正方行列

$$\begin{pmatrix} a_{11} & 0 & \cdots & 0 \\ 0 & a_{22} & \ddots & \vdots \\ \vdots & \ddots & \ddots & 0 \\ 0 & \cdots & 0 & a_{nn} \end{pmatrix}$$

を n 次**対角行列**という．この行列を $\mathrm{diag}\,(a_{11}, a_{22}, \cdots, a_{nn})$ と書くこともある．とくに，対角成分がすべて 1 である n 次対角行列

$$\begin{pmatrix} 1 & 0 & \cdots & 0 \\ 0 & 1 & \ddots & \vdots \\ \vdots & \ddots & \ddots & 0 \\ 0 & \cdots & 0 & 1 \end{pmatrix}$$

を n 次**単位行列**といい，E_n または単に E で表す．**クロネッカーのデルタ**とよばれる記号

$$\delta_{ij} = \begin{cases} 1 & (i = j \text{ のとき}) \\ 0 & (i \neq j \text{ のとき}) \end{cases}$$

を用いると，$E = (\delta_{ij})$ と表される．次の n 次列ベクトル

$$\boldsymbol{e}_1 = \begin{pmatrix} 1 \\ 0 \\ \vdots \\ 0 \end{pmatrix}, \quad \boldsymbol{e}_2 = \begin{pmatrix} 0 \\ 1 \\ \vdots \\ 0 \end{pmatrix}, \quad \cdots, \quad \boldsymbol{e}_n = \begin{pmatrix} 0 \\ \vdots \\ 0 \\ 1 \end{pmatrix}$$

を n 次**基本列ベクトル**といい，また次の n 次行ベクトル

$$\boldsymbol{e}'_1 = (1 \ \ 0 \ \ \cdots \ \ 0), \ \ \boldsymbol{e}'_2 = (0 \ \ 1 \ \ \cdots \ \ 0), \ \ \cdots \ , \ \ \boldsymbol{e}'_n = (0 \ \ \cdots \ \ 0 \ \ 1)$$

を n 次**基本行ベクトル**という．これらを用いて

$$E = (\boldsymbol{e}_1 \ \boldsymbol{e}_2 \ \cdots \ \boldsymbol{e}_n) = \begin{pmatrix} \boldsymbol{e}'_1 \\ \boldsymbol{e}'_2 \\ \vdots \\ \boldsymbol{e}'_n \end{pmatrix}$$

と表すことができる．単位行列は数のかけ算における 1 と同じ役割をし，任意の $m \times n$ 行列 A に対して

$$AE_n = E_m A = A$$

が成り立つ．

n 次正方行列 A に対して

$$AX = XA = E_n$$

をみたす正方行列 X があるとき，A を n 次**正則行列**という．またこのとき，

X を A の**逆行列**といい，$X = A^{-1}$ で表す．

●**注意**　正方行列 A の逆行列は，もしあるとすれば，ただ 1 つである．実際に，$AX_1 = X_1A = E$，$AX_2 = X_2A = E$ とすると，$X_1 = X_2$ であることが次のようにわかる．

$$X_1 = X_1E = X_1(AX_2) = (X_1A)X_2 = EX_2 = X_2$$

定理 2.1.3　A, B を n 次正方行列とする．

(1)　A が正則ならば，A^{-1} も正則であり

$$\left(A^{-1}\right)^{-1} = A.$$

(2)　A, B が正則ならば，AB も正則であり

$$(AB)^{-1} = B^{-1}A^{-1}.$$

［**証明**］(1)　$X = A^{-1}$ とおくと，$AX = XA = E$ をみたすので X は正則であり，$A = X^{-1} = (A^{-1})^{-1}$ である．

(2)　A, B は正則なので，A^{-1}, B^{-1} が存在する．

$$(AB)(B^{-1}A^{-1}) = A(BB^{-1})A^{-1} = AEA^{-1} = E$$

であり，また同様にして，$(B^{-1}A^{-1})(AB) = E$ がいえる．したがって，AB は正則であり，$(AB)^{-1} = B^{-1}A^{-1}$ である．■

2.1.5　行列の転置

$m \times n$ 行列 A の行と列を入れ替えて得られる $n \times m$ 行列を A の**転置行列**といい，${}^tA$ で表す．${}^tA$ の (i, j) 成分は A の (j, i) 成分である．すなわち

$$A = \begin{pmatrix} a_{11} & a_{12} & \cdots & a_{1n} \\ a_{21} & a_{22} & \cdots & a_{2n} \\ \vdots & \vdots & \ddots & \vdots \\ a_{m1} & a_{m2} & \cdots & a_{mn} \end{pmatrix} \text{ のとき，} {}^tA = \begin{pmatrix} a_{11} & a_{21} & \cdots & a_{m1} \\ a_{12} & a_{22} & \cdots & a_{m2} \\ \vdots & \vdots & \ddots & \vdots \\ a_{1n} & a_{2n} & \cdots & a_{mn} \end{pmatrix}.$$

○例 **2.1.2**　$A = \begin{pmatrix} a_1 & b_1 \\ a_2 & b_2 \\ a_3 & b_3 \end{pmatrix}$ に対して，${}^tA = \begin{pmatrix} a_1 & a_2 & a_3 \\ b_1 & b_2 & b_3 \end{pmatrix}$．3 次列ベクトル $\boldsymbol{a} = \begin{pmatrix} a_1 \\ a_2 \\ a_3 \end{pmatrix}$, $\boldsymbol{b} = \begin{pmatrix} b_1 \\ b_2 \\ b_3 \end{pmatrix}$ とすると，$A = (\boldsymbol{a}\ \ \boldsymbol{b})$ であり，${}^tA = \begin{pmatrix} {}^t\boldsymbol{a} \\ {}^t\boldsymbol{b} \end{pmatrix}$ と表される．

定理 2.1.4 転置行列について次が成り立つ.

(1) ${}^t(A+B) = {}^tA + {}^tB, \quad {}^t(cA) = c\,{}^tA$

(2) ${}^t({}^tA) = A$

(3) ${}^t(AB) = {}^tB\,{}^tA$

(4) A が正則のとき，${}^tA$ も正則であり，$({}^tA)^{-1} = {}^t(A^{-1})$.

[証明] (1), (2) は容易にわかる.

(3) $A = (a_{ij})$ を $m \times n$ 行列，$B = (b_{ij})$ を $n \times l$ 行列とすると，${}^t(AB)$ と ${}^tB\,{}^tA$ はともに $l \times m$ 行列である．両方の (i,j) 成分を比較すると

$$\begin{aligned} {}^tB\,{}^tA \text{ の } (i,j) \text{ 成分} &= \sum_{k=1}^{n} \left({}^tB \text{ の } (i,k) \text{ 成分}\right)\left({}^tA \text{ の } (k,j) \text{ 成分}\right) \\ &= \sum_{k=1}^{n} b_{ki}a_{jk} = \sum_{k=1}^{n} a_{jk}b_{ki} \\ &= AB \text{ の } (j,i) \text{ 成分} = {}^t(AB) \text{ の } (i,j) \text{ 成分} \end{aligned}$$

であるので，${}^t(AB) = {}^tB\,{}^tA$ が成り立つ.

(4) (3) を用いると，${}^t(A^{-1})\,{}^tA = {}^t(AA^{-1}) = {}^tE = E$ であり，同様に，${}^tA\,{}^t(A^{-1}) = E$ がいえるので，$({}^tA)^{-1} = {}^t(A^{-1})$ である. ■

2.1.6 行列の分割

行列をいくつかの横線と縦線で区切ると，小さな型の行列のブロックに分けられる．これを**行列の分割**といい，分けられた各ブロックを**小行列**という．これにより，行列を小行列を成分とする行列とみることができる.

○例 **2.1.3** $A = \left(\begin{array}{ccc:c} 2 & 3 & 4 & 0 \\ -1 & 0 & 1 & 0 \\ \hdashline 1 & 2 & -3 & -4 \end{array}\right)$ に対し，$A_{11} = \begin{pmatrix} 2 & 3 & 4 \\ -1 & 0 & 1 \end{pmatrix}$, $A_{12} = \begin{pmatrix} 0 \\ 0 \end{pmatrix}$, $A_{21} = (1\ \ 2\ \ -3)$, $A_{22} = (-4)$ とおくと，$A = \begin{pmatrix} A_{11} & A_{12} \\ A_{21} & A_{22} \end{pmatrix}$ と表すことができる.

行列の分割を考えることにより，行列の計算や証明が容易になることがある．分割された行列の積は，小行列どうしの演算が可能であるように分割されていれば，小行列を成分とみて計算することができる.

定理 2.1.5　$m \times n$ 行列 A と $n \times l$ 行列 B が

$$A = \begin{matrix} m_1\{ \\ m_2\{ \end{matrix}\!\!\begin{pmatrix} \overbrace{A_{11}}^{n_1} & \overbrace{A_{12}}^{n_2} \\ A_{21} & A_{22} \end{pmatrix}, \quad B = \begin{matrix} n_1\{ \\ n_2\{ \end{matrix}\!\!\begin{pmatrix} \overbrace{B_{11}}^{l_1} & \overbrace{B_{12}}^{l_2} \\ B_{21} & B_{22} \end{pmatrix}$$

と分割されているとき，積 AB は通常の積と同じように次の形に表される．

$$AB = \begin{pmatrix} A_{11}B_{11} + A_{12}B_{21} & A_{11}B_{12} + A_{12}B_{22} \\ A_{21}B_{11} + A_{22}B_{21} & A_{21}B_{12} + A_{22}B_{22} \end{pmatrix}$$

［証明］ $A = (a_{ij}), B = (b_{ij})$ とする．A, B の分割のされ方から右辺が定義でき，両辺ともに $m \times l$ 行列である．以下，$1 \leqq i \leqq m_1$，$1 \leqq j \leqq l_1$ のとき，両辺の (i, j) 成分が等しいことを示す．その他の場合も同様に示すことができる．

$$\begin{aligned} \text{右辺の } (i,j) \text{ 成分} &= (A_{11}B_{11} + A_{12}B_{21}) \text{ の } (i,j) \text{ 成分} \\ &= \sum_{k=1}^{n_1} a_{ik}b_{kj} + \sum_{k=n_1+1}^{n} a_{ik}\,b_{kj} \\ &= \sum_{k=1}^{n} a_{ik}b_{kj} = \text{左辺 } AB \text{ の } (i,j) \text{ 成分} \end{aligned}$$

■

一般に，$m \times n$ 行列 A と $n \times l$ 行列 B の分割において，A の列の分け方と B の行の分け方が次のように同じとする．

$$A = \begin{pmatrix} \overbrace{A_{11}}^{n_1} & \overbrace{A_{12}}^{n_2} & \overset{\cdots}{\cdots} & \overbrace{A_{1q}}^{n_q} \\ A_{21} & A_{22} & \cdots & A_{2q} \\ \vdots & \vdots & & \vdots \\ A_{p1} & A_{p2} & \cdots & A_{pq} \end{pmatrix}, \quad B = \begin{matrix} n_1\{ \\ n_2\{ \\ \vdots \\ n_q\{ \end{matrix}\!\!\begin{pmatrix} B_{11} & B_{12} & \cdots & B_{1r} \\ B_{21} & B_{22} & \cdots & B_{2r} \\ \vdots & \vdots & & \vdots \\ B_{q1} & B_{q2} & \cdots & B_{qr} \end{pmatrix}$$

このとき，

$$C_{ij} = A_{i1}B_{1j} + \cdots + A_{iq}B_{qj} \quad (i = 1, \cdots, p;\ j = 1, \cdots, r)$$

とすると，定理 2.1.5 と同じように積 AB は次のように表されることがわかる．

$$AB = \begin{pmatrix} C_{11} & \cdots & C_{1r} \\ \vdots & \ddots & \vdots \\ C_{p1} & \cdots & C_{pr} \end{pmatrix}$$

○**例 2.1.4**　行列の列ベクトル表示も行列の分割であり，次の事実はよく用いられる．$A=(\boldsymbol{a}_1\ \ \boldsymbol{a}_2\ \ \cdots\ \ \boldsymbol{a}_n)$ を $m\times n$ 行列，$B=(\boldsymbol{b}_1\ \ \boldsymbol{b}_2\ \ \cdots\ \ \boldsymbol{b}_l)$ を $n\times l$ 行列とし，$\boldsymbol{x}={}^t(x_1\ \ x_2\ \ \cdots\ \ x_n)$ を n 次列ベクトルとするとき

$$AB=A(\boldsymbol{b}_1\ \ \boldsymbol{b}_2\ \ \cdots\ \ \boldsymbol{b}_l)=(A\boldsymbol{b}_1\ \ A\boldsymbol{b}_2\ \ \cdots\ \ A\boldsymbol{b}_l),$$

$$A\boldsymbol{x}=(\boldsymbol{a}_1\ \ \boldsymbol{a}_2\ \ \cdots\ \ \boldsymbol{a}_n)\begin{pmatrix}x_1\\x_2\\\vdots\\x_n\end{pmatrix}=x_1\boldsymbol{a}_1+x_2\boldsymbol{a}_2+\cdots+x_n\boldsymbol{a}_n.$$

演 習 問 題

2.1.1　次をみたす行列 X をそれぞれ求めよ．

(1) $\begin{pmatrix}1&-2\\-2&4\end{pmatrix}X=\begin{pmatrix}0&0\\0&0\end{pmatrix}$　　(2) $\begin{pmatrix}1&2\\1&3\end{pmatrix}X=X\begin{pmatrix}1&2\\1&3\end{pmatrix}$

(3) $A=\begin{pmatrix}1&-3&0\\0&2&1\end{pmatrix}$ とするとき，$AX=\begin{pmatrix}1&0\\0&1\end{pmatrix}$.

(4) $X\begin{pmatrix}3\\1\end{pmatrix}=\begin{pmatrix}0\\0\end{pmatrix}$　　(5) $\begin{pmatrix}1\\0\\-2\end{pmatrix}X=\begin{pmatrix}0&-2&3\\0&0&0\\0&4&-6\end{pmatrix}$

(6) 相異なる対角成分 $a_1,a_2,\cdots,a_n$ をもつ n 次の対角行列 A に対して，$XA=AX$.

2.1.2　自然数 n に対して，次の行列の n 乗を求めよ．

(1) $\begin{pmatrix}a&b\\a&b\end{pmatrix}$　　(2) $\begin{pmatrix}0&1&0\\0&0&1\\1&0&0\end{pmatrix}$　　(3) $\begin{pmatrix}a&1&0\\0&a&1\\0&0&a\end{pmatrix}$

2.1.3　$A=\begin{pmatrix}3&-1&2\\-1&0&-1\\-1&3&1\end{pmatrix}$, $B=\begin{pmatrix}3&7&1\\2&5&1\\-3&-8&-1\end{pmatrix}$ とする．

(1) AB と BA を計算せよ．

(2) ${}^tA$ と ${}^tB$ の逆行列をそれぞれ求めよ．

2.1.4　$A=(\boldsymbol{a}_1\ \ \boldsymbol{a}_2\ \ \boldsymbol{a}_3)$ を3次正方行列とする．次の行列の列ベクトル表示を $\boldsymbol{a}_1,\boldsymbol{a}_2,\boldsymbol{a}_3$ を用いて表せ．ただし，$\boldsymbol{e}_1,\boldsymbol{e}_2,\boldsymbol{e}_3$ は3次の基本列ベクトルとする．

(1) $A\begin{pmatrix}2\\-1\\3\end{pmatrix}$　　(2) $A\begin{pmatrix}0&3\\1&-4\\2&0\end{pmatrix}$　　(3) $A(\boldsymbol{e}_2\ \ \boldsymbol{e}_3\ \ \boldsymbol{e}_1+2\boldsymbol{e}_2)$

2.1.5　(1)　m 次正則行列 A，n 次正則行列 B，$m\times n$ 行列 C に対して，$X=$

$\begin{pmatrix} A & C \\ O & B \end{pmatrix}$, $Y = \begin{pmatrix} A^{-1} & -A^{-1}CB^{-1} \\ O & B^{-1} \end{pmatrix}$ とする．XY および YX を計算せよ．

(2) $\begin{pmatrix} 1 & 1 & 1 & 1 \\ 2 & 3 & 4 & 5 \\ 0 & 0 & 0 & 1 \\ 0 & 0 & 1 & 0 \end{pmatrix}$ の逆行列を求めよ．

2.1.6 n 次正方行列 $A = (a_{ij})$ において，対角成分より下方の成分がすべて 0 であるとき，すなわち，$i > j$ に対して $a_{ij} = 0$ であるとき，A を**上三角行列**という．n 次正方行列 A, B がともに上三角行列のとき，AB も上三角行列であることを示せ．(同様に**下三角行列**が定義され，同様のことが成り立つ．)

2.1.7 正方行列 A が ${}^tA = A$ をみたすとき**対称行列**といい，${}^tA = -A$ をみたすとき**交代行列**という．

(1) 正方行列 A に対して，$A + {}^tA$, $A\,{}^tA$ は対称行列であり，$A - {}^tA$ は交代行列であることを示せ．

(2) 対称行列かつ交代行列である正方行列は，零行列であることを示せ．

(3) 任意の正方行列は対称行列と交代行列の和で一意的に表されることを示せ．

(4) $A = \begin{pmatrix} 5 & 7 & 3 \\ 1 & 4 & 2 \\ 9 & 6 & 3 \end{pmatrix}$ を対称行列と交代行列の和で表せ．

2.1.8 n 次正方行列 $A = (a_{ij})$ の対角成分の和 $a_{11} + a_{22} + \cdots + a_{nn}$ を A の**トレース**といい，$\mathrm{tr}\,A$ で表す．n 次正方行列 A, B とスカラー c に対して次を示せ．

(1) $\mathrm{tr}\,(A + B) = \mathrm{tr}\,A + \mathrm{tr}\,B, \quad \mathrm{tr}\,(cA) = c(\mathrm{tr}\,A)$

(2) $\mathrm{tr}\,(AB) = \mathrm{tr}\,(BA)$

(3) P が n 次正則行列のとき，$\mathrm{tr}\,(P^{-1}AP) = \mathrm{tr}\,A$.

(4) $AB - BA = E_n$ は成り立たない．

2.2 行列の基本変形

本節では，行列のもつある性質や量を保ちながらできるだけ簡単な形に変形することを学び，一般的な連立 1 次方程式を解くことや，逆行列を求めることなどに応用する．

2.2.1 基本変形と基本行列

第 1 章でみた連立 1 次方程式における掃き出し法をもとにして，一般の行列の変形を考える．行に関する次の (L1)～(L3) の操作を**行基本変形**または**左基本変形**という．それぞれの操作を [ ] の中のように簡単に表すことにする．

(L1) 第 i 行と第 j 行を入れ替える ($i \neq j$). [ⓘ ↔ ⓙ]

(L2) 第 i 行を c ($\neq 0$) 倍する. [ⓘ $\times c$]

(L3) 第 i 行に第 j 行の c 倍を加える ($i \neq j$). [ⓘ + ⓙ $\times c$]

同じように, 列に関する次の (R1)～(R3) の操作を**列基本変形**または**右基本変形**という.

(R1) 第 i 列と第 j 列を入れ替える ($i \neq j$). [$\boxed{i} \leftrightarrow \boxed{j}$]

(R2) 第 i 列を c ($\neq 0$) 倍する. [$\boxed{i} \times c$]

(R3) 第 i 列の c 倍を第 j 列に加える ($i \neq j$). [$\boxed{j} + \boxed{i} \times c$]

行列のこれら 6 種の変形をまとめて**基本変形**という.

行列の基本変形は, 次にあげる 3 種の行列を左あるいは右からかけることに相当することをみていこう. n 次単位行列 E_n に行基本変形 (L1), (L2), (L3) を行って得られる n 次正方行列をそれぞれ $P_n(i,j)$, $Q_n(i;c)$, $R_n(i,j;c)$ で表し, これらを**基本行列**という. すなわち,

(1) E_n から行基本変形 ⓘ ↔ ⓙ により得られる行列

$$P_n(i,j) = \begin{matrix} \\ \\ i> \\ \\ j> \\ \\ \\ \end{matrix}\begin{pmatrix} \boldsymbol{e}'_1 \\ \vdots \\ \boldsymbol{e}'_j \\ \vdots \\ \boldsymbol{e}'_i \\ \vdots \\ \boldsymbol{e}'_n \end{pmatrix} = \begin{matrix} \\ \\ i> \\ \\ j> \\ \\ \\ \end{matrix}\begin{pmatrix} 1 & & \overset{i}{\vee} & & \overset{j}{\vee} & & \\ & \ddots & & & & & \\ & & 0 & \cdots & 1 & & \\ & & \vdots & \ddots & \vdots & & \\ & & 1 & \cdots & 0 & & \\ & & & & & \ddots & \\ & & & & & & 1 \end{pmatrix}$$

(2) E_n から行基本変形 ⓘ $\times c$ により得られる行列

$$Q_n(i;c) = i> \begin{pmatrix} \boldsymbol{e}'_1 \\ \vdots \\ c\boldsymbol{e}'_i \\ \vdots \\ \boldsymbol{e}'_n \end{pmatrix} = i> \begin{pmatrix} 1 & & \overset{i}{\vee} & & \\ & \ddots & & & \\ & & c & & \\ & & & \ddots & \\ & & & & 1 \end{pmatrix}$$

(3) E_n から行基本変形 ⓘ + ⓙ × c により得られる行列

$$R_n(i,j;c) = \begin{pmatrix} & e'_1 & \\ & \vdots & \\ i> & e'_i + ce'_j & \\ & \vdots & \\ j> & e'_j & \\ & \vdots & \\ & e'_n & \end{pmatrix} = \begin{pmatrix} 1 & & & & & & \\ & \ddots & & & & & \\ & & \overset{i}{\underset{\vee}{1}} & \cdots & \overset{j}{\underset{\vee}{c}} & & \\ & & & \ddots & \vdots & & \\ & & & & 1 & & \\ & & & & & \ddots & \\ & & & & & & 1 \end{pmatrix}$$
$$\quad\quad\quad\quad\quad\quad\quad\quad i> \quad\quad\quad\quad\quad\quad\quad\quad\quad\quad\quad\quad j>$$

これらの行列の列ベクトル表示は次のようになる.

$$P_n(i,j) = (\,\boldsymbol{e}_1 \cdots \overset{i}{\underset{\vee}{\boldsymbol{e}_j}} \cdots \overset{j}{\underset{\vee}{\boldsymbol{e}_i}} \cdots \boldsymbol{e}_n\,), \quad Q_n(i;c) = (\,\boldsymbol{e}_1 \cdots \overset{i}{\underset{\vee}{c\boldsymbol{e}_i}} \cdots \boldsymbol{e}_n\,),$$

$$R_n(i,j;c) = (\,\boldsymbol{e}_1 \cdots \overset{i}{\underset{\vee}{\boldsymbol{e}_i}} \cdots \overset{j}{\underset{\vee}{\boldsymbol{e}_j + c\boldsymbol{e}_i}} \cdots \boldsymbol{e}_n\,)$$

○例 **2.2.1** 3×2 行列 $A = \begin{pmatrix} a_1 & b_1 \\ a_2 & b_2 \\ a_3 & b_3 \end{pmatrix}$ に基本行列を左と右からかけてみよう.

$$P_3(1,2)\,A = \begin{pmatrix} 0 & 1 & 0 \\ 1 & 0 & 0 \\ 0 & 0 & 1 \end{pmatrix} \begin{pmatrix} a_1 & b_1 \\ a_2 & b_2 \\ a_3 & b_3 \end{pmatrix} = \begin{pmatrix} a_2 & b_2 \\ a_1 & b_1 \\ a_3 & b_3 \end{pmatrix},$$

$$A\,P_2(1,2) = \begin{pmatrix} a_1 & b_1 \\ a_2 & b_2 \\ a_3 & b_3 \end{pmatrix} \begin{pmatrix} 0 & 1 \\ 1 & 0 \end{pmatrix} = \begin{pmatrix} b_1 & a_1 \\ b_2 & a_2 \\ b_3 & a_3 \end{pmatrix},$$

$$Q_3(2;c)\,A = \begin{pmatrix} 1 & 0 & 0 \\ 0 & c & 0 \\ 0 & 0 & 1 \end{pmatrix} \begin{pmatrix} a_1 & b_1 \\ a_2 & b_2 \\ a_3 & b_3 \end{pmatrix} = \begin{pmatrix} a_1 & b_1 \\ ca_2 & cb_2 \\ a_3 & b_3 \end{pmatrix},$$

$$A\,Q_2(2;c) = \begin{pmatrix} a_1 & b_1 \\ a_2 & b_2 \\ a_3 & b_3 \end{pmatrix} \begin{pmatrix} 1 & 0 \\ 0 & c \end{pmatrix} = \begin{pmatrix} a_1 & cb_1 \\ a_2 & cb_2 \\ a_3 & cb_3 \end{pmatrix},$$

$$R_3(2,1;c)\,A=\begin{pmatrix}1&0&0\\c&1&0\\0&0&1\end{pmatrix}\begin{pmatrix}a_1&b_1\\a_2&b_2\\a_3&b_3\end{pmatrix}=\begin{pmatrix}a_1&b_1\\a_2+ca_1&b_2+cb_1\\a_3&b_3\end{pmatrix},$$

$$A\,R_2(2,1;c)=\begin{pmatrix}a_1&b_1\\a_2&b_2\\a_3&b_3\end{pmatrix}\begin{pmatrix}1&0\\c&1\end{pmatrix}=\begin{pmatrix}a_1+cb_1&b_1\\a_2+cb_2&b_2\\a_3+cb_3&b_3\end{pmatrix}$$

定理 2.2.1　A を $m\times n$ 行列とする.

(1)　$P_m(i,j)\,A$, $Q_m(i;c)\,A$, $R_m(i,j;c)\,A$ は, A にそれぞれ行基本変形 (L1) ⓘ $\leftrightarrow$ ⓙ, (L2) ⓘ $\times\, c$, (L3) ⓘ $+$ ⓙ $\times\, c$ を行って得られる行列に等しい.

(2)　$A\,P_n(i,j)$, $A\,Q_n(i;c)$, $A\,R_n(i,j;c)$ は, A にそれぞれ列基本変形 (R1) $\boxed{i}\leftrightarrow\boxed{j}$, (R2) $\boxed{i}\times c$, (R3) $\boxed{j}+\boxed{i}\times c$ を行って得られる行列に等しい.

［証明］ (L3) について, 行列の行ベクトル表示を用いて示そう. 他の基本変形についても同様に示すことができる. A の行ベクトルを $\boldsymbol{a}'_1,\cdots,\boldsymbol{a}'_m$ とする. 基本行ベクトル $\boldsymbol{e}'_k$ $(1\leqq k\leqq m)$ に対して $\boldsymbol{e}'_kA=\boldsymbol{a}'_k$ であることに注意すると

$$R_m(i,j;c)\,A=\begin{pmatrix}\boldsymbol{e}'_1\\\vdots\\\boldsymbol{e}'_i+c\boldsymbol{e}'_j\\\vdots\\\boldsymbol{e}'_m\end{pmatrix}A=\begin{pmatrix}\boldsymbol{e}'_1A\\\vdots\\(\boldsymbol{e}'_i+c\boldsymbol{e}'_j)A\\\vdots\\\boldsymbol{e}'_mA\end{pmatrix}=\begin{pmatrix}\boldsymbol{a}'_1\\\vdots\\\boldsymbol{a}'_i+c\boldsymbol{a}'_j\\\vdots\\\boldsymbol{a}'_m\end{pmatrix}<i$$

であり, 右辺は A に行基本変形 ⓘ $+$ ⓙ $\times\, c$ を行ったものである.　■

定理 2.2.1 の A として基本行列を考えると

$$P_n(i,j)P_n(i,j)=E,$$
$$Q_n(i;c)Q_n(i;c^{-1})=Q_n(i;c^{-1})Q_n(i;c)=E,$$
$$R_n(i,j;c)R_n(i,j;-c)=R_n(i,j;-c)R_n(i,j;c)=E$$

であることから, 次のことがわかる.

定理 2.2.2　基本行列は正則であり, その逆行列も基本行列である. すなわち

$$P_n(i,j)^{-1}=P_n(i,j),$$

$$Q_n(i;c)^{-1} = Q_n(i;c^{-1}),$$
$$R_n(i,j;c)^{-1} = R_n(i,j;-c).$$

2.2.2 階段行列と階数

行列 $A=(a_{ij})$ の (p,q) 成分 a_{pq} が 0 でないとする．このとき，第 p 行以外のすべての行 (第 i 行) に対して，行基本変形 $\textcircled{i} + \textcircled{p} \times (-a_{iq}/a_{pq})$ を行うと，第 q 列の成分は (p,q) 成分以外すべて 0 になる．このようにすることを (p,q) 成分によって第 q 列を**掃き出す**という．行に関しても同様に，(p,q) 成分によって第 p 行を掃き出すことが考えられる．

○例 **2.2.2** $\begin{pmatrix} 1 & 2 & 3 \\ -2 & 3 & -5 \\ 4 & 9 & 5 \end{pmatrix}$ を $(1,1)$ 成分によって第 1 列を掃き出し，続けて $(1,1)$ 成分によって第 1 行を掃き出してみよう．基本変形の過程を矢印 $\longrightarrow$ で表し，その下または上に具体的な操作を書くことにする．

$$\begin{pmatrix} 1 & 2 & 3 \\ -2 & 3 & -5 \\ 4 & 9 & 5 \end{pmatrix} \xrightarrow[\substack{\textcircled{2}+\textcircled{1}\times 2 \\ \textcircled{3}+\textcircled{1}\times(-4)}]{} \begin{pmatrix} 1 & 2 & 3 \\ 0 & 7 & 1 \\ 0 & 1 & -7 \end{pmatrix} \xrightarrow[\substack{\boxed{2}+\boxed{1}\times(-2) \\ \boxed{3}+\boxed{1}\times(-3)}]{} \begin{pmatrix} 1 & 0 & 0 \\ 0 & 7 & 1 \\ 0 & 1 & -7 \end{pmatrix}$$

次に，行列に行基本変形を何回か行って，次のような有用な形の行列に変形することを考える．

$$\begin{array}{c} \qquad\qquad p_1 \qquad\qquad\quad p_2 \qquad\quad \cdots\cdots \qquad p_r \\ \qquad\qquad \vee \qquad\qquad\quad \vee \qquad\qquad\qquad\quad \vee \end{array}$$
$$\left(\begin{array}{ccccccccccc} & 1 & * & \cdots & 0 & * & \cdots & \cdots & 0 & * & \cdots \\ & & & & 1 & * & \cdots & \cdots & 0 & * & \cdots \\ & & & & & & \ddots & \vdots & \vdots & \vdots & \vdots \\ & & & & & & & & 1 & * & \cdots \\ O & & & & & & & & & & \end{array}\right) \left.\begin{array}{c} \\ \\ \\ \\ \end{array}\right\} r$$

$0 \leqq r \leqq m$ とする．$m \times n$ 行列 $A=(a_{ij})=(\boldsymbol{a}_1\ \boldsymbol{a}_2\ \cdots\ \boldsymbol{a}_n)=\begin{pmatrix} \boldsymbol{a}'_1 \\ \boldsymbol{a}'_2 \\ \vdots \\ \boldsymbol{a}'_m \end{pmatrix}$ は

次の (E1), (E2), (E3) をみたすとき，r 階の**階段行列**であるという．

(E1) $\boldsymbol{a}'_i \neq \boldsymbol{0}$ $(1 \leqq i \leqq r)$ であり，$r < m$ のとき $\boldsymbol{a}'_i = \boldsymbol{0}$ $(r+1 \leqq i \leqq m)$ である．

(E2) $i = 1, 2, \cdots, r$ について，$\boldsymbol{a}'_i$ の成分を左からみて最初の 0 でないもの (**主成分**という) を $a_{i\,p_i}$ とすると，$a_{i\,p_i} = 1$ であり

$$1 \leqq p_1 < p_2 < \cdots < p_r \leqq n.$$

(E3) $i = 1, 2, \cdots, r$ について，$\boldsymbol{a}_{p_i}$ は基本列ベクトル $\boldsymbol{e}_i$ である．

○**例 2.2.3**　零行列は 0 階の階段行列とみなす．次の行列はそれぞれ 1 階，2 階，3 階の階段行列である．ただし，$*$ には任意の数がはいる．

$$\begin{pmatrix} 0 & 1 & * \\ 0 & 0 & 0 \\ 0 & 0 & 0 \end{pmatrix}, \quad \begin{pmatrix} 1 & * & * & 0 \\ 0 & 0 & 0 & 1 \\ 0 & 0 & 0 & 0 \end{pmatrix}, \quad \begin{pmatrix} 1 & 0 & * & 0 & * \\ 0 & 1 & * & 0 & * \\ 0 & 0 & 0 & 1 & * \end{pmatrix}$$

定理 2.2.3　任意の行列 A は，何回か行基本変形を行って階段行列に変形することができる．とくに，ある正則行列 P により PA は階段行列になる．

[証明]　$m \times n$ 行列 A を階段行列に変形する 1 つの手順を示す．

(i)　A の左からみて $\boldsymbol{0}$ でない最初の列を探す．(第 p_1 列とする．)

(ii)　$(1, p_1)$ 成分が 1 となるように行基本変形を行う．

(iii) 第 p_1 列を $(1, p_1)$ 成分によって掃き出し，基本列ベクトル $\boldsymbol{e}_1$ にする．

$$\begin{pmatrix} 0 & \cdots & 0 & \overset{\overset{p_1}{\vee}}{1} & * & \cdots & * \\ 0 & \cdots & 0 & 0 & * & \cdots & * \\ \vdots & & \vdots & \vdots & \vdots & & \vdots \\ 0 & \cdots & 0 & 0 & * & \cdots & * \end{pmatrix}$$

この行列から第 1 行を除いた行列について，同様の操作 (i), (ii), (iii) を行う．ただし，(iii) の掃き出しについては，全体の $m \times n$ 行列に対して行うものとする．

$$\begin{pmatrix} 0 & \cdots & 0 & \overset{\overset{p_1}{\vee}}{1} & * & \cdots & \overset{\overset{p_2}{\vee}}{0} & * & \cdots & * \\ 0 & \cdots & 0 & 0 & 0 & \cdots & 1 & * & \cdots & * \\ 0 & \cdots & 0 & 0 & 0 & \cdots & 0 & * & \cdots & * \\ \vdots & & \vdots & \vdots & \vdots & & \vdots & \vdots & & \vdots \\ 0 & \cdots & 0 & 0 & 0 & \cdots & 0 & * & \cdots & * \end{pmatrix}$$

この行列の第 3 行以下からなる行列について，同様の操作を繰り返し行っていけば，最後の行 (第 m 行) にまで到達するか，もしくはある行から下はすべて零ベクトルとなり，階段行列が得られることがわかる．

次に，A が何回かの行基本変形を行って階段行列 B に変形したとき，用いた行基本変形に対応する基本行列を順に $F_1, F_2, \cdots, F_k$ とする．$P = F_k \cdots F_2 F_1$ とおくと，基本行列は正則であるので，P は正則であり，$PA = F_k \cdots F_2 F_1 A = B$ となる． ■

行列 A を階段行列 B に変形する行基本変形の用い方は一通りではないが，階段行列 B は A により一意的に定まることがわかる (命題 3.1.5 参照)．この階段行列 B を A の**階段行列**とよぶことにし，B が r 階の階段行列であるとき，r を行列 A の**階数** (ランク) といい，$\mathrm{rank}\, A$ で表す．

例題 2.2.1 行列 $A = \begin{pmatrix} 3 & 5 & 8 & 1 \\ 1 & 1 & 2 & 3 \\ 2 & 3 & 5 & 2 \end{pmatrix}$ を行基本変形により階段行列に変形し，$\mathrm{rank}\, A$ を求めよ．

[解答]

$$\begin{pmatrix} 3 & 5 & 8 & 1 \\ 1 & 1 & 2 & 3 \\ 2 & 3 & 5 & 2 \end{pmatrix} \xrightarrow[\text{①}\leftrightarrow\text{②}]{} \begin{pmatrix} 1 & 1 & 2 & 3 \\ 3 & 5 & 8 & 1 \\ 2 & 3 & 5 & 2 \end{pmatrix} \xrightarrow[\substack{\text{②}+\text{①}\times(-3) \\ \text{③}+\text{①}\times(-2)}]{} \begin{pmatrix} 1 & 1 & 2 & 3 \\ 0 & 2 & 2 & -8 \\ 0 & 1 & 1 & -4 \end{pmatrix}$$

$$\xrightarrow[\text{②}\times\frac{1}{2}]{} \begin{pmatrix} 1 & 1 & 2 & 3 \\ 0 & 1 & 1 & -4 \\ 0 & 1 & 1 & -4 \end{pmatrix} \xrightarrow[\substack{\text{①}+\text{②}\times(-1) \\ \text{③}+\text{②}\times(-1)}]{} \begin{pmatrix} 1 & 0 & 1 & 7 \\ 0 & 1 & 1 & -4 \\ 0 & 0 & 0 & 0 \end{pmatrix}$$

最後の行列は階数 2 の階段行列であるので，$\mathrm{rank}\, A = 2$ である． ■

行基本変形された r 階の階段行列に対して，各 i 行 $(1 \leqq i \leqq r)$ を主成分の (i, p_i) 成分によって掃き出すと，第 p_1 列，$\cdots$，第 p_r 列以外の列はすべて零ベクトルとなる．最後に列の交換により，基本列ベクトルである第 p_1 列，$\cdots$，第 p_r 列を順に第 1 列，$\cdots$，第 r 列に移す．これらの操作はすべて列基本変形であり，対応する基本行列を右からかけることにより得られる．これらのことから，次の系が成り立つ．

系 2.2.4 任意の行列 A は，何回か行基本変形と列基本変形を行って，次の形に変形できる．

$$\begin{pmatrix} E_r & O \\ O & O \end{pmatrix} \qquad (r = \mathrm{rank}\, A)$$

これを行列 A の**標準形**という．とくに，ある正則行列 P と Q により PAQ は A の標準形になる．

演 習 問 題

2.2.1 次の行列の階段行列と階数を求めよ．

(1) $\begin{pmatrix} 1 & 3 & -1 \\ 2 & 7 & 1 \end{pmatrix}$ (2) $\begin{pmatrix} 0 & -3 & 6 & -7 \\ 0 & 1 & -2 & 4 \end{pmatrix}$

(3) $\begin{pmatrix} 2 & -1 & 3 & 4 \\ 1 & -3 & 4 & 1 \\ -1 & 1 & -2 & 3 \end{pmatrix}$ (4) $\begin{pmatrix} 2 & 3 & 4 & 4 & 2 \\ 1 & 2 & 1 & 2 & 3 \\ 0 & 1 & 3 & 5 & 4 \\ 3 & 4 & 1 & 0 & 1 \end{pmatrix}$

(5) $\begin{pmatrix} a & 1 & 1 \\ 1 & a & 1 \\ 1 & 1 & a \end{pmatrix}$ (6) $\begin{pmatrix} a & 1 & \cdots & 1 \\ 1 & a & \cdots & 1 \\ \vdots & \vdots & \ddots & \vdots \\ 1 & 1 & \cdots & a \end{pmatrix}$ (n 次正方行列)

2.2.2 基本行列 $R_3(1,2;1)$, $R_3(2,1;1)$ を書き表し，$A = \begin{pmatrix} 1 & 2 & 3 \\ 4 & 5 & 6 \\ 7 & 8 & 9 \end{pmatrix}$ に対して，$R_3(1,2;1)\,A$, $A\,R_3(1,2;1)$, $R_3(2,1;1)\,A$, $A\,R_3(2,1;1)$ を計算せよ．

2.2.3 3 次正方行列において，階段行列の可能な形を階数ごとにすべて求めよ．任意の値がとれる成分は $*$ を用いよ．

2.2.4 $A = \begin{pmatrix} 1 & 1 & 2 \\ 2 & 4 & 6 \end{pmatrix}$ が階段行列になるまで次のように行基本変形を行った．

$$\begin{pmatrix} 1 & 1 & 2 \\ 2 & 4 & 6 \end{pmatrix} \longrightarrow \begin{pmatrix} 1 & 1 & 2 \\ 0 & 2 & 2 \end{pmatrix} \longrightarrow \begin{pmatrix} 1 & 1 & 2 \\ 0 & 1 & 1 \end{pmatrix} \longrightarrow \begin{pmatrix} 1 & 0 & 1 \\ 0 & 1 & 1 \end{pmatrix}$$

(1) 各行基本変形に対応する基本行列を求めよ．

(2) PA が階段行列になる正則行列 P を求めよ．さらに，PAQ が A の標準形となる正則行列 Q を 1 つ求めよ．

2.2.5 任意の正方行列 A に対して，$ABA = A$ をみたす正則行列 B があることを示せ．(A の標準形を利用せよ．)

2.3 基本変形の応用

2.3.1 連立 1 次方程式の解の存在

n 個の未知数 $x_1, x_2, \cdots, x_n$ に関する連立 1 次方程式

$$\begin{cases} a_{11}x_1 + a_{12}x_2 + \cdots + a_{1n}x_n = b_1 \\ a_{21}x_1 + a_{22}x_2 + \cdots + a_{2n}x_n = b_2 \\ \cdots\cdots\cdots\cdots\cdots\cdots \\ a_{m1}x_1 + a_{m2}x_2 + \cdots + a_{mn}x_n = b_m \end{cases} \tag{2.3.1}$$

に対して

$$A = \begin{pmatrix} a_{11} & a_{12} & \cdots & a_{1n} \\ a_{21} & a_{22} & \cdots & a_{2n} \\ \vdots & \vdots & \ddots & \vdots \\ a_{m1} & a_{m2} & \cdots & a_{mn} \end{pmatrix}, \quad \boldsymbol{x} = \begin{pmatrix} x_1 \\ x_2 \\ \vdots \\ x_n \end{pmatrix}, \quad \boldsymbol{b} = \begin{pmatrix} b_1 \\ b_2 \\ \vdots \\ b_m \end{pmatrix}$$

とおくと，(2.3.1) は

$$A\boldsymbol{x} = \boldsymbol{b}$$

と表すことができる．A を連立 1 次方程式 (2.3.1) の**係数行列**という．また，次の $m \times (n+1)$ 行列 $\widehat{A}$ を (2.3.1) の**拡大係数行列**という．

$$\widehat{A} = (A \ \ \boldsymbol{b}) = \left(\begin{array}{cccc:c} a_{11} & a_{12} & \cdots & a_{1n} & b_1 \\ a_{21} & a_{22} & \cdots & a_{2n} & b_2 \\ \vdots & \vdots & \ddots & \vdots & \vdots \\ a_{m1} & a_{m2} & \cdots & a_{mn} & b_m \end{array}\right)$$

ここで，係数行列と区切る縦線は見やすくするためのもので，なくてもよい．

拡大係数行列 $(A \ \ \boldsymbol{b})$ に行基本変形を行うと，対応する基本行列の積 P により

$$P(A \ \ \boldsymbol{b}) = (PA \ \ P\boldsymbol{b})$$

となる．P は正則であるので，2 つの方程式 $A\boldsymbol{x} = \boldsymbol{b}$ と $PA\boldsymbol{x} = P\boldsymbol{b}$ の解 $\boldsymbol{x}$ は同じものからなることがわかる．したがって，$P(A \ \ \boldsymbol{b})$ をなるべく簡単な行列 (例えば階段行列) に行基本変形して $PA\boldsymbol{x} = P\boldsymbol{b}$ を解けばよい．この連立 1 方程式の解法が第 1 章で学んだ**掃き出し法**である．

○**例 2.3.1** x_1, x_2, x_3 を未知数とする連立 1 次方程式の拡大係数行列を階段行列に行基本変形したものが，次のようになったとする．

$$(1)\ \left(\begin{array}{ccc:c} 1 & 0 & 0 & 3 \\ 0 & 1 & 0 & 2 \\ 0 & 0 & 1 & 1 \end{array}\right) \quad (2)\ \left(\begin{array}{ccc:c} 1 & 0 & 2 & 1 \\ 0 & 1 & -3 & 2 \\ 0 & 0 & 0 & 0 \end{array}\right) \quad (3)\ \left(\begin{array}{ccc:c} 1 & 0 & 3 & 1 \\ 0 & 1 & 2 & 3 \\ 0 & 0 & 0 & 1 \end{array}\right)$$

(1) のとき，拡大係数行列が表す連立 1 次方程式は $\begin{cases} x_1 \qquad\qquad = 3 \\ \qquad x_2 \qquad = 2 \\ \qquad\qquad x_3 = 1 \end{cases}$ となるので，最初に与えられた連立方程式の解は $x_1 = 3, x_2 = 2, x_3 = 1$ のただ 1 組だけである．(2) のとき，拡大係数行列の表す連立 1 次方程式は $\begin{cases} x_1 \qquad + 2x_3 = 1 \\ \qquad x_2 - 3x_3 = 2 \end{cases}$ である．x_3 を任意定数 t として，解をベクトルの形で表すと次のようになる．

$$\begin{pmatrix} x_1 \\ x_2 \\ x_3 \end{pmatrix} = \begin{pmatrix} -2t+1 \\ 3t+2 \\ t \end{pmatrix} = t\begin{pmatrix} -2 \\ 3 \\ 1 \end{pmatrix} + \begin{pmatrix} 1 \\ 2 \\ 0 \end{pmatrix} \quad (t \text{ は任意定数})$$

(3) のとき，拡大係数行列の第 3 行は $0x_1 + 0x_2 + 0x_3 = 1$ であることを表すので，解は存在しない．

連立 1 次方程式 (2.3.1) の拡大係数行列 $\widehat{A} = (A\ \ \boldsymbol{b})$ に対して，その階段行列 $(B\ \ \boldsymbol{c})$ が次のようになったとする．

$$\begin{array}{c} \begin{array}{ccccccc} \overset{p_1}{\vee} & & \cdots\cdots & & \overset{p_r}{\vee} & & \end{array} \\ \left(\begin{array}{ccccccc:c} 1 & * & \cdots & \cdots & 0 & * & \cdots & c_1 \\ & & \ddots & \vdots & \vdots & \vdots & \vdots & \vdots \\ & & & & 1 & * & \cdots & c_r \\ & & & & & & & c_{r+1} \\ & O & & & & & & \mathbf{0} \end{array}\right) < r \end{array}$$

ここで，$r = \operatorname{rank} A$ であり，$r < m$ のとき，$c_{r+1} = 1$ または 0 である．最後の列を除いた行列 $B = (b_{ij})$ も階段行列であり，その主成分をもつ列の番号を $p_1, p_2, \cdots, p_r$ とし，それ以外の列番号を小さい順に $q_1, q_2, \cdots, q_{n-r}$ とする．階段行列 $(B\ \ \boldsymbol{c})$ に対応する連立方程式は

$$\begin{cases} x_{p_1} + b_{1q_1}x_{q_1} + \cdots + b_{1q_{n-r}}x_{q_{n-r}} = c_1 \\ \cdots\cdots\cdots\cdots\cdots\cdots \\ x_{p_r} + b_{rq_1}x_{q_1} + \cdots + b_{rq_{n-r}}x_{q_{n-r}} = c_r \\ \hfill 0 = c_{r+1} \end{cases}$$

と表される．この連立方程式が解をもつための必要十分条件は，$c_{r+1} = 0$ となることであり，言い換えれば，$\mathrm{rank}\,\widehat{A} = \mathrm{rank}\,A$ となることである．このとき，$n-r$ 個の任意定数 $t_1, t_2, \cdots, t_{n-r}$ により未知数 $x_{q_1}, x_{q_2}, \cdots, x_{q_{n-r}}$ を

$$x_{q_1} = t_1,\ x_{q_2} = t_2,\ \cdots,\ x_{q_{n-r}} = t_{n-r}$$

とすれば，他の未知数は

$$x_{p_i} = c_i - b_{iq_1}t_1 - \cdots - b_{iq_{n-r}}t_{n-r} \qquad (1 \leqq i \leqq r)$$

により定まる．とくに $r = n$ のときには，連立1次方程式 (2.3.1) はただ1組の解 $x_i = c_i$ $(1 \leqq i \leqq n)$ をもつ．以上のことから，次の定理が得られる．

定理 2.3.1　未知数が n 個の連立1次方程式 $A\boldsymbol{x} = \boldsymbol{b}$ の拡大係数行列を $\widehat{A}$ とする．このとき，次が成り立つ．

(1)　$A\boldsymbol{x} = \boldsymbol{b}$ が解をもつ $\iff$ $\mathrm{rank}\,\widehat{A} = \mathrm{rank}\,A$

(2)　$A\boldsymbol{x} = \boldsymbol{b}$ がただ1組の解をもつ $\iff$ $\mathrm{rank}\,\widehat{A} = \mathrm{rank}\,A = n$

連立1次方程式 $A\boldsymbol{x} = \boldsymbol{b}$ において，右辺の $\boldsymbol{b} = \boldsymbol{0}$ であるもの

$$A\boldsymbol{x} = \boldsymbol{0}$$

を**同次連立1次方程式**(または**斉**(せい)**次連立1次方程式**)という．どのような同次連立1次方程式も

$$\boldsymbol{x} = \boldsymbol{0}$$

を解にもつ．これを**自明な解**といい，$\boldsymbol{x} \neq \boldsymbol{0}$ である解を**自明でない解**という．

定理 2.3.2　未知数が n 個の同次連立1方程式 $A\boldsymbol{x} = \boldsymbol{0}$ について，次が成り立つ．

(1)　$A\boldsymbol{x} = \boldsymbol{0}$ が自明な解のみをもつ　$\iff$　$\mathrm{rank}\,A = n$

(2)　$A\boldsymbol{x} = \boldsymbol{0}$ が自明でない解をもつ　$\iff$　$\mathrm{rank}\,A < n$

[**証明**]　(1)　$A\boldsymbol{x} = \boldsymbol{0}$ は自明な解をもち，$\mathrm{rank}\,(A\ \boldsymbol{0}) = \mathrm{rank}\,A$ は明らかに成り立っている．よって定理 2.3.1 (2) により，$A\boldsymbol{x} = \boldsymbol{0}$ がただ1組の解 (すなわち，自明な解のみ) をもつための必要十分条件は $\mathrm{rank}\,A = n$ である．

(2) $\operatorname{rank} A \leqq n$ であるから，(2) は (1) の言い換えである． ■

$m \times n$ 行列 A において，$\operatorname{rank} A \leqq m$ であるので，定理 2.3.2 (2) から次が成り立つ．

系 2.3.3 $m < n$ とし，A を $m \times n$ 行列とする．このとき，同次連立1次方程式 $A\boldsymbol{x} = \boldsymbol{0}$ は自明でない解をもつ．

2.3.2 逆行列

ここでは，正則行列の逆行列を求める1つの方法として，掃き出し法を用いた実用的な方法を述べる．まず，正則行列の特徴づけのいくつかを次の定理で与える．

定理 2.3.4 n 次正方行列 A について，次の (1)～(5) は同値である．

(1) A は正則行列．

(2) 同次連立1次方程式 $A\boldsymbol{x} = \boldsymbol{0}$ は自明な解のみをもつ．

(3) $\operatorname{rank} A = n$

(4) A の階段行列は単位行列 E_n である．

(5) A は基本行列のいくつかの積で表される．

［証明］ (1) $\Longrightarrow$ (2) $A\boldsymbol{x} = \boldsymbol{0}$ とする．両辺に左から A^{-1} をかけると $\boldsymbol{x} = A^{-1}A\boldsymbol{x} = A^{-1}\boldsymbol{0} = \boldsymbol{0}$ となることから，$A\boldsymbol{x} = \boldsymbol{0}$ は自明な解のみをもつことがわかる．

(2) $\Longrightarrow$ (3) 定理 2.3.2 (1) による．

(3) $\Longrightarrow$ (4) $\operatorname{rank} A = n$ より，n 次正方行列 A の階段行列の列ベクトル表示を考えると $(\boldsymbol{e}_1 \ \boldsymbol{e}_2 \ \cdots \ \boldsymbol{e}_n)$ となる．すなわち，A の階段行列は E_n である．

(4) $\Longrightarrow$ (5) 定理 2.2.3 により，基本行列のいくつかの積 $F_k \cdots F_2F_1$ によって，$F_k \cdots F_2F_1A = E_n$ である．基本行列は正則であり，両辺に左から順に $F_k^{-1}, \cdots, F_2^{-1}$, F_1^{-1} をかけると，$A = F_1^{-1}F_2^{-1} \cdots F_k^{-1}$ となる．定理 2.2.2 より，基本行列の逆行列も基本行列であることから，A は基本行列の積に表されることがわかる．

(5) $\Longrightarrow$ (1) 基本行列は正則であり，正則行列の積は正則であることからわかる． ■

系 2.3.5 n 次正方行列 A に対して，$BA = E_n$ または $AB = E_n$ をみたす n 次正方行列 B があれば，A は正則であり，$B = A^{-1}$ である．

［証明］ $BA = E_n$ とする．同次連立1次方程式 $A\boldsymbol{x} = \boldsymbol{0}$ を考えると

$$\boldsymbol{x} = E_n\boldsymbol{x} = BA\boldsymbol{x} = B\boldsymbol{0} = \boldsymbol{0}$$

より，自明な解のみをもつことがわかる．定理 2.3.4 により，A は正則であり，逆行列 A^{-1} をもつ．このとき

$$B = BE_n = BAA^{-1} = E_nA^{-1} = A^{-1}$$

である.

次に, $AB = E_n$ とする. 上で A, B を入れ替えれば, B は正則で $B^{-1} = A$ であることがわかる. 定理 2.1.3 (1) より, $B^{-1}\,(= A)$ は正則であり, $A^{-1} = (B^{-1})^{-1} = B$ である. ■

n 次正方行列 A が正則であるとき, 定理 2.3.4 によって, A の階段行列は E_n であり, 基本行列のいくつかの積 $P = F_k \cdots F_2F_1$ によって $PA = E_n$ となる. このとき, 系 2.3.5 から $P = A^{-1}$ である. いま, $n \times 2n$ 行列 $(A\ E_n)$ に左から順に, 基本行列 $F_1, F_2, \cdots, F_k$ をかけると

$$F_k \cdots F_2F_1(A\ E_n) = P(A\ E_n) = (PA\ \ PE_n) = (E_n\ P)$$

となる. このことから, A の階段行列が E_n であるときには, A を E_n に変形するのと同じ行基本変形を $(A\ E_n)$ に対して行えば, 結果的にその右半分の n 次正方行列が A の逆行列になることがわかる.

これより, 次の命題が得られる.

命題 2.3.6 n 次正方行列 A に対して, $n \times 2n$ 行列 $(A\ E_n)$ に行基本変形を行って $(E_n\ P)$ の形になれば, A は正則であり, $P = A^{-1}$ である.

例題 2.3.1 掃き出し法を用いて, 行列 $A = \begin{pmatrix} 1 & 2 & 3 \\ 2 & 3 & 3 \\ 3 & 3 & 1 \end{pmatrix}$ が正則であれば, その逆行列を求めよ.

[解答] $(A\ E_3)$ が $(E_3\ P)$ の形になるように行基本変形を行っていく.

$$\left(\begin{array}{ccc|ccc} 1 & 2 & 3 & 1 & 0 & 0 \\ 2 & 3 & 3 & 0 & 1 & 0 \\ 3 & 3 & 1 & 0 & 0 & 1 \end{array}\right) \xrightarrow[\substack{③+①\times(-3)}]{②+①\times(-2)} \left(\begin{array}{ccc|ccc} 1 & 2 & 3 & 1 & 0 & 0 \\ 0 & -1 & -3 & -2 & 1 & 0 \\ 0 & -3 & -8 & -3 & 0 & 1 \end{array}\right)$$

$$\xrightarrow[②\times(-1)]{} \left(\begin{array}{ccc|ccc} 1 & 2 & 3 & 1 & 0 & 0 \\ 0 & 1 & 3 & 2 & -1 & 0 \\ 0 & -3 & -8 & -3 & 0 & 1 \end{array}\right) \xrightarrow[\substack{①+②\times(-2) \\ ③+②\times 3}]{}$$

$$\left(\begin{array}{ccc|ccc} 1 & 0 & -3 & -3 & 2 & 0 \\ 0 & 1 & 3 & 2 & -1 & 0 \\ 0 & 0 & 1 & 3 & -3 & 1 \end{array}\right) \xrightarrow[\substack{①+③\times 3 \\ ②+③\times(-3)}]{} \left(\begin{array}{ccc|ccc} 1 & 0 & 0 & 6 & -7 & 3 \\ 0 & 1 & 0 & -7 & 8 & -3 \\ 0 & 0 & 1 & 3 & -3 & 1 \end{array}\right)$$

これより，A の階段行列は単位行列であるので，A は正則であり，逆行列は

$$A^{-1} = \begin{pmatrix} 6 & -7 & 3 \\ -7 & 8 & -3 \\ 3 & -3 & 1 \end{pmatrix}.$$

■

演習問題

2.3.1 次の連立１次方程式を掃き出し法により解け.

(1) $\begin{cases} x + 2y - 3z = 5 \\ 3x + y - 4z = 5 \\ 5x - 2y + z = 5 \end{cases}$　(2) $\begin{cases} x + 3y - z = 2 \\ 2x + 4y - 3z = 3 \\ 4x + 6y - 7z = 5 \end{cases}$

(3) $\begin{cases} x - 2y + 3z + 2w = 0 \\ 2x - 3y + 5z + w = 0 \\ x - y + 2z - w = 0 \\ x - 4y + 5z + 8w = 0 \end{cases}$　(4) $\begin{cases} x - y + z + 2w = 3 \\ 3x - 2y - 2z + 5w = 1 \\ -2x + 2y + z - w = 3 \\ -x + 2y - z + 3w = 5 \end{cases}$

2.3.2 次の連立１次方程式が解をもつような a の値を求め，その値に対して方程式を解け.

(1) $\begin{cases} x + 2ay = a \\ 2ax + 4a^2y = 2 \end{cases}$　(2) $\begin{cases} x + 3y - 3z = 2 \\ -x - 2y + z = 1 \\ 2x + 4y - 2z = a \end{cases}$

2.3.3 次の連立１次方程式が自明でない解をもつような a の値を求め，その値に対して方程式を解け.

(1) $\begin{cases} x + 4ay = 0 \\ y + 2az = 0 \\ ax + z = 0 \end{cases}$　(2) $\begin{cases} x + y + z + aw = 0 \\ x + y + az + w = 0 \\ x + ay + z + w = 0 \\ ax + y + z + w = 0 \end{cases}$

2.3.4 次の行列の逆行列を掃き出し法により求めよ.

(1) $\begin{pmatrix} 1 & 1 & 5 \\ 2 & 5 & 6 \\ 1 & 3 & 2 \end{pmatrix}$　(2) $\begin{pmatrix} 2 & 3 & -1 \\ 3 & 5 & -4 \\ 0 & 1 & -2 \end{pmatrix}$　(3) $\begin{pmatrix} 1 & 1 & 1 \\ 1 & a & 1 \\ 1 & 1 & a \end{pmatrix}$

(4) $\begin{pmatrix} 1 & 0 & 0 & 0 \\ 1 & 1 & 0 & 0 \\ 1 & 1 & 1 & 0 \\ 1 & 1 & 1 & 1 \end{pmatrix}$　(5) $\begin{pmatrix} 1 & 1 & 2 & 0 \\ 2 & 3 & 2 & 2 \\ 2 & 3 & 3 & 1 \\ 0 & 1 & 3 & -2 \end{pmatrix}$

2.3.5 次の行列 A, B に対して，$(A\ \ B)$ を階段行列まで行基本変形した結果を利用して，$AX = B$ をみたす行列 X を求めよ.

(1) $A = \begin{pmatrix} 1 & 3 \\ 2 & 4 \end{pmatrix}$，$B = \begin{pmatrix} 1 & 2 & 5 \\ -4 & 2 & 6 \end{pmatrix}$

(2) $A = \begin{pmatrix} 1 & 1 & 1 \\ 1 & 2 & 3 \\ 2 & 5 & 9 \end{pmatrix}$, $B = \begin{pmatrix} 3 & 1 \\ 2 & 3 \\ 1 & 5 \end{pmatrix}$

2.3.6 次の行列を基本行列の積で表せ.

(1) $\begin{pmatrix} 1 & 0 & 0 \\ 2 & 1 & 0 \\ 4 & 3 & 1 \end{pmatrix}$　　(2) $\begin{pmatrix} 1 & a \\ b & c \end{pmatrix}$ (ただし, $c - ab \neq 0$ とする)

2.4 行列式の定義と性質

2.4.1 置　換

n 個の数字 $1, 2, \cdots, n$ の順列 $(p_1\ p_2\ \cdots\ p_n)$ に対して, 集合 $N_n = \{1, 2, \cdots, n\}$ の各要素から N_n の要素への対応 σ が

$$\sigma(1) = p_1,\ \sigma(2) = p_2,\ \cdots,\ \sigma(n) = p_n$$

により定まる. これを

$$\sigma = \begin{pmatrix} 1 & 2 & \cdots & n \\ p_1 & p_2 & \cdots & p_n \end{pmatrix} = \begin{pmatrix} 1 & 2 & \cdots & n \\ \sigma(1) & \sigma(2) & \cdots & \sigma(n) \end{pmatrix}$$

で表し, N_n の**置換**という. N_n の置換は全部で $n!$ 個あり, その全体を S_n で表す. どの数字も変えない置換を**恒等置換**といい, ε_n または簡単に ε で表す. すなわち

$$\varepsilon_n = \begin{pmatrix} 1 & 2 & \cdots & n \\ 1 & 2 & \cdots & n \end{pmatrix}.$$

○例 **2.4.1**　$S_1 = \{\varepsilon_1\} = \left\{ \begin{pmatrix} 1 \\ 1 \end{pmatrix} \right\}$, $S_2 = \left\{ \varepsilon_2, \begin{pmatrix} 1 & 2 \\ 2 & 1 \end{pmatrix} \right\}$,

$$S_3 = \left\{ \varepsilon_3, \begin{pmatrix} 1 & 2 & 3 \\ 1 & 3 & 2 \end{pmatrix}, \begin{pmatrix} 1 & 2 & 3 \\ 2 & 1 & 3 \end{pmatrix}, \begin{pmatrix} 1 & 2 & 3 \\ 2 & 3 & 1 \end{pmatrix}, \begin{pmatrix} 1 & 2 & 3 \\ 3 & 1 & 2 \end{pmatrix}, \begin{pmatrix} 1 & 2 & 3 \\ 3 & 2 & 1 \end{pmatrix} \right\}$$

置換の表し方は, 上段の数字から下段の数字への対応がわかればよいので, 上段の数字は $1, 2, \cdots, n$ の順でなくてもよい. 例えば, $\begin{pmatrix} 1 & 2 & 3 \\ 3 & 1 & 2 \end{pmatrix} = \begin{pmatrix} 3 & 1 & 2 \\ 2 & 3 & 1 \end{pmatrix}$

である．置換 σ に対して，σ の表示の上段と下段を入れ替えて得られる置換を σ の**逆置換**といい，σ^{-1} で表す．すなわち

$$\sigma^{-1} = \begin{pmatrix} \sigma(1) & \sigma(2) & \cdots & \sigma(n) \\ 1 & 2 & \cdots & n \end{pmatrix}.$$

○例 **2.4.2**　$\begin{pmatrix} 1 & 2 & 3 & 4 \\ 4 & 3 & 1 & 2 \end{pmatrix}^{-1} = \begin{pmatrix} 4 & 3 & 1 & 2 \\ 1 & 2 & 3 & 4 \end{pmatrix} = \begin{pmatrix} 1 & 2 & 3 & 4 \\ 3 & 4 & 2 & 1 \end{pmatrix}$

N_n の２つの置換 σ, τ に対して，

$$(\tau\sigma)(i) = (\tau(\sigma(i)) \quad (i = 1, 2, \cdots, n)$$

により，**積** $\tau\sigma$ が次で定義される．

$$\tau\sigma = \begin{pmatrix} 1 & 2 & \cdots & n \\ \tau(\sigma(1)) & \tau(\sigma(2)) & \cdots & \tau(\sigma(n)) \end{pmatrix}$$

○例 **2.4.3**　置換 $\sigma = \begin{pmatrix} 1 & 2 & 3 & 4 \\ 3 & 1 & 4 & 2 \end{pmatrix}$，$\tau = \begin{pmatrix} 1 & 2 & 3 & 4 \\ 2 & 3 & 4 & 1 \end{pmatrix}$ に対して，$\tau(\sigma(1)) = \tau(3) = 4$，$\tau(\sigma(2)) = \tau(1) = 2$ などの計算から

$$\tau\sigma = \begin{pmatrix} 1 & 2 & 3 & 4 \\ 2 & 3 & 4 & 1 \end{pmatrix}\begin{pmatrix} 1 & 2 & 3 & 4 \\ 3 & 1 & 4 & 2 \end{pmatrix} = \begin{pmatrix} 1 & 2 & 3 & 4 \\ 4 & 2 & 1 & 3 \end{pmatrix}.$$

○例 **2.4.4**　$\sigma \in S_n$ とするとき，恒等置換 ε と逆置換 σ^{-1} について明らかに次の等式が成り立つ．

$$\varepsilon\sigma = \sigma\varepsilon = \sigma, \quad \sigma\sigma^{-1} = \sigma^{-1}\sigma = \varepsilon$$

N_n の置換 $\sigma = \begin{pmatrix} 1 & 2 & \cdots & n \\ \sigma(1) & \sigma(2) & \cdots & \sigma(n) \end{pmatrix}$ において

$$i < j \quad \text{かつ} \quad \sigma(i) > \sigma(j)$$

である数字の組 $\{i, j\}$ を**転倒**という．σ の転倒の総数を**転倒数**といい，$T(\sigma)$ で表すことにする．転倒数が偶数の置換を**偶置換**，奇数の置換を**奇置換**という．恒等置換は転倒数が 0 であり，偶置換である．

○例 **2.4.5** 置換 $\sigma = \begin{pmatrix} 1 & 2 & 3 & 4 & 5 \\ 4 & 2 & 1 & 5 & 3 \end{pmatrix}$ の転倒数を次の 2 つの方法で求めてみよう.

［方法 1］ 下図のように上と下の 2 段に数字 $1, \cdots, n$ (ここでは $n = 5$) を並べて，上段の各数字 i と下段にある数字 $\sigma(i)$ を線分で結ぶ．ただし，交点には 3 本以上の線分が通らないように結ぶものとする．

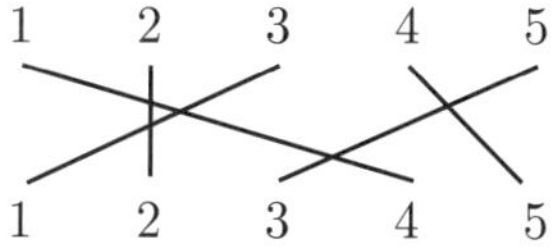

このとき，上段 i からの線分と j からの線分が交点をもつことは，$\{i, j\}$ が転倒であることを意味するので，転倒数 $T(\sigma)$ は交点の総数と等しくなる．この例では交点の総数は 5 より，$T(\sigma) = 5$ であり，σ は奇置換である．また，交点に対応する転倒は $\{1,2\}, \{1,3\}, \{1,5\}, \{2,3\}, \{4,5\}$ の 5 組である．

［方法 2］ 順列 $(\sigma(1)\ \cdots\ \sigma(n))$ (ここでは $(4\ 2\ 1\ 5\ 3)$) において，各 i について，$\sigma(i)$ より右側にある数字で $\sigma(i)$ より小さい数字の個数 t_i を求めれば，総和 $\sum_{i=1}^{n} t_i$ が転倒数 $T(\sigma)$ にほかならない．この例では，$\sigma(1) = 4$ であり，その右側に 4 より小さい数字は 3 個あるので，$t_1 = 3$ である．同様にして，$t_2 = 1$, $t_3 = 0$, $t_4 = 1$, $t_5 = 0$ がわかり，$T(\sigma) = 5$ である．

○例 **2.4.6** $1 \leqq i < j \leqq n$ とする．i と j を入れ替え，他の数字を変えない N_n の置換 $\tau = \begin{pmatrix} 1 & \cdots & i & \cdots & j & \cdots & n \\ 1 & \cdots & j & \cdots & i & \cdots & n \end{pmatrix}$ を**互換**という．例 2.4.5 の方法などにより，τ の転倒は，$\{i, j\}$ と $\{i, k\}, \{k, j\}$ $(i + 1 \leqq k \leqq j - 1)$ であることがわかる．したがって，$T(\tau) = 2j - 2i - 1$ であり，互換は奇置換である．

置換 σ に対して

$$\mathrm{sgn}(\sigma) = (-1)^{T(\sigma)}$$

を σ の**符号**という．σ が偶置換のとき $\mathrm{sgn}(\sigma) = 1$，奇置換のとき $\mathrm{sgn}(\sigma) = -1$ である．

命題 2.4.1 $\sigma, \tau \in S_n$ に対して，次が成り立つ．

$$\mathrm{sgn}(\sigma\tau) = \mathrm{sgn}(\sigma)\mathrm{sgn}(\tau)$$

［証明］ $i<j$ である組 $\{i,j\}$ について，$\{i,j\}$ が τ の転倒か否か，また $\{\tau(i),\tau(j)\}$ が σ の転倒か否かで合計4つの場合のいずれか1つが起きる．下に4つの場合の略図を示す．

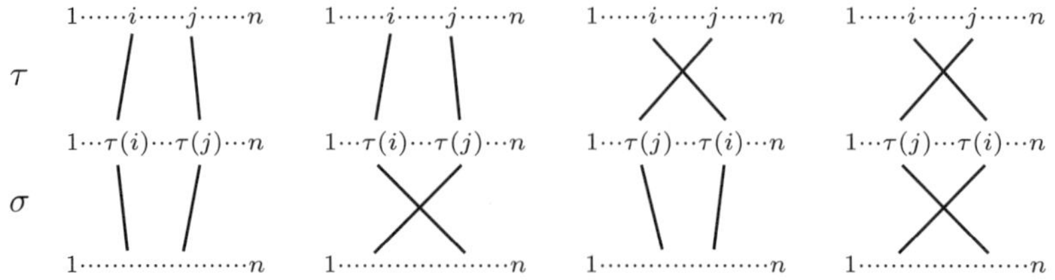

場合 1　場合 2　場合 3　場合 4

場合 k $(1 \leqq k \leqq 4)$ になっている組 $\{i,j\}$ の総数を n_k とする．$\{i,j\}$ が τ の転倒であるのは場合3と場合4のみであり，$\sigma\tau$ の転倒になっているのは場合2と場合3のみであるので，$T(\tau)=n_3+n_4$，$T(\sigma\tau)=n_2+n_3$ である．また，$\{1,\cdots,n\}=\{\tau(1),\cdots,\tau(n)\}$ であるので，σ による転倒 $\{\tau(i),\tau(j)\}$ の総数は $T(\sigma)$ に等しい．σ による転倒 $\{\tau(i),\tau(j)\}$ は場合2と場合4のみに現れるので，$T(\sigma)=n_2+n_4$ である．したがって，$\mathrm{sgn}(\sigma)\mathrm{sgn}(\tau)=(-1)^{T(\sigma)+T(\tau)}=(-1)^{n_2+n_3+2n_4}=(-1)^{n_2+n_3}=\mathrm{sgn}(\sigma\tau)$ である． ■

系 2.4.2 $\sigma \in S_n$ に対して，$\mathrm{sgn}(\sigma^{-1})=\mathrm{sgn}(\sigma)$ である．

［証明］ 命題 2.4.1 より $\mathrm{sgn}(\sigma)\mathrm{sgn}(\sigma^{-1})=\mathrm{sgn}(\sigma\sigma^{-1})=\mathrm{sgn}(\varepsilon)=1$ であり，符号の値は ± 1 であるので，$\mathrm{sgn}(\sigma^{-1})=\mathrm{sgn}(\sigma)$ となる． ■

2.4.2 行列式の定義

n 次正方行列 $A=(a_{ij})=(\boldsymbol{a}_1\ \boldsymbol{a}_2\ \cdots\ \boldsymbol{a}_n)$ に対して，各列から置換 $\sigma \in S_n$ に従って成分 $a_{\sigma(1)1}, a_{\sigma(2)2}, \cdots, a_{\sigma(n)n}$ をとり，それらの積に符号 $\mathrm{sgn}(\sigma)$ をかけてできる項すべて ($n!$ 個) の和

$$\sum_{\sigma \in S_n} \mathrm{sgn}(\sigma) a_{\sigma(1)1} a_{\sigma(2)2} \cdots a_{\sigma(n)n}$$

を A の**行列式**といい，$\begin{vmatrix} a_{11} & \cdots & a_{1n} \\ \vdots & \ddots & \vdots \\ a_{n1} & \cdots & a_{nn} \end{vmatrix}$，$|A|$，$|\boldsymbol{a}_1\ \boldsymbol{a}_2\ \cdots\ \boldsymbol{a}_n|$，$\det A$ などで表す．n 次正方行列の行列式を $\boldsymbol{n}$ **次の行列式**という．

○**例 2.4.7** (1) $A=(a_{11})$ を1次正方行列とするとき，

$$|A|=\mathrm{sgn}(\varepsilon)a_{11}=a_{11}.$$

(2) $A=(a_{ij})$ を 2 次正方行列とするとき

$$|A| = \mathrm{sgn}(\varepsilon)a_{11}a_{22} + \mathrm{sgn}\begin{pmatrix}1 & 2\\ 2 & 1\end{pmatrix}a_{21}a_{12} = a_{11}a_{22} - a_{21}a_{21}.$$

(3) $A=(a_{ij})$ を 3 次正方行列とするとき

$$\begin{aligned}|A| &= \mathrm{sgn}(\varepsilon)a_{11}a_{22}a_{33} + \mathrm{sgn}\begin{pmatrix}1 & 2 & 3\\ 2 & 3 & 1\end{pmatrix}a_{21}a_{32}a_{13}\\ &\quad + \mathrm{sgn}\begin{pmatrix}1 & 2 & 3\\ 3 & 1 & 2\end{pmatrix}a_{31}a_{12}a_{23} + \mathrm{sgn}\begin{pmatrix}1 & 2 & 3\\ 3 & 2 & 1\end{pmatrix}a_{31}a_{22}a_{13}\\ &\quad + \mathrm{sgn}\begin{pmatrix}1 & 2 & 3\\ 2 & 1 & 3\end{pmatrix}a_{21}a_{12}a_{33} + \mathrm{sgn}\begin{pmatrix}1 & 2 & 3\\ 1 & 3 & 2\end{pmatrix}a_{11}a_{32}a_{23}\\ &= a_{11}a_{22}a_{33} + a_{21}a_{32}a_{13} + a_{31}a_{12}a_{23}\\ &\quad - a_{31}a_{22}a_{13} - a_{21}a_{12}a_{33} - a_{11}a_{32}a_{23}.\end{aligned}$$

これらは，第 1 章で定義した 2 次，3 次の行列式と同じものになっている．第 1 章でみたように，サラスの方法による計算法があるが，4 次以上の行列式には使えない方法なので注意を要する．

例題 2.4.1 上 (下) 三角行列の行列式について，次が成り立つことを示せ．

$$\begin{vmatrix}a_{11} & a_{12} & \cdots & a_{1n}\\ 0 & a_{22} & \cdots & a_{2n}\\ \vdots & \ddots & \ddots & \vdots\\ 0 & \cdots & 0 & a_{nn}\end{vmatrix} = \begin{vmatrix}a_{11} & 0 & \cdots & 0\\ a_{21} & a_{22} & \ddots & \vdots\\ \vdots & \vdots & \ddots & 0\\ a_{n1} & a_{n2} & \cdots & a_{nn}\end{vmatrix} = a_{11}a_{22}\cdots a_{nn}$$

とくに，$|cE_n| = c^n$ (c はスカラー) である．

[解答] $A=(a_{ij})$ を上三角行列とする．$i>j$ のとき $a_{ij}=0$ であるので，行列式の定義 $|A| = \sum_{\sigma\in S_n} \mathrm{sgn}(\sigma)a_{\sigma(1)1}a_{\sigma(2)2}\cdots a_{\sigma(n)n}$ において，実際に和をとるのは，すべての j について $\sigma(j) \leqq j$ であるような σ だけでよい．そのような置換 σ は恒等置換 ε だけなので，$|A| = a_{11}a_{22}\cdots a_{nn}$ である．A が下三角行列のときも同様である． ■

2.4.3 行列式の性質

次数が大きくなると，行列式の値を直接定義から計算することは困難になる．これから述べる行列式の諸性質を利用することにより，計算を簡単にすることができるようになる．

以下，$A=(a_{ij})=(\boldsymbol{a}_1\ \boldsymbol{a}_2\ \cdots\ \boldsymbol{a}_n)$ は n 次正方行列を表すものとする．

定理 2.4.3 行列式の列について，次が成り立つ．

(1) 各列について**加法的**である．(すなわち，１つの列が２つの列ベクトルの和 $\boldsymbol{b}_i + \boldsymbol{c}_i$ であるとき，行列式の値はその列だけをそれぞれ $\boldsymbol{b}_i$，$\boldsymbol{c}_i$ で置き換えた行列式の値の和に等しい．)

$$|\boldsymbol{a}_1 \ \cdots \ \boldsymbol{b}_i + \boldsymbol{c}_i \ \cdots \ \boldsymbol{a}_n| = |\boldsymbol{a}_1 \ \cdots \ \boldsymbol{b}_i \ \cdots \ \boldsymbol{a}_n| + |\boldsymbol{a}_1 \ \cdots \ \boldsymbol{c}_i \ \cdots \ \boldsymbol{a}_n|$$

(2) １つの列を c 倍すると，行列式の値は c 倍になる．

$$|\boldsymbol{a}_1 \ \cdots \ c\boldsymbol{a}_i \ \cdots \ \boldsymbol{a}_n| = c|\boldsymbol{a}_1 \ \cdots \ \boldsymbol{a}_i \ \cdots \ \boldsymbol{a}_n|$$

(3) ある列の成分がすべて０である行列式の値は０である．

$$|\boldsymbol{a}_1 \ \cdots \ \boldsymbol{0} \ \cdots \ \boldsymbol{a}_n| = 0$$

[証明] (1) $\boldsymbol{b}_i = \begin{pmatrix} b_{1i} \\ \vdots \\ b_{ni} \end{pmatrix}$，$\boldsymbol{c}_i = \begin{pmatrix} c_{1i} \\ \vdots \\ c_{ni} \end{pmatrix}$ とする．

$$\begin{aligned} \text{左辺} &= \sum_{\sigma \in S_n} \mathrm{sgn}(\sigma) a_{\sigma(1)1} \cdots (b_{\sigma(i)i} + c_{\sigma(i)i}) \cdots a_{\sigma(n)n} \\ &= \sum_{\sigma \in S_n} \mathrm{sgn}(\sigma) a_{\sigma(1)1} \cdots b_{\sigma(i)i} \cdots a_{\sigma(n)n} \\ &\quad + \sum_{\sigma \in S_n} \mathrm{sgn}(\sigma) a_{\sigma(1)1} \cdots c_{\sigma(i)i} \cdots a_{\sigma(n)n} \\ &= \text{右辺} \end{aligned}$$

(2)
$$\begin{aligned} \text{左辺} &= \sum_{\sigma \in S_n} \mathrm{sgn}(\sigma) a_{\sigma(1)1} \cdots (c a_{\sigma(i)i}) \cdots a_{\sigma(n)n} \\ &= c \sum_{\sigma \in S_n} \mathrm{sgn}(\sigma) a_{\sigma(1)1} \cdots a_{\sigma(i)i} \cdots a_{\sigma(n)n} \\ &= \text{右辺} \end{aligned}$$

(3) (2) において，$c = 0$ とすれば得られる． ■

○例 **2.4.8** $\begin{vmatrix} 13 & 33 \\ 26 & 66 \end{vmatrix} = 13 \cdot 33 \begin{vmatrix} 1 & 1 \\ 2 & 2 \end{vmatrix} = 13 \cdot 33 \cdot 0 = 0$,

$$\begin{vmatrix} 7 & 6 & a \\ 1 & 1 & b \\ 1 & 5 & c \end{vmatrix} + \begin{vmatrix} 7 & -6 & a \\ 1 & -2 & b \\ 1 & -5 & c \end{vmatrix} = \begin{vmatrix} 7 & 0 & a \\ 1 & -1 & b \\ 1 & 0 & c \end{vmatrix} = a - 7c$$

定理 2.4.4 置換 $\tau \in S_n$ により列を入れ替えると，行列式の値は $\mathrm{sgn}(\tau)$ 倍になる．

$$|\boldsymbol{a}_{\tau(1)}\ \boldsymbol{a}_{\tau(2)}\ \cdots\ \boldsymbol{a}_{\tau(n)}| = \mathrm{sgn}(\tau)\,|\boldsymbol{a}_1\ \boldsymbol{a}_2\ \cdots\ \boldsymbol{a}_n|$$

とくに，2 つの列を入れ替えると行列式の値は -1 倍になる．

$$|\boldsymbol{a}_1\ \cdots\ \overset{\overset{i}{\vee}}{\boldsymbol{a}_j}\ \cdots\ \overset{\overset{j}{\vee}}{\boldsymbol{a}_i}\ \cdots\ \boldsymbol{a}_n| = -|\boldsymbol{a}_1\ \cdots\ \overset{\overset{i}{\vee}}{\boldsymbol{a}_i}\ \cdots\ \overset{\overset{j}{\vee}}{\boldsymbol{a}_j}\ \cdots\ \boldsymbol{a}_n|$$

［証明］ 行列式の定義から

$$|\boldsymbol{a}_{\tau(1)}\ \cdots\ \boldsymbol{a}_{\tau(n)}| = \sum_{\sigma \in S_n} \mathrm{sgn}(\sigma) a_{\sigma(1)\tau(1)} \cdots a_{\sigma(i)\tau(i)} \cdots a_{\sigma(n)\tau(n)}$$

である．$\sigma \in S_n$ に対して $\rho = \sigma\tau^{-1}$ とおくと，$\tau(i) = j$ のとき $\sigma(i) = \sigma(\tau^{-1}(j)) = \rho(j)$ であるので，各項の積の順序をかえて列番号順にすると

$$a_{\sigma(1)\tau(1)} \cdots a_{\sigma(i)\tau(i)} \cdots a_{\sigma(n)\tau(n)} = a_{\rho(1)1} \cdots a_{\rho(j)j} \cdots a_{\rho(n)n}$$

となる．命題 2.4.1，系 2.4.2 より $\mathrm{sgn}(\rho) = \mathrm{sgn}(\sigma)\mathrm{sgn}(\tau^{-1}) = \mathrm{sgn}(\sigma)\mathrm{sgn}(\tau)$ であり，$\mathrm{sgn}(\sigma) = \mathrm{sgn}(\rho)\mathrm{sgn}(\tau)$ である．また，σ が S_n をすべて動くとき，ρ も S_n をすべて動く (演習問題 2.4.3) ので

$$\begin{aligned}|\boldsymbol{a}_{\tau(1)}\ \cdots\ \boldsymbol{a}_{\tau(n)}| &= \sum_{\rho \in S_n} \mathrm{sgn}(\rho)\mathrm{sgn}(\tau) a_{\rho(1)1} \cdots a_{\rho(j)j} \cdots a_{\rho(n)n} \\ &= \mathrm{sgn}(\tau) \sum_{\rho \in S_n} \mathrm{sgn}(\rho) a_{\rho(1)1} \cdots a_{\rho(j)j} \cdots a_{\rho(n)n} \\ &= \mathrm{sgn}(\tau)|A|\end{aligned}$$

となる．

後半は，τ が互換のとき $\mathrm{sgn}(\tau) = -1$ であることから得られる． ■

○例 **2.4.9**
$$\begin{vmatrix} a_1 & b_1 & c_1 \\ a_2 & b_2 & c_2 \\ a_3 & b_3 & c_3 \end{vmatrix} = -\begin{vmatrix} b_1 & a_1 & c_1 \\ b_2 & a_2 & c_2 \\ b_3 & a_3 & c_3 \end{vmatrix} = \begin{vmatrix} c_1 & a_1 & b_1 \\ c_2 & a_2 & b_2 \\ c_3 & a_3 & b_3 \end{vmatrix}$$

系 2.4.5 (1) 2 つの列が等しい行列式の値は 0 である．

$$|\boldsymbol{a}_1\ \cdots\ \overset{\overset{i}{\vee}}{\boldsymbol{a}_i}\ \cdots\ \overset{\overset{j}{\vee}}{\boldsymbol{a}_i}\ \cdots\ \boldsymbol{a}_n| = 0$$

(2) 1 つの列の何倍かを他の列に加えても，行列式の値は変わらない．

$$|\boldsymbol{a}_1\ \cdots\ \overset{\overset{i}{\vee}}{\boldsymbol{a}_i}\ \cdots\ \overset{\overset{j}{\vee}}{\boldsymbol{a}_j + c\boldsymbol{a}_i}\ \cdots\ \boldsymbol{a}_n| = |\boldsymbol{a}_1\ \cdots\ \overset{\overset{i}{\vee}}{\boldsymbol{a}_i}\ \cdots\ \overset{\overset{j}{\vee}}{\boldsymbol{a}_j}\ \cdots\ \boldsymbol{a}_n|$$

[証明] (1) 定理 2.4.4 の後半において，$\boldsymbol{a}_i = \boldsymbol{a}_j$ のとき $|A| = -|A|$ であるから，$|A| = 0$ である．

(2) 定理 2.4.3 と (1) により

$$\begin{aligned}
\text{左辺} &= |\boldsymbol{a}_1 \ \cdots \ \boldsymbol{a}_i \ \cdots \ \boldsymbol{a}_j \ \cdots \ \boldsymbol{a}_n| + |\boldsymbol{a}_1 \ \cdots \ \boldsymbol{a}_i \ \cdots \ c\boldsymbol{a}_i \ \cdots \ \boldsymbol{a}_n| \\
&= |\boldsymbol{a}_1 \ \cdots \ \boldsymbol{a}_i \ \cdots \ \boldsymbol{a}_j \ \cdots \ \boldsymbol{a}_n| + c|\boldsymbol{a}_1 \ \cdots \ \boldsymbol{a}_i \ \cdots \ \boldsymbol{a}_i \ \cdots \ \boldsymbol{a}_n| \\
&= |\boldsymbol{a}_1 \ \cdots \ \boldsymbol{a}_i \ \cdots \ \boldsymbol{a}_j \ \cdots \ \boldsymbol{a}_n| \\
&= \text{右辺}.
\end{aligned}$$

■

○例 **2.4.10**
$$\begin{vmatrix} a_1 & b_1 + pa_1 & c_1 + qb_1 \\ a_2 & b_2 + pa_2 & c_2 + qb_2 \\ a_3 & b_3 + pa_3 & c_3 + qb_3 \end{vmatrix} = \begin{vmatrix} a_1 & b_1 & c_1 + qb_1 \\ a_2 & b_2 & c_2 + qb_2 \\ a_3 & b_3 & c_3 + qb_3 \end{vmatrix} = \begin{vmatrix} a_1 & b_1 & c_1 \\ a_2 & b_2 & c_2 \\ a_3 & b_3 & c_3 \end{vmatrix}$$

系 2.4.6 基本行列の行列式について次が成り立つ．

(1) $|P_n(i,j)| = -1, \quad |Q_n(i;c)| = c, \quad |R_n(i,j;c)| = 1$

(2) n 次正方行列 A と n 次の基本行列 F に対して

$$|AF| = |A|\,|F|.$$

[証明] (1) 基本行列は単位行列から列基本変形により得られるので，それぞれ定理 2.4.4，2.4.3，系 2.4.5 から次がわかる．

$$|P_n(i,j)| = -|E| = -1, \quad |Q_n(i;c)| = c|E| = c, \quad |R_n(i,j;c)| = |E| = 1$$

(2) AF は行列 A から F に対応する列基本変形により得られる行列であるので，(1) と同じようにして次がわかる．

$$|AP_n(i,j)| = -|A| = |A|\,|P_n(i,j)|, \quad |AQ_n(i;c)| = c|A| = |A|\,|Q_n(i;c)|,$$
$$|AR_n(i,j;c)| = |A| = |A|\,|R_n(i,j;c)|$$

■

一般に行列の積の行列式について，次の定理が成り立つことを示しておこう．

定理 2.4.7 n 次正方行列 A, B に対して次が成り立つ．

$$|AB| = |A|\,|B|$$

[証明] 系 2.2.4 より，ある正則行列 P, Q と標準形 $C = (\boldsymbol{e}_1 \ \cdots \ \boldsymbol{e}_r \ \boldsymbol{0} \ \cdots \ \boldsymbol{0})$ を用いて $B = PCQ$ と表される．まず，$B = C \ (r < n)$ のときは，定理 2.4.3 (3) により $|B| = 0$ であり

$$|AB| = |A(\boldsymbol{e}_1 \ \cdots \ \boldsymbol{e}_r \ \boldsymbol{0} \ \cdots \ \boldsymbol{0})| = |A\boldsymbol{e}_1 \ \cdots \ A\boldsymbol{e}_r \ \boldsymbol{0} \ \cdots \ \boldsymbol{0}| = 0 = |A|\,|B|$$

である．次に，B が基本行列であるときは，系 2.4.6 (2) により定理は成り立っている．最後に，正則行列は基本行列の積で表されるので，一般に正方行列 B を $B = F_1 \cdots F_m$

(F_i $(1 \leqq i \leqq m)$ は基本行列または標準形) と書き表すことができる．B が基本行列と標準形のときは定理が成り立つことを順に用いると

$$|AB| = |AF_1 \cdots F_m| = |AF_1 \cdots F_{m-1}|\,|F_m| = \cdots = |A|\,|F_1| \cdots |F_m|$$

であり，とくに，$A = E_n$ とすると $|B| = |F_1| \cdots |F_m|$ であるので，$|AB| = |A|\,|B|$ である． ■

○例 **2.4.11** $A = \begin{pmatrix} 1 & 2 \\ 3 & 4 \end{pmatrix}$ とすると，$|A| = -2$ であるので，定理 2.4.7 を繰り返し用いれば

$$|A^2| = |A|^2 = 4,\ |A^3| = |A^2|\,|A| = |A|^3 = -8,\ \cdots,\ |A^n| = |A|^n = (-2)^n.$$

定理 2.4.8 行と列を入れ替えても，行列式の値は変わらない．

$$|{}^t\!A| = |A|$$

［証明］ 正方行列 A がいくつかの基本行列と標準形の積 $F_1 \cdots F_m$ で表されることをここでも用いる．標準形 C については，${}^t\!C = C$ であり

$$|{}^tP_n(i,j)| = |P_n(j,i)| = -1 = |P_n(i,j)|,\quad |{}^tQ_n(i;c)| = |Q_n(i;c)| = c,$$
$$|{}^tR_n(i,j;c)| = |R_n(j,i;c)| = 1 = |R_n(i,j;c)|$$

であるので，$|{}^tF_k| = |F_k|$ $(1 \leqq k \leqq m)$ である．定理 2.1.4 より，${}^t(F_1 \cdots F_m) = {}^tF_m \cdots {}^tF_1$ であるので，定理 2.4.7 により

$$\begin{aligned} |{}^t\!A| &= |{}^t(F_1 \cdots F_m)| = |{}^tF_m \cdots {}^tF_1| = |{}^tF_m| \cdots |{}^tF_1| \\ &= |F_m| \cdots |F_1| = |F_1| \cdots |F_m| = |F_1 \cdots F_m| = |A|. \end{aligned}$$ ■

定理 2.4.8 により，列に関して成り立つ定理 2.4.3，2.4.4 および系 2.4.5 は，行に関しても成り立つことがわかる．それらをまとめて次の定理とする．

定理 2.4.9 行列式の行について，次が成り立つ．

(1) 各行について加法的である．

(2) 1 つの行を c 倍すると，行列式の値は c 倍になる．

(3) ある行の成分がすべて 0 である行列式の値は 0 である．

(4) 置換により行を入れ替えると，行列式の値は置換の符号倍になる．とくに，2 つの行を入れ替えると行列式の値は -1 倍になる．

(5) 2 つの行が等しい行列式の値は 0 である．

(6) 1 つの行の何倍かを他の行に加えても，行列式の値は変わらない．

例題 2.4.2　行列式 $\begin{vmatrix} 1 & 1 & 1 & 1 \\ -1 & 1 & 1 & 1 \\ -2 & -2 & 1 & 1 \\ -3 & -3 & -3 & 1 \end{vmatrix}$ の値を求めよ．

［解答］ 行基本変形のときと同じく，ⓘ $+$ ⓙ $\times c$ は第 i 行に第 j 行の c 倍を加えることを表すことにする．$c=1$ のときは ⓘ $+$ ⓙ で表す．

$$\begin{vmatrix} 1 & 1 & 1 & 1 \\ -1 & 1 & 1 & 1 \\ -2 & -2 & 1 & 1 \\ -3 & -3 & -3 & 1 \end{vmatrix} \underset{②+①}{=} \begin{vmatrix} 1 & 1 & 1 & 1 \\ 0 & 2 & 2 & 2 \\ -2 & -2 & 1 & 1 \\ -3 & -3 & -3 & 1 \end{vmatrix} \underset{\substack{③+①\times 2 \\ ④+①\times 3}}{=} \begin{vmatrix} 1 & 1 & 1 & 1 \\ 0 & 2 & 2 & 2 \\ 0 & 0 & 3 & 3 \\ 0 & 0 & 0 & 4 \end{vmatrix}$$

これは上三角行列の行列式なので，例題 2.4.1 より，その値は 24 である．■

演 習 問 題

2.4.1　$\sigma, \tau \in S_4$ を $\sigma = \begin{pmatrix} 1 & 2 & 3 & 4 \\ 2 & 3 & 4 & 1 \end{pmatrix}$，$\tau = \begin{pmatrix} 1 & 2 & 3 & 4 \\ 3 & 1 & 4 & 2 \end{pmatrix}$ とするとき，$\sigma\tau$，$\tau\sigma$，$\sigma^{-1}\tau^{-1}$ を計算せよ．

2.4.2　次の置換の符号を求めよ．

(1)　$\sigma = \begin{pmatrix} 1 & 2 & 3 & 4 & 5 & 6 \\ 3 & 4 & 6 & 1 & 2 & 5 \end{pmatrix}$　　(2)　$\tau = \begin{pmatrix} 1 & 2 & 3 & \cdots & n-1 & n \\ 2 & 3 & 4 & \cdots & n & 1 \end{pmatrix}$

2.4.3　$\rho, \sigma, \tau \in S_n$ に対して，次を示せ．

(1)　結合法則 $(\rho\sigma)\tau = \rho(\sigma\tau)$ が成り立つ．

(2)　$\sigma\tau = \rho\tau$ ならば $\sigma = \rho$．

(3)　$\tau \in S_n$ を固定し，$\rho = \sigma\tau$ とする．σ が重複なく S_n 全体を動くとき，ρ も重複なく S_n 全体を動く．

(4)　σ が重複なく S_n 全体を動くとき，σ^{-1} も重複なく S_n 全体を動く．

2.4.4　S_n に含まれる偶置換の個数と奇置換の個数を求めよ．

2.4.5　次の行列式の値を求めよ．

(1)　$\begin{vmatrix} 2020 & 2018 \\ 2019 & 2017 \end{vmatrix}$　　(2)　$\begin{vmatrix} 1/2 & 3/2 & 1 \\ 2/3 & 4/3 & 5/3 \\ 1/5 & 7/5 & 3/5 \end{vmatrix}$　　(3)　$\begin{vmatrix} 1 & 2 & 3 \\ 13 & 29 & 40 \\ 23 & 46 & 61 \end{vmatrix}$

(4)　$\begin{vmatrix} 1 & 0 & 0 & 1 \\ 1 & 1 & 0 & 0 \\ 0 & 1 & 1 & 0 \\ 0 & 0 & 1 & 1 \end{vmatrix}$　　(5)　$\begin{vmatrix} 1 & 1 & 2 & 1 \\ 2 & 3 & 2 & 2 \\ 3 & 4 & 5 & 5 \\ 4 & 5 & 6 & 7 \end{vmatrix}$　　(6)　$\begin{vmatrix} a & a & a & a \\ a & b & b & b \\ a & b & c & c \\ a & b & c & d \end{vmatrix}$

(7) $\begin{vmatrix} a & b & b & b \\ b & a & b & b \\ b & b & a & b \\ b & b & b & a \end{vmatrix}$ (8) $\begin{vmatrix} 0 & \cdots & 0 & a_{1n} \\ \vdots & \iddots & a_{2\,n-1} & a_{2n} \\ 0 & \iddots & \vdots & \vdots \\ a_{n1} & \cdots & a_{n\,n-1} & a_{nn} \end{vmatrix}$

2.4.6 A, B を n 次正方行列とし，$|A| = a$, $|B| = b$ とする.
(1) $|A^2|$, $|2A|$, $|{}^tAB|$ の値をそれぞれ求めよ.
(2) A が正則のとき，$|A^{-1}|$, $|A^{-1}BA|$ の値をそれぞれ求めよ.

2.4.7 (1) $(a^2 + b^2)(x^2 + y^2)$ が $u^2 + v^2$ の形に表されることを $\begin{vmatrix} a & -b \\ b & a \end{vmatrix} = a^2 + b^2$ を利用して示せ.
(2) $(a^3 + b^3 + c^3 - 3abc)(x^3 + y^3 + z^3 - 3xyz)$ が $u^3 + v^3 + w^3 - 3uvw$ の形に表されることを $\begin{vmatrix} a & b & c \\ c & a & b \\ b & c & a \end{vmatrix} = a^3 + b^3 + c^3 - 3abc$ を利用して示せ.

2.4.8 n 次正方行列 $A = (\boldsymbol{a}_1 \ \boldsymbol{a}_2 \ \cdots \ \boldsymbol{a}_n)$, $B = (b_{ij})$ に対して，AB の第 j 列が $b_{1j}\boldsymbol{a}_1 + b_{2j}\boldsymbol{a}_2 + \cdots + b_{nj}\boldsymbol{a}_n$ と表されることから，定理 2.4.3, 2.4.4, 系 2.4.5 を用いて $|AB| = |A|\,|B|$ を証明せよ.

2.5 行列式の展開と応用

2.5.1 行列式の展開

行列式の値を求めるために，次数の低い行列式の計算に帰着することを考えよう.

定理 2.5.1 A を m 次正方行列，B を n 次正方行列，C を $m \times n$ 行列，D を $n \times m$ 行列とするとき，次が成り立つ.

$$\begin{vmatrix} A & C \\ O & B \end{vmatrix} = \begin{vmatrix} A & O \\ D & B \end{vmatrix} = |A|\,|B|$$

[証明] $\begin{pmatrix} A & C \\ O & B \end{pmatrix} = \begin{pmatrix} E_m & O \\ O & B \end{pmatrix} \begin{pmatrix} E_m & C \\ O & E_n \end{pmatrix} \begin{pmatrix} A & O \\ O & E_n \end{pmatrix}$ と表されるので，まず，$\begin{vmatrix} E_m & O \\ O & B \end{vmatrix} = |B|$ であることを示そう．B が基本行列 $P_n(i, j)$ であるとき

$$\begin{vmatrix} E_m & O \\ O & P_n(i,j) \end{vmatrix} = |P_{m+n}(m+i, m+j)| = -1 = |P_n(i,j)|$$

であり，これは B が基本行列 $Q_n(i;c)$，$R_n(i,j;c)$ および標準形 C であるときについても同様に示される．一般には B は基本行列と標準形の積 $F_1 \cdots F_k$ に表されるので

$$\begin{vmatrix} E_m & O \\ O & B \end{vmatrix} = \begin{vmatrix} E_m & O \\ O & F_1 \cdots F_k \end{vmatrix} = \begin{vmatrix} E_m & O \\ O & F_1 \end{vmatrix} \cdots \begin{vmatrix} E_m & O \\ O & F_k \end{vmatrix}$$
$$= |F_1| \cdots |F_k| = |F_1 \cdots F_k| = |B|$$

である．次に，同様にして $\begin{vmatrix} A & O \\ O & E_n \end{vmatrix} = |A|$ であり，また上三角行列の行列式 $\begin{vmatrix} E_m & C \\ O & E_n \end{vmatrix} = 1$ であるので

$$\begin{vmatrix} A & C \\ O & B \end{vmatrix} = \begin{vmatrix} E_m & O \\ O & B \end{vmatrix} \begin{vmatrix} E_m & C \\ O & E_n \end{vmatrix} \begin{vmatrix} A & O \\ O & E_n \end{vmatrix} = |A|\,|B|$$

となる．最後に，定理2.4.8と上の結果を用いて次が得られる．

$$\begin{vmatrix} A & O \\ D & B \end{vmatrix} = \left| {}^t\!\begin{pmatrix} A & O \\ D & B \end{pmatrix} \right| = \begin{vmatrix} {}^tA & {}^tD \\ O & {}^tB \end{vmatrix} = |{}^tA|\,|{}^tB| = |A|\,|B|$$ ■

○例 **2.5.1** $\begin{vmatrix} 3 & 2 & 1 & 0 \\ 4 & 5 & 6 & 7 \\ 0 & 0 & 9 & 8 \\ 0 & 0 & 7 & 6 \end{vmatrix} = \begin{vmatrix} 3 & 2 \\ 4 & 5 \end{vmatrix} \begin{vmatrix} 9 & 8 \\ 7 & 6 \end{vmatrix} = 7 \cdot (-2) = -14$

定理2.5.1の特別な場合として，次はよく用いられる．

系 2.5.2

$$\begin{vmatrix} a_{11} & * & \cdots & * \\ 0 & a_{22} & \cdots & a_{2n} \\ \vdots & \vdots & \ddots & \vdots \\ 0 & a_{n2} & \cdots & a_{nn} \end{vmatrix} = \begin{vmatrix} a_{11} & 0 & \cdots & 0 \\ * & a_{22} & \cdots & a_{2n} \\ \vdots & \vdots & \ddots & \vdots \\ * & a_{n2} & \cdots & a_{nn} \end{vmatrix} = a_{11} \begin{vmatrix} a_{22} & \cdots & a_{2n} \\ \vdots & \ddots & \vdots \\ a_{n2} & \cdots & a_{nn} \end{vmatrix}$$

n 次正方行列 $A = (a_{ij})$ から第 i 行と第 j 列を取り除いて得られる $n-1$ 次正方行列を A_{ij} で表す．

$$A_{ij} = \begin{pmatrix} a_{11} & \cdots & a_{1j} & \cdots & a_{in} \\ \vdots & & \vdots & & \vdots \\ a_{i1} & \cdots & a_{ij} & \cdots & a_{in} \\ \vdots & & \vdots & & \vdots \\ a_{n1} & \cdots & a_{nj} & \cdots & a_{nn} \end{pmatrix} \qquad (\text{第 } i \text{ 行と第 } j \text{ 列を取り除く})$$

さらに，$\widetilde{a_{ij}} = (-1)^{i+j}|A_{ij}|$ を a_{ij} の**余因子**または A の (i,j) 余因子という．

○**例 2.5.2** $A = \begin{pmatrix} 1 & 4 & 7 \\ 2 & 5 & 8 \\ 3 & 6 & 9 \end{pmatrix}$ のとき

$$A_{23} = \begin{pmatrix} 1 & 4 \\ 3 & 6 \end{pmatrix}, \qquad \widetilde{a_{23}} = (-1)^{2+3}\begin{vmatrix} 1 & 4 \\ 3 & 6 \end{vmatrix} = 6.$$

行列式は余因子を用いて次のように展開できる．

定理 2.5.3 n 次正方行列 $A = (a_{ij})$ に対して，次が成り立つ．

$$|A| = a_{1j}\widetilde{a_{1j}} + a_{2j}\widetilde{a_{2j}} + \cdots + a_{nj}\widetilde{a_{nj}} \qquad (\text{第 } j \text{ 列に関する展開})$$

$$|A| = a_{i1}\widetilde{a_{i1}} + a_{i2}\widetilde{a_{i2}} + \cdots + a_{in}\widetilde{a_{in}} \qquad (\text{第 } i \text{ 行に関する展開})$$

［証明］ まず，第 1 列に関する展開の成り立つことを示す．定理 2.4.3 (1) により行列式の第 1 列における加法性を用いると，$|A|$ は

$$\begin{vmatrix} a_{11} & a_{12} & \cdots & a_{1n} \\ 0 & a_{22} & \cdots & a_{2n} \\ \vdots & \vdots & & \vdots \\ 0 & a_{n2} & \cdots & a_{nn} \end{vmatrix} + \begin{vmatrix} 0 & a_{12} & \cdots & a_{1n} \\ a_{21} & a_{22} & \cdots & a_{2n} \\ \vdots & \vdots & & \vdots \\ 0 & a_{n2} & \cdots & a_{nn} \end{vmatrix} + \cdots + \begin{vmatrix} 0 & a_{12} & \cdots & a_{1n} \\ 0 & a_{22} & \cdots & a_{2n} \\ \vdots & \vdots & & \vdots \\ a_{n1} & a_{n2} & \cdots & a_{nn} \end{vmatrix}$$

と等しくなる．この各 i 項 $(1 \leqq i \leqq n)$ において，第 i 行を上の行と順に入れ替えて第 1 行にもっていくと，定理 2.4.4 により

$$|A| = \begin{vmatrix} a_{11} & a_{12} & \cdots & a_{1n} \\ 0 & a_{22} & \cdots & a_{2n} \\ \vdots & \vdots & & \vdots \\ 0 & a_{n2} & \cdots & a_{nn} \end{vmatrix} - \begin{vmatrix} a_{21} & a_{22} & \cdots & a_{2n} \\ 0 & a_{12} & \cdots & a_{1n} \\ \vdots & \vdots & & \vdots \\ 0 & a_{n2} & \cdots & a_{nn} \end{vmatrix}$$

$$+ \cdots + (-1)^{n-1}\begin{vmatrix} a_{n1} & a_{n2} & \cdots & a_{nn} \\ 0 & a_{12} & \cdots & a_{1n} \\ \vdots & \vdots & & \vdots \\ 0 & a_{n-1\,2} & \cdots & a_{n-1\,n} \end{vmatrix}$$

となり，系 2.5.2 によって

$$\begin{aligned}|A| &= a_{11}|A_{11}| - a_{21}|A_{21}| + \cdots + (-1)^{n-1}a_{n1}|A_{n1}| \\ &= a_{11}\widetilde{a_{11}} + a_{21}\widetilde{a_{21}} + \cdots + a_{n1}\widetilde{a_{n1}}\end{aligned}$$

が得られる．

次に第 j 列に関する展開について示すため，$|A| = |\boldsymbol{a}_1 \ \cdots \ \boldsymbol{a}_j \ \cdots \ \boldsymbol{a}_n|$ の第 j 列を左の列と順に入れ替えて第 1 列にもっていくと

$$|\boldsymbol{a}_j \ \boldsymbol{a}_1 \ \cdots \ \boldsymbol{a}_{j-1} \ \boldsymbol{a}_{j+1} \ \cdots \ \boldsymbol{a}_n| = (-1)^{j-1}|A|$$

となる．この左辺の行列式の第 i 行と第 1 列を除いた行列式は $|A_{ij}|$ に等しいので，左辺を第 1 列で展開したものを考えることにより

$$\begin{aligned}|A| &= (-1)^{j-1}\left(a_{1j}|A_{1j}| - a_{2j}|A_{2j}| + \cdots + (-1)^{n+1}a_{nj}|A_{nj}|\right) \\ &= a_{1j}\widetilde{a_{1j}} + a_{2j}\widetilde{a_{2j}} + \cdots + a_{nj}\widetilde{a_{nj}}\end{aligned}$$

が得られる．

第 i 行に関する展開については，$|A| = |{}^tA|$ であり，$|{}^tA|$ を第 i 列で展開したとき，${}^tA$ の (j,i) 余因子が $\widetilde{a_{ij}}$ であることから得られる．■

例題 2.5.1　行列式 $\begin{vmatrix} 3 & 5 & -3 & 8 \\ 2 & 3 & 1 & 6 \\ 1 & 1 & -2 & 3 \\ 0 & 7 & 2 & 1 \end{vmatrix}$ の値を求めよ．

[解答]　1 つの列または行に 0 を増やすように変形してから展開すると，計算が容易になる．

$$\begin{aligned}\begin{vmatrix} 3 & 5 & -3 & 8 \\ 2 & 3 & 1 & 6 \\ 1 & 1 & -2 & 3 \\ 0 & 7 & 2 & 1 \end{vmatrix} &\underset{\substack{①+③\times(-3) \\ ②+③\times(-2)}}{=} \begin{vmatrix} 0 & 2 & 3 & -1 \\ 0 & 1 & 5 & 0 \\ 1 & 1 & -2 & 3 \\ 0 & 7 & 2 & 1 \end{vmatrix} \\ &\underset{\substack{\text{第 1 列} \\ \text{で展開}}}{=} (-1)^4 \begin{vmatrix} 2 & 3 & -1 \\ 1 & 5 & 0 \\ 7 & 2 & 1 \end{vmatrix} \\ &\underset{①+③}{=} \begin{vmatrix} 9 & 5 & 0 \\ 1 & 5 & 0 \\ 7 & 2 & 1 \end{vmatrix} \underset{\substack{\text{第 3 列} \\ \text{で展開}}}{=} (-1)^6 \begin{vmatrix} 9 & 5 \\ 1 & 5 \end{vmatrix} = 40\end{aligned}$$

■

2.5.2　逆行列とクラメルの公式

n 次正方行列 $A = (a_{ij})$ に対して，(j,i) 余因子 $\widetilde{a_{ji}}$ を (i,j) 成分とする n 次正方行列 (添字の順序に注意) を A の**余因子行列**といい，$\widetilde{A}$ で表す．

$$\widetilde{A} = \begin{pmatrix} \widetilde{a_{11}} & \widetilde{a_{21}} & \cdots & \widetilde{a_{n1}} \\ \widetilde{a_{12}} & \widetilde{a_{22}} & \cdots & \widetilde{a_{n2}} \\ \vdots & \vdots & & \vdots \\ \widetilde{a_{1n}} & \widetilde{a_{2n}} & \cdots & \widetilde{a_{nn}} \end{pmatrix}$$

定理 2.5.4　n 次正方行列 A と余因子行列について，次が成り立つ．

$$\widetilde{A}A = A\widetilde{A} = |A|\,E$$

［証明］ $1 \leqq i \leqq n$ とする．$|A| = |(a_{ij})|$ を第 i 列で展開した式

$$\begin{aligned} |A| &= a_{1i}\widetilde{a_{1i}} + a_{2i}\widetilde{a_{2i}} + \cdots + a_{ni}\widetilde{a_{ni}} \\ &= \widetilde{a_{1i}}a_{1i} + \widetilde{a_{2i}}a_{2i} + \cdots + \widetilde{a_{ni}}a_{ni} \end{aligned}$$

は，$\widetilde{A}A$ の (i,i) 成分に等しい．次に $i \neq j$ とし，$A = (\boldsymbol{a}_1 \ \cdots \ \boldsymbol{a}_n)$ の第 i 列を第 j 列で置き換えた行列を $B = (\boldsymbol{a}_1 \ \cdots \ \boldsymbol{a}_j \ \cdots \ \boldsymbol{a}_j \ \cdots \ \boldsymbol{a}_n)$ とする．このとき $|B| = 0$ である．$|B|$ を第 i 列で展開し，$B_{ki} = A_{ki}$ $(1 \leqq k \leqq n)$ に注意すると

$$\begin{aligned} 0 = |B| &= a_{1j}|B_{1i}| - a_{2j}|B_{2i}| + \cdots + (-1)^{n+1}a_{nj}|B_{ni}| \\ &= \widetilde{a_{1i}}a_{1j} + \widetilde{a_{2i}}a_{2j} + \cdots + \widetilde{a_{ni}}a_{nj} \end{aligned}$$

であり，最後の式は $\widetilde{A}A$ の (i,j) 成分に等しい．したがって，$\widetilde{A}A = |A|\,E$ である．

行について同様の展開をすれば，$A\widetilde{A} = |A|\,E$ が成り立つことがわかる．■

A が正則であることの行列式による判定法および $\widetilde{A}$ を用いた逆行列の求め方を次の定理で述べる．

定理 2.5.5　正方行列 A が正則であるための必要十分条件は $|A| \neq 0$ である．さらに，A が正則のとき

$$A^{-1} = \frac{1}{|A|}\widetilde{A}, \qquad |A^{-1}| = |A|^{-1}$$

である．

［証明］ $|A| \neq 0$ とする．$B = \dfrac{1}{|A|}\widetilde{A}$ とおくと，定理 2.5.4 より $BA = AB = E$ であるので，A は正則であり，B が A の逆行列になる．逆に，A が正則とすると，逆行列 A^{-1} が存在して $AA^{-1} = E$ である．両辺の行列式をとると

$$|A|\,|A^{-1}| = |AA^{-1}| = |E| = 1.$$

これより，$|A| \neq 0$ であり，とくに $|A^{-1}| = |A|^{-1}$ である．■

例題 2.5.2 行列 $A = \begin{pmatrix} 2 & 1 & 4 \\ 1 & 0 & 3 \\ 3 & 2 & 3 \end{pmatrix}$ の逆行列 A^{-1} を余因子行列から求めよ．

［解答］ まず，$|A| = \begin{vmatrix} 2 & 1 & 4 \\ 1 & 0 & 3 \\ 3 & 2 & 3 \end{vmatrix} = 2 \neq 0$ であるので A は逆行列をもつ．

$$\widetilde{a_{11}} = \begin{vmatrix} 0 & 3 \\ 2 & 3 \end{vmatrix} = -6, \quad \widetilde{a_{21}} = -\begin{vmatrix} 1 & 4 \\ 2 & 3 \end{vmatrix} = 5, \quad \widetilde{a_{31}} = \begin{vmatrix} 1 & 4 \\ 0 & 3 \end{vmatrix} = 3,$$

$$\widetilde{a_{12}} = -\begin{vmatrix} 1 & 3 \\ 3 & 3 \end{vmatrix} = 6, \quad \widetilde{a_{22}} = \begin{vmatrix} 2 & 4 \\ 3 & 3 \end{vmatrix} = -6, \quad \widetilde{a_{32}} = -\begin{vmatrix} 2 & 4 \\ 1 & 3 \end{vmatrix} = -2,$$

$$\widetilde{a_{13}} = \begin{vmatrix} 1 & 0 \\ 3 & 2 \end{vmatrix} = 2, \quad \widetilde{a_{23}} = -\begin{vmatrix} 2 & 1 \\ 3 & 2 \end{vmatrix} = -1, \quad \widetilde{a_{33}} = \begin{vmatrix} 2 & 1 \\ 1 & 0 \end{vmatrix} = -1$$

であるので

$$A^{-1} = \frac{1}{2}\begin{pmatrix} -6 & 5 & 3 \\ 6 & -6 & -2 \\ 2 & -1 & -1 \end{pmatrix}.$$

■

n 次正方行列 A と n 次列ベクトル $\boldsymbol{b}$ に対して連立1次方程式 $A\boldsymbol{x} = \boldsymbol{b}$ は，A が正則であれば，方程式の両辺に左から A^{-1} をかければわかるように，ただ1つの解 $\boldsymbol{x} = A^{-1}\boldsymbol{b}$ をもつ．この解を行列式を用いて表してみよう．

定理 2.5.6 (クラメルの公式) 係数行列が n 次正方行列 $A = (\boldsymbol{a}_1 \ \cdots \ \boldsymbol{a}_n)$ である連立1次方程式

$$A\boldsymbol{x} = \boldsymbol{b}, \qquad \boldsymbol{x} = {}^t(x_1 \ x_2 \ \cdots \ x_n)$$

において，A が正則であれば，その解は次の式で与えられる．

$$x_i = \frac{|\boldsymbol{a}_1 \ \cdots \ \boldsymbol{a}_{i-1} \ \boldsymbol{b} \ \boldsymbol{a}_{i+1} \ \cdots \ \boldsymbol{a}_n|}{|A|} \qquad (i = 1, 2, \cdots, n)$$

［証明］ $\boldsymbol{x} = A^{-1}\boldsymbol{b}$ であり，定理 2.5.5 より $A^{-1} = \dfrac{1}{|A|}\widetilde{A}$ であるので

$$\boldsymbol{x} = \frac{1}{|A|}\widetilde{A}\boldsymbol{b}$$

である．$A = (a_{ij})$，$\boldsymbol{b} = {}^t(b_1 \ b_2 \ \cdots \ b_n)$ とすると，$\widetilde{A}\boldsymbol{b}$ の第 i 成分は

$$\widetilde{a_{1i}}b_1 + \widetilde{a_{2i}}b_2 + \cdots + \widetilde{a_{ni}}b_n$$

であり，この値は行列式 $|\boldsymbol{a}_1 \ \cdots \ \boldsymbol{a}_{i-1} \ \boldsymbol{b} \ \boldsymbol{a}_{i+1} \ \cdots \ \boldsymbol{a}_n|$ を第 i 列で展開したものに等しい．よって，定理の式が得られる． ■

●注意 この公式は，方程式の解をこのような形に表現できるということで理論上重要である．未知数の個数が多いときには，実用的とはいえない．

例題 2.5.3 次の連立 1 次方程式をクラメルの公式を用いて解け．

$$\begin{cases} 2x + 3y + 2z = 1 \\ 3x + 2y - \ z = 1 \\ x - 2y - 5z = 1 \end{cases}$$

[解答] 係数行列 A の行列式 $|A| = \begin{vmatrix} 2 & 3 & 2 \\ 3 & 2 & -1 \\ 1 & -2 & -5 \end{vmatrix} = 2 \neq 0$ より，クラメルの公式を用いることができる．

$$x = \frac{1}{|A|}\begin{vmatrix} 1 & 3 & 2 \\ 1 & 2 & -1 \\ 1 & -2 & -5 \end{vmatrix} = \frac{1}{2}\cdot(-8) = -4,$$

$$y = \frac{1}{|A|}\begin{vmatrix} 2 & 1 & 2 \\ 3 & 1 & -1 \\ 1 & 1 & -5 \end{vmatrix} = \frac{1}{2}\cdot 10 = 5,$$

$$z = \frac{1}{|A|}\begin{vmatrix} 2 & 3 & 1 \\ 3 & 2 & 1 \\ 1 & -2 & 1 \end{vmatrix} = \frac{1}{2}\cdot(-6) = -3.$$

■

演 習 問 題

2.5.1 次の行列式の値を求めよ．

(1) $\begin{vmatrix} 10 & 9 & 0 & 0 \\ 11 & 10 & 0 & 0 \\ 12 & 11 & 10 & 9 \\ 13 & 12 & 11 & 10 \end{vmatrix}$ (2) $\begin{vmatrix} 5 & 8 & 0 & 1 \\ 0 & 6 & 0 & 0 \\ 4 & 9 & 2 & 3 \\ 3 & 7 & 1 & 2 \end{vmatrix}$ (3) $\begin{vmatrix} 2 & -1 & 0 & 0 \\ -1 & 2 & -1 & 0 \\ 0 & -1 & 2 & -1 \\ 0 & 0 & -1 & 2 \end{vmatrix}$

(4) $\begin{vmatrix} 1 & 3 & 1 & 2 \\ 3 & 2 & 3 & 2 \\ 1 & 5 & 4 & 3 \\ 2 & 4 & 1 & 3 \end{vmatrix}$ (5) $\begin{vmatrix} 3 & 0 & 1 & 1 \\ 6 & 2 & 1 & 5 \\ 3 & 3 & 4 & 7 \\ 6 & 4 & 8 & 6 \end{vmatrix}$ (6) $\begin{vmatrix} 0 & a & b & 0 \\ c & d & a & b \\ b & c & d & a \\ 0 & b & c & 0 \end{vmatrix}$

2.5.2 A, B を n 次正方行列とするとき，次を示せ．

$$\begin{vmatrix} A & B \\ B & A \end{vmatrix} = |A + B|\,|A - B|$$

2.5.3 前問を利用して，次の行列式を因数分解せよ．

(1) $\begin{vmatrix} a & 1 & 2 & 1 \\ 1 & a & 5 & 3 \\ 2 & 1 & a & 1 \\ 5 & 3 & 1 & a \end{vmatrix}$ (2) $\begin{vmatrix} a & b & c & d \\ b & a & d & c \\ c & d & a & b \\ d & c & b & a \end{vmatrix}$

2.5.4 (ヴァンデルモンドの行列式) 次の等式が成り立つことを示せ．

$$\begin{vmatrix} 1 & 1 & \cdots & 1 \\ a_1 & a_2 & \cdots & a_n \\ a_1^2 & a_2^2 & \cdots & a_n^2 \\ \vdots & \vdots & & \vdots \\ a_1^{n-1} & a_2^{n-1} & \cdots & a_n^{n-1} \end{vmatrix} = \prod_{1 \leqq i < j \leqq n} (a_j - a_i)$$

ただし右辺は，$1 \leqq i < j \leqq n$ をみたすすべての組 (i, j) について $(a_j - a_i)$ の積をとることを表す．

2.5.5 前問を利用して，次の行列式の値を求めよ．

(1) $\begin{vmatrix} 1 & 11 & 121 \\ 1 & 13 & 169 \\ 1 & 15 & 225 \end{vmatrix}$ (2) $\begin{vmatrix} 2 & 3 & 4 & 5 \\ 2^2 & 3^2 & 4^2 & 5^2 \\ 2^3 & 3^3 & 4^3 & 5^3 \\ 2^4 & 3^4 & 4^4 & 5^4 \end{vmatrix}$ (3) $\begin{vmatrix} 1 & a & 2^3 & 1 \\ -1 & a^2 & 2^4 & 3 \\ 1 & a^3 & 2^5 & 3^2 \\ -1 & a^4 & 2^6 & 3^3 \end{vmatrix}$

2.5.6 次の行列の逆行列を余因子から求めよ．

(1) $\begin{pmatrix} 1 & 0 & 0 \\ 2 & 1 & 0 \\ 4 & 3 & 1 \end{pmatrix}$ (2) $\begin{pmatrix} 4 & 3 & 2 \\ 3 & 2 & 1 \\ 2 & 4 & 3 \end{pmatrix}$ (3) $\begin{pmatrix} 1 & 1 & 0 & 1 \\ 1 & 0 & 1 & 0 \\ 1 & 0 & 0 & 1 \\ 0 & 1 & 1 & 0 \end{pmatrix}$

2.5.7 クラメルの公式を用いて，次の連立 1 次方程式を解け．

(1) $\begin{cases} 2x - 3y = a \\ 3x + 4y = b \end{cases}$ (2) $\begin{cases} x + 3y - z = 1 \\ 2x + y + 3z = 1 \\ 3x - 2y + 7z = 0 \end{cases}$

(3) $\begin{cases} -2x + ay + z = 1 \\ x - 2y + az = -1 \\ ax + y - 2z = 1 \end{cases} \quad (a \neq 1)$

2.5.8 空間内の一直線上にない 3 点 $\mathrm{P}_i(x_i, y_i, z_i)$ $(i = 1, 2, 3)$ を通る平面の方程式は

$$\begin{vmatrix} x & y & z & 1 \\ x_1 & y_1 & z_1 & 1 \\ x_2 & y_2 & z_2 & 1 \\ x_3 & y_3 & z_3 & 1 \end{vmatrix} = 0$$

と表されることを示せ．またこの結果から，3 点 $(1, 2, 3)$, $(2, 5, 3)$, $(3, 2, 4)$ を通る平面の方程式を求めよ．

3
数ベクトル空間

3.1 部分空間とベクトルの 1 次関係

3.1.1 部 分 空 間

実数の全体を $\boldsymbol{R}$ で表す．実数を成分とする n 次列ベクトルを **$\boldsymbol{n}$ 次元数ベクトル**または簡単に**ベクトル**とよび，その全体を $\boldsymbol{R}^n$ で表す．$\boldsymbol{R}^n$ を **$\boldsymbol{n}$ 次元数ベクトル空間**という．$\boldsymbol{R}^n$ には $n \times 1$ 行列としての和とスカラー倍が定義されている．

$\boldsymbol{R}^n$ のベクトル $\boldsymbol{a}_1, \boldsymbol{a}_2, \cdots, \boldsymbol{a}_r$ とスカラー $c_1, c_2, \cdots, c_r$ によって表される

$$c_1\boldsymbol{a}_1 + c_2\boldsymbol{a}_2 + \cdots + c_r\boldsymbol{a}_r$$

の形のベクトルを $\boldsymbol{a}_1, \boldsymbol{a}_2, \cdots, \boldsymbol{a}_r$ の **1 次結合**または**線形結合**という．

○例 **3.1.1**　$\boldsymbol{R}^n$ の任意のベクトル $\boldsymbol{x}$ は，$\boldsymbol{R}^n$ の基本列ベクトル $\boldsymbol{e}_1, \boldsymbol{e}_2, \cdots, \boldsymbol{e}_n$ の 1 次結合として次のように表される．

$$\boldsymbol{x} = \begin{pmatrix} x_1 \\ x_2 \\ \vdots \\ x_n \end{pmatrix} = x_1 \begin{pmatrix} 1 \\ 0 \\ \vdots \\ 0 \end{pmatrix} + x_2 \begin{pmatrix} 0 \\ 1 \\ \vdots \\ 0 \end{pmatrix} + \cdots + x_n \begin{pmatrix} 0 \\ \vdots \\ 0 \\ 1 \end{pmatrix}$$
$$= x_1\boldsymbol{e}_1 + x_2\boldsymbol{e}_2 + \cdots + x_n\boldsymbol{e}_n$$

○例 **3.1.2**　ベクトル $\boldsymbol{a} = \begin{pmatrix} 4 \\ 8 \\ 9 \end{pmatrix}$ を $\boldsymbol{a}_1 = \begin{pmatrix} 1 \\ 1 \\ 2 \end{pmatrix}$, $\boldsymbol{a}_2 = \begin{pmatrix} 0 \\ 1 \\ 0 \end{pmatrix}$, $\boldsymbol{a}_3 = \begin{pmatrix} 1 \\ 3 \\ 3 \end{pmatrix}$ の 1 次結合で表してみよう．そのためには，$\boldsymbol{a} = c_1\boldsymbol{a}_1 + c_2\boldsymbol{a}_2 + c_3\boldsymbol{a}_3$，すな

わち

$$\begin{pmatrix}4\\8\\9\end{pmatrix}=c_1\begin{pmatrix}1\\1\\2\end{pmatrix}+c_2\begin{pmatrix}0\\1\\0\end{pmatrix}+c_3\begin{pmatrix}1\\3\\3\end{pmatrix}=\begin{pmatrix}c_1+c_3\\c_1+c_2+3c_3\\2c_1+3c_3\end{pmatrix}$$

をみたすスカラー c_1, c_2, c_3 を求めればよい．これは未知数 c_1, c_2, c_3 についての連立１次方程式であるので，掃き出し法で解いてみると

$$\left(\begin{array}{ccc|c}1&0&1&4\\1&1&3&8\\2&0&3&9\end{array}\right)\xrightarrow[\substack{③+①\times(-2)}]{②+①\times(-1)}\left(\begin{array}{ccc|c}1&0&1&4\\0&1&2&4\\0&0&1&1\end{array}\right)\xrightarrow[\substack{②+③\times(-2)}]{①+③\times(-1)}\left(\begin{array}{ccc|c}1&0&0&3\\0&1&0&2\\0&0&1&1\end{array}\right)$$

より，$c_1=3,\ c_2=2,\ c_3=1$ である．したがって，$\boldsymbol{a}=3\boldsymbol{a}_1+2\boldsymbol{a}_2+\boldsymbol{a}_3$ と表される．

$\boldsymbol{R}^n$ の部分集合 V が空集合でなく，和とスカラー倍に関して閉じているとき，すなわち，次の 3 条件 (1), (2), (3) をみたすとき，V を $\boldsymbol{R}^n$ の**部分ベクトル空間**または**部分空間**という．

(1) $\boldsymbol{0}\in V$

(2) $\boldsymbol{a},\boldsymbol{b}\in V$ ならば $\boldsymbol{a}+\boldsymbol{b}\in V$

(3) $c\in\boldsymbol{R},\ \boldsymbol{a}\in V$ ならば $c\boldsymbol{a}\in V$

○**例 3.1.3** $\boldsymbol{R}^n$ 自身と $\{\boldsymbol{0}\}$ は明らかに $\boldsymbol{R}^n$ の部分空間である．これらを $\boldsymbol{R}^n$ の**自明な部分空間**という．

○**例 3.1.4** $\boldsymbol{R}^3$ の部分集合 $V=\left\{\begin{pmatrix}x\\y\\z\end{pmatrix}\ \middle|\ 2x+y-z=0\right\}$ は $\boldsymbol{R}^3$ の部分空間である．実際，$\boldsymbol{0}\in V$ であり，$\boldsymbol{v}_1=\begin{pmatrix}x_1\\y_1\\z_1\end{pmatrix}, \boldsymbol{v}_2=\begin{pmatrix}x_2\\y_2\\z_2\end{pmatrix}\in V,\ c\in\boldsymbol{R}$ に対して，$\boldsymbol{v}_1+\boldsymbol{v}_2=\begin{pmatrix}x_1+x_2\\y_1+y_2\\z_1+z_2\end{pmatrix}, c\boldsymbol{v}_1=\begin{pmatrix}cx_1\\cy_1\\cz_1\end{pmatrix}\in V$ が次からわかる．

$$2(x_1+x_2)+(y_1+y_2)-(z_1+z_2)=(2x_1+y_1-z_1)+(2x_2+y_2-z_2)=0,$$
$$2(cx_1)+cy_1-cz_1=c(2x_1+y_1-z_1)=0$$

○例 **3.1.5**　A を $m \times n$ 行列とする．同次連立1次方程式 $A\boldsymbol{x} = \boldsymbol{0}$ の解全体の集合

$$V = \{\boldsymbol{x} \in \boldsymbol{R}^n \mid A\boldsymbol{x} = \boldsymbol{0}\}$$

をこの連立1次方程式の**解空間**という．解空間 V は $\boldsymbol{R}^n$ の部分空間である．実際，$A\boldsymbol{0} = \boldsymbol{0}$ より $\boldsymbol{0} \in V$ であり，$\boldsymbol{x}, \boldsymbol{y} \in V$, $c \in \boldsymbol{R}$ とするとき

$$A(\boldsymbol{x}+\boldsymbol{y}) = A\boldsymbol{x} + A\boldsymbol{y} = \boldsymbol{0}+\boldsymbol{0} = \boldsymbol{0}, \quad A(c\boldsymbol{x}) = c(A\boldsymbol{x}) = c\boldsymbol{0} = \boldsymbol{0}$$

であるので，$\boldsymbol{x}+\boldsymbol{y}, c\boldsymbol{x} \in V$ がわかる．

命題 3.1.1　$\boldsymbol{R}^n$ のベクトル $\boldsymbol{a}_1, \boldsymbol{a}_2, \cdots, \boldsymbol{a}_r$ の1次結合で表されるベクトル全体の集合

$$V = \{c_1\boldsymbol{a}_1 + c_2\boldsymbol{a}_2 + \cdots + c_r\boldsymbol{a}_r \mid c_1, c_2, \cdots, c_r \in \boldsymbol{R}\}$$

は $\boldsymbol{R}^n$ の部分空間である．さらに，$\boldsymbol{a}_1, \boldsymbol{a}_2, \cdots, \boldsymbol{a}_r$ が $\boldsymbol{R}^n$ の部分空間 W に属するとき，$V \subset W$ である．

［証明］　$\boldsymbol{0} = 0\boldsymbol{a}_1 + \cdots + 0\boldsymbol{a}_r$ と表されるので，$\boldsymbol{0} \in V$ である．$\boldsymbol{u}, \boldsymbol{v} \in V$, $c \in \boldsymbol{R}$ とすると

$$\boldsymbol{u} = c_1\boldsymbol{a}_1 + \cdots + c_r\boldsymbol{a}_r, \quad \boldsymbol{v} = d_1\boldsymbol{a}_1 + \cdots + d_r\boldsymbol{a}_r \quad (c_i, d_i \in \boldsymbol{R})$$

と表され

$$\boldsymbol{u}+\boldsymbol{v} = (c_1+d_1)\boldsymbol{a}_1 + \cdots + (c_r+d_r)\boldsymbol{a}_r \quad c\boldsymbol{u} = (cc_1)\boldsymbol{a}_1 + \cdots + (cc_r)\boldsymbol{a}_r$$

であるので，$\boldsymbol{u}+\boldsymbol{v}$, $c\boldsymbol{u} \in V$ である．よって，V は $\boldsymbol{R}^n$ の部分空間である．

次に，$\boldsymbol{a}_1, \boldsymbol{a}_2, \cdots, \boldsymbol{a}_r \in W$ とする．W は和とスカラー倍に関して閉じているので，$c_1, c_2, \cdots, c_r \in \boldsymbol{R}$ に対して，$c_1\boldsymbol{a}_1, c_2\boldsymbol{a}_2, \cdots, c_r\boldsymbol{a}_r \in W$ であり，$c_1\boldsymbol{a}_1 + c_2\boldsymbol{a}_2 + \cdots + c_r\boldsymbol{a}_r \in W$ である．よって，$V \subset W$ である．　■

命題 3.1.1 の部分空間 V をベクトル $\boldsymbol{a}_1, \boldsymbol{a}_2, \cdots, \boldsymbol{a}_r$ の**張る部分空間**または**生成する部分空間**といい

$$\langle \boldsymbol{a}_1, \boldsymbol{a}_2, \cdots, \boldsymbol{a}_r \rangle$$

で表す．

○例 **3.1.6**　座標空間と $\boldsymbol{R}^3$ を点とその位置ベクトルを通して同一視するとき，$\boldsymbol{0} \neq \boldsymbol{a} \in \boldsymbol{R}^3$ に対して

$$\langle \boldsymbol{a} \rangle = \{c\boldsymbol{a} \mid c \in \boldsymbol{R}\}$$

は，原点を通り $\boldsymbol{a}$ を方向ベクトルにもつ直線である．また，平行でない2つのベ

クトル $\boldsymbol{a}, \boldsymbol{b}$ に対して

$$\langle \boldsymbol{a}, \boldsymbol{b} \rangle = \{c\boldsymbol{a} + d\boldsymbol{b} \mid c, d \in \boldsymbol{R}\}$$

は，原点を通りベクトル $\boldsymbol{a}, \boldsymbol{b}$ を含む平面である．

○例 **3.1.7** $V = \left\{ \begin{pmatrix} x \\ y \\ z \end{pmatrix} \middle| \, 2x + y - z = 0 \right\}$ は例 3.1.4 でみたように，$\boldsymbol{R}^3$ の部分空間である．任意のスカラー s, t により，$x = s, y = t$ とすると，$2x + y - z = 0$ から $z = 2s + t$ であるので，V のベクトルは

$$\begin{pmatrix} x \\ y \\ z \end{pmatrix} = \begin{pmatrix} s \\ t \\ 2s + t \end{pmatrix} = s \begin{pmatrix} 1 \\ 0 \\ 2 \end{pmatrix} + t \begin{pmatrix} 0 \\ 1 \\ 1 \end{pmatrix}$$

と表される．したがって，V は次のように表される．

$$V = \left\{ s \begin{pmatrix} 1 \\ 0 \\ 2 \end{pmatrix} + t \begin{pmatrix} 0 \\ 1 \\ 1 \end{pmatrix} \middle| \, s, t \in \boldsymbol{R} \right\} = \left\langle \begin{pmatrix} 1 \\ 0 \\ 2 \end{pmatrix}, \begin{pmatrix} 0 \\ 1 \\ 1 \end{pmatrix} \right\rangle$$

3.1.2 ベクトルの 1 次関係

$\boldsymbol{R}^n$ のベクトル $\boldsymbol{a}_1, \boldsymbol{a}_2, \cdots, \boldsymbol{a}_r$ が

$$c_1\boldsymbol{a}_1 + c_2\boldsymbol{a}_2 + \cdots + c_r\boldsymbol{a}_r = \boldsymbol{0} \qquad (c_1, c_2, \cdots, c_r \in \boldsymbol{R}) \tag{3.1.1}$$

をみたすとき，この関係式を $\boldsymbol{a}_1, \boldsymbol{a}_2, \cdots, \boldsymbol{a}_r$ の **1 次関係式**という．1 次関係式

$$0\boldsymbol{a}_1 + 0\boldsymbol{a}_2 + \cdots + 0\boldsymbol{a}_r = \boldsymbol{0}$$

は常に成り立っている．これを**自明な 1 次関係式**という．

$\boldsymbol{a}_1, \boldsymbol{a}_2, \cdots, \boldsymbol{a}_r$ のみたす 1 次関係式が自明なものに限るとき，すなわち

$$c_1\boldsymbol{a}_1 + c_2\boldsymbol{a}_2 + \cdots + c_r\boldsymbol{a}_r = \boldsymbol{0} \implies c_1 = c_2 = \cdots = c_r = 0$$

が成り立つとき，$\boldsymbol{a}_1, \boldsymbol{a}_2, \cdots, \boldsymbol{a}_r$ は **1 次独立**または**線形独立**であるという．$\boldsymbol{a}_1, \boldsymbol{a}_2, \cdots, \boldsymbol{a}_r$ が 1 次独立でないとき，すなわち，1 次関係式 (3.1.1) で $c_1, c_2, \cdots, c_r$ のうち少なくとも 1 つは 0 でないようなものがあるとき，$\boldsymbol{a}_1, \boldsymbol{a}_2, \cdots, \boldsymbol{a}_r$ は **1 次従属**または**線形従属**であるという．

○例 **3.1.8** $\boldsymbol{R}^n$ の基本列ベクトル $\boldsymbol{e}_1, \boldsymbol{e}_2, \cdots, \boldsymbol{e}_n$ は1次独立である．実際，$c_1\boldsymbol{e}_1 + c_2\boldsymbol{e}_2 + \cdots + c_n\boldsymbol{e}_n = \boldsymbol{0}$ とすると，$\begin{pmatrix} c_1 \\ c_2 \\ \vdots \\ c_n \end{pmatrix} = \begin{pmatrix} 0 \\ 0 \\ \vdots \\ o \end{pmatrix}$ より，$c_1 = c_2 = \cdots = c_n = 0$ である．

○例 **3.1.9** 1つのベクトル $\boldsymbol{a}$ について

$$\boldsymbol{a} \text{ は1次従属} \iff \boldsymbol{a} = \boldsymbol{0}$$

である．実際，$\boldsymbol{a} = \boldsymbol{0}$ のとき，$1\boldsymbol{a} = \boldsymbol{0}$ より1次従属である．逆に $\boldsymbol{a} \neq \boldsymbol{0}$ のとき，$c\boldsymbol{a} = \boldsymbol{0}$ ならば $c = 0$ より，1次独立である．また，2つのベクトル $\boldsymbol{a}, \boldsymbol{b}$ については，次のようにいうことができる．

$$\boldsymbol{a}, \boldsymbol{b} \text{ は1次従属} \iff \text{一方が他方のスカラー倍 (すなわち，} \boldsymbol{a} \text{ と } \boldsymbol{b} \text{ は平行)}$$

例題 3.1.1 $\boldsymbol{R}^3$ の3つのベクトル $\boldsymbol{a}_1 = \begin{pmatrix} 1 \\ 1 \\ 1 \end{pmatrix}, \boldsymbol{a}_2 = \begin{pmatrix} 3 \\ 4 \\ 5 \end{pmatrix}, \boldsymbol{a}_3 = \begin{pmatrix} 5 \\ 7 \\ 9 \end{pmatrix}$ は1次独立であるか，1次従属であるかを調べよ．

[解答] $c_1\boldsymbol{a}_1 + c_2\boldsymbol{a}_2 + c_3\boldsymbol{a}_3 = \boldsymbol{0}$ とすると，c_1, c_2, c_3 についての連立1次方程式

$$\begin{cases} c_1 + 3c_2 + 5c_3 = 0 \\ c_1 + 4c_2 + 7c_3 = 0 \\ c_1 + 5c_2 + 9c_3 = 0 \end{cases}$$

を得る．これを掃き出し法で解こう．拡大係数行列の最後の列は，成分がすべて0であるので省略することができる．

$$\begin{pmatrix} 1 & 3 & 5 \\ 1 & 4 & 7 \\ 1 & 5 & 9 \end{pmatrix} \xrightarrow[\substack{③+①\times(-1)}]{\substack{②+①\times(-1)}} \begin{pmatrix} 1 & 3 & 5 \\ 0 & 1 & 2 \\ 0 & 2 & 4 \end{pmatrix} \xrightarrow[\substack{③+②\times(-2)}]{\substack{①+②\times(-3)}} \begin{pmatrix} 1 & 0 & -1 \\ 0 & 1 & 2 \\ 0 & 0 & 0 \end{pmatrix}$$

よって，$c_1 - c_3 = 0$，$c_2 + 2c_3 = 0$ である．例えば，$c_1 = 1$，$c_2 = -2$，$c_3 = 1$ は1つの自明でない解であり，$\boldsymbol{a}_1 - 2\boldsymbol{a}_2 + \boldsymbol{a}_3 = \boldsymbol{0}$ となるので，$\boldsymbol{a}_1, \boldsymbol{a}_2, \boldsymbol{a}_3$ は1次従属である． ■

一般に，ベクトル $\boldsymbol{a}_1, \boldsymbol{a}_2, \cdots, \boldsymbol{a}_r$ の1次関係式 $c_1\boldsymbol{a}_1 + c_2\boldsymbol{a}_2 + \cdots + c_r\boldsymbol{a}_r = \boldsymbol{0}$ は $c_1, c_2, \cdots, c_r$ を未知数とする同次連立1次方程式とみることができ，係数

行列 $A = (\boldsymbol{a}_1\ \boldsymbol{a}_2\ \cdots\ \boldsymbol{a}_r)$，未知数のベクトル $\boldsymbol{x} = \begin{pmatrix} c_1 \\ \vdots \\ c_r \end{pmatrix}$ とすれば，$A\boldsymbol{x} = \boldsymbol{0}$ と表される．同次連立 1 次方程式についての定理 2.3.2 の結果から，1 次独立および 1 次従属であることを次の命題のように言い換えることができる．

命題 3.1.2 $\boldsymbol{R}^n$ の r 個のベクトル $\boldsymbol{a}_1, \boldsymbol{a}_2, \cdots, \boldsymbol{a}_r$ に対して，$n \times r$ 行列 $A = (\boldsymbol{a}_1\ \boldsymbol{a}_2\ \cdots\ \boldsymbol{a}_r)$ とするとき，次が成り立つ．

(1) $\boldsymbol{a}_1, \boldsymbol{a}_2, \cdots, \boldsymbol{a}_r$ は 1 次独立 $\iff$ $A\boldsymbol{x} = \boldsymbol{0}$ は自明な解のみをもつ $\iff$ $\operatorname{rank} A = r$

(2) $\boldsymbol{a}_1, \boldsymbol{a}_2, \cdots, \boldsymbol{a}_r$ は 1 次従属 $\iff$ $A\boldsymbol{x} = \boldsymbol{0}$ は自明でない解をもつ $\iff$ $\operatorname{rank} A < r$

この系として，$r = n$ であるときには，定理 2.3.4, 2.5.5 から次が得られる．

系 3.1.3 $\boldsymbol{R}^n$ の n 個のベクトル $\boldsymbol{a}_1, \boldsymbol{a}_2, \cdots, \boldsymbol{a}_n$ に対して，n 次正方行列 $A = (\boldsymbol{a}_1\ \boldsymbol{a}_2\ \cdots\ \boldsymbol{a}_n)$ とするとき，次が成り立つ．

(1) $\boldsymbol{a}_1, \boldsymbol{a}_2, \cdots, \boldsymbol{a}_n$ は 1 次独立 $\iff$ $|A| \neq 0$

(2) $\boldsymbol{a}_1, \boldsymbol{a}_2, \cdots, \boldsymbol{a}_n$ は 1 次従属 $\iff$ $|A| = 0$

○**例 3.1.10** 例題 3.1.1 のベクトル $\boldsymbol{a}_1 = \begin{pmatrix} 1 \\ 1 \\ 1 \end{pmatrix}, \boldsymbol{a}_2 = \begin{pmatrix} 3 \\ 4 \\ 5 \end{pmatrix}, \boldsymbol{a}_3 = \begin{pmatrix} 5 \\ 7 \\ 9 \end{pmatrix}$ は 1 次従属であった．系 3.1.3 を用いれば，これらが 1 次従属であることは，

$|\boldsymbol{a}_1\ \boldsymbol{a}_2\ \boldsymbol{a}_3| = \begin{vmatrix} 1 & 3 & 5 \\ 1 & 4 & 7 \\ 1 & 5 & 9 \end{vmatrix} = 0$ であることからもわかる．

次に 1 つ補題を準備し，行列の階段行列の一意性を示そう．

補題 3.1.4 P が n 次正則行列のとき，$\boldsymbol{R}^n$ のベクトル $\boldsymbol{a}_1, \boldsymbol{a}_2, \cdots, \boldsymbol{a}_r$ と $P\boldsymbol{a}_1, P\boldsymbol{a}_2, \cdots, P\boldsymbol{a}_r$ は互いに同じ 1 次関係式をもつ．とくに，次が成り立つ．

$$\boldsymbol{a}_1, \boldsymbol{a}_2, \cdots, \boldsymbol{a}_r \text{ は 1 次従属} \iff P\boldsymbol{a}_1, P\boldsymbol{a}_2, \cdots, P\boldsymbol{a}_r \text{ は 1 次従属}$$

[証明] $c_1, c_2, \cdots, c_r \in \mathbb{R}$ に対して

$$c_1(P\boldsymbol{a}_1) + c_2(P\boldsymbol{a}_2) + \cdots + c_r(P\boldsymbol{a}_r) = P(c_1\boldsymbol{a}_1 + c_2\boldsymbol{a}_2 + \cdots + c_r\boldsymbol{a}_r),$$
$$c_1\boldsymbol{a}_1 + c_2\boldsymbol{a}_2 + \cdots + c_r\boldsymbol{a}_r = P^{-1}\{c_1(P\boldsymbol{a}_1) + c_2(P\boldsymbol{a}_2) + \cdots + c_r(P\boldsymbol{a}_r)\}$$

であるので

$$c_1\boldsymbol{a}_1 + c_2\boldsymbol{a}_2 + \cdots + c_r\boldsymbol{a}_r = \boldsymbol{0} \iff c_1(P\boldsymbol{a}_1) + c_2(P\boldsymbol{a}_2) + \cdots + c_r(P\boldsymbol{a}_r) = \boldsymbol{0}$$

が成り立つ． ■

命題 3.1.5 (階段行列の一意性) 行列 A に対して，行基本変形を行って得られる階段行列は，行基本変形の仕方によらず決まる．

[証明] $m \times n$ 行列 A から行基本変形により q 階の階段行列 B と r 階の階段行列 C が得られたとする．定理 2.2.3 から，ある正則行列 P_1, P_2 により $B = P_1 A$, $C = P_2 A$ であり，$P = P_2 P_1^{-1}$ とおくと，P は正則で $PB = P_2 P_1^{-1} P_1 A = P_2 A = C$ となる．

階段行列 $B = (\boldsymbol{b}_1 \ \boldsymbol{b}_2 \ \cdots \ \boldsymbol{b}_n)$, $C = (\boldsymbol{c}_1 \ \boldsymbol{c}_2 \ \cdots \ \boldsymbol{c}_n)$ において，主成分を含む列の番号をそれぞれ $j_1, j_2, \cdots, j_q$ および $k_1, k_2, \cdots, k_r$ とする．

$$B = (\boldsymbol{0} \cdots \overset{\overset{j_1}{\vee}}{\boldsymbol{e}_1} \cdots \overset{\overset{j_2}{\vee}}{\boldsymbol{e}_2} \cdots \cdots \overset{\overset{j_q}{\vee}}{\boldsymbol{e}_q} \cdots), \quad C = (\boldsymbol{0} \cdots \overset{\overset{k_1}{\vee}}{\boldsymbol{e}_1} \cdots \overset{\overset{k_2}{\vee}}{\boldsymbol{e}_2} \cdots \cdots \overset{\overset{k_r}{\vee}}{\boldsymbol{e}_r} \cdots)$$

$C = (\boldsymbol{c}_1 \ \boldsymbol{c}_2 \ \cdots \ \boldsymbol{c}_n) = PB = (P\boldsymbol{b}_1 \ P\boldsymbol{b}_2 \ \cdots \ P\boldsymbol{b}_n)$ であるので，各 j $(1 \leqq j \leqq n)$ について，補題 3.1.4 から，$\boldsymbol{b}_1, \cdots, \boldsymbol{b}_j$ と $\boldsymbol{c}_1, \cdots, \boldsymbol{c}_j$ は同じ1次関係式をもつ．よって，$\boldsymbol{b}_j = \boldsymbol{0} \iff \boldsymbol{c}_j = \boldsymbol{0}$ であり

$$\boldsymbol{b}_j \notin \langle \boldsymbol{b}_1, \cdots, \boldsymbol{b}_{j-1} \rangle \iff \boldsymbol{c}_j \notin \langle \boldsymbol{c}_1, \cdots, \boldsymbol{c}_{j-1} \rangle$$

である．$\boldsymbol{b}_j \notin \langle \boldsymbol{b}_1, \cdots, \boldsymbol{b}_{j-1} \rangle$ となるのは，$\boldsymbol{b}_j$ が主成分を含む列であるときに限られる（$\boldsymbol{c}_1, \cdots, \boldsymbol{c}_j$ についても同じ）ことから，$q = r$ で $\{j_1, j_2, \cdots, j_q\} = \{k_1, k_2, \cdots, k_r\}$ であることがわかる．またこのとき，$j_i = k_i$, $P\boldsymbol{e}_i = \boldsymbol{e}_i$ $(1 \leqq i \leqq q)$ である．

B の各列ベクトル $\boldsymbol{b}_j$ $(1 \leqq j \leqq n)$ は，$\boldsymbol{b}_j = b_{1j}\boldsymbol{e}_1 + \cdots + b_{qj}\boldsymbol{e}_q$ $(b_{ij} \in \mathbb{R})$ と書け

$$\boldsymbol{c}_j = P\boldsymbol{b}_j = P(b_{1j}\boldsymbol{e}_1 + \cdots + b_{qj}\boldsymbol{e}_q)$$
$$= b_{1j}P\boldsymbol{e}_1 + \cdots + b_{qj}P\boldsymbol{e}_q = b_{1j}\boldsymbol{e}_1 + \cdots + b_{qj}\boldsymbol{e}_q = \boldsymbol{b}_j$$

となる．したがって，$B = C$ である． ■

演習問題

3.1.1 $\boldsymbol{a}_1 = \begin{pmatrix} 1 \\ 4 \\ 3 \end{pmatrix}$, $\boldsymbol{a}_2 = \begin{pmatrix} 1 \\ 1 \\ 2 \end{pmatrix}$, $\boldsymbol{a}_3 = \begin{pmatrix} 1 \\ 2 \\ 1 \end{pmatrix}$, $\boldsymbol{a}_4 = \begin{pmatrix} 2 \\ 1 \\ 5 \end{pmatrix}$ とする．

(1) $\boldsymbol{a}_4$ は $\boldsymbol{a}_1, \boldsymbol{a}_2, \boldsymbol{a}_3$ の1次結合で表されるか．

(2) $\boldsymbol{a}_1$ は $\boldsymbol{a}_2, \boldsymbol{a}_3, \boldsymbol{a}_4$ の1次結合で表されるか．

3.1.2 次の集合は $\boldsymbol{R}^3$ の部分空間か調べよ.

(1) $\left\{\begin{pmatrix} x_1 \\ x_2 \\ x_3 \end{pmatrix} \,\middle|\, x_3 = 3x_1 - x_2 \right\}$ (2) $\left\{\begin{pmatrix} x_1 \\ x_2 \\ x_3 \end{pmatrix} \,\middle|\, x_1 x_2 \geqq 0 \right\}$

(3) $\left\{\begin{pmatrix} x_1 \\ x_2 \\ x_3 \end{pmatrix} \,\middle|\, |x_1| = |x_2| \right\}$ (4) $\left\{\begin{pmatrix} x_1 \\ x_2 \\ x_3 \end{pmatrix} \,\middle|\, a x_1 x_2 + x_3 + b = 0 \right\}$

(5) $\left\{\begin{pmatrix} x_1 \\ x_2 \\ x_3 \end{pmatrix} \,\middle|\, \begin{pmatrix} x_1 & x_2 \\ -x_2 & x_3 \end{pmatrix}\begin{pmatrix} 2 \\ 1 \end{pmatrix} = \begin{pmatrix} 0 \\ 0 \end{pmatrix} \right\}$

3.1.3 A を $m \times n$ 行列とし, $\boldsymbol{0} \neq \boldsymbol{b} \in \boldsymbol{R}^m$ とする. 次の集合は $\boldsymbol{R}^n$ の部分空間か調べよ.

(1) $\{\boldsymbol{x} \in \boldsymbol{R}^n \mid A\boldsymbol{x} = \boldsymbol{b}\}$ (2) $\{\boldsymbol{x} \in \boldsymbol{R}^n \mid A\boldsymbol{x}$ と $\boldsymbol{b}$ は 1 次従属 $\}$

3.1.4 $\boldsymbol{a}_1 = \begin{pmatrix} 1 \\ 1 \\ 1 \end{pmatrix}$, $\boldsymbol{a}_2 = \begin{pmatrix} 4 \\ 3 \\ 2 \end{pmatrix}$, $\boldsymbol{a}_3 = \begin{pmatrix} 1 \\ 2 \\ 3 \end{pmatrix}$, $\boldsymbol{a}_4 = \begin{pmatrix} 7 \\ 5 \\ 3 \end{pmatrix}$ とするとき, $\langle \boldsymbol{a}_1, \boldsymbol{a}_2 \rangle = \langle \boldsymbol{a}_3, \boldsymbol{a}_4 \rangle$ であることを示せ.

3.1.5 次の各組のベクトルについて, 1 次従属か調べよ. 1 次従属のときには自明でない 1 次関係式も求めよ.

(1) $\boldsymbol{a}_1 = \begin{pmatrix} 2 \\ -1 \\ -1 \end{pmatrix}$, $\boldsymbol{a}_2 = \begin{pmatrix} -1 \\ 2 \\ -1 \end{pmatrix}$, $\boldsymbol{a}_3 = \begin{pmatrix} -1 \\ -1 \\ 2 \end{pmatrix}$

(2) $\boldsymbol{a}_1 = \begin{pmatrix} -3 \\ 1 \\ -2 \end{pmatrix}$, $\boldsymbol{a}_2 = \begin{pmatrix} 4 \\ -3 \\ 2 \end{pmatrix}$, $\boldsymbol{a}_3 = \begin{pmatrix} 5 \\ -2 \\ 3 \end{pmatrix}$

(3) $\boldsymbol{a}_1 = \begin{pmatrix} 1 \\ 1 \\ c \end{pmatrix}$, $\boldsymbol{a}_2 = \begin{pmatrix} 2 \\ c \\ 1 \end{pmatrix}$, $\boldsymbol{a}_3 = \begin{pmatrix} c \\ -2 \\ 1 \end{pmatrix}$

3.1.6 $\boldsymbol{a}_1, \boldsymbol{a}_2, \cdots, \boldsymbol{a}_n$ を 1 次独立なベクトルとするとき, 次を示せ.

(1) $\boldsymbol{a}_1, \boldsymbol{a}_2, \cdots, \boldsymbol{a}_r$ $(r < n)$ は 1 次独立である.

(2) n が奇数のとき, $\boldsymbol{a}_1 + \boldsymbol{a}_2, \boldsymbol{a}_2 + \boldsymbol{a}_3, \cdots, \boldsymbol{a}_n + \boldsymbol{a}_1$ は 1 次独立である.

(3) (2) は n が偶数のときも正しいか.

(4) n 次正方行列 P に対して, $(\boldsymbol{a}_1\ \boldsymbol{a}_2\ \cdots\ \boldsymbol{a}_n)P = (\boldsymbol{b}_1\ \boldsymbol{b}_2\ \cdots\ \boldsymbol{b}_n)$ とするとき, 次が成り立つ.

$$|P| = 0 \iff \boldsymbol{b}_1, \boldsymbol{b}_2, \cdots, \boldsymbol{b}_n \text{ は 1 次従属}$$

3.2 基底と次元

3.2.1 基　底

V を $\boldsymbol{R}^n$ の $\{\boldsymbol{0}\}$ ではない部分空間とする．V のベクトル $\boldsymbol{a}_1, \boldsymbol{a}_2, \cdots, \boldsymbol{a}_r$ が，次の 2 条件

(1) $\boldsymbol{a}_1, \boldsymbol{a}_2, \cdots, \boldsymbol{a}_r$ は 1 次独立

(2) $V = \langle \boldsymbol{a}_1, \boldsymbol{a}_2, \cdots, \boldsymbol{a}_r \rangle$

をみたすとき，ベクトルの組 $\{\boldsymbol{a}_1, \boldsymbol{a}_2, \cdots, \boldsymbol{a}_r\}$ を V の**基底**という．また，$\boldsymbol{a}_1, \boldsymbol{a}_2, \cdots, \boldsymbol{a}_r$ は V の基底をなすともいう．

○例 **3.2.1**　$\boldsymbol{R}^n$ の基本列ベクトル $\boldsymbol{e}_1, \boldsymbol{e}_2, \cdots, \boldsymbol{e}_n$ は 1 次独立であり，例 3.1.1 より $\boldsymbol{R}^n = \langle \boldsymbol{e}_1, \boldsymbol{e}_2, \cdots, \boldsymbol{e}_n \rangle$ であるので，$\{\boldsymbol{e}_1, \boldsymbol{e}_2, \cdots, \boldsymbol{e}_n\}$ は $\boldsymbol{R}^n$ の基底である．この基底を $\boldsymbol{R}^n$ の**標準基底**という．

○例 **3.2.2**　$\boldsymbol{R}^2$ の 2 つのベクトル $\boldsymbol{a}_1 = \begin{pmatrix} 1 \\ 1 \end{pmatrix}$, $\boldsymbol{a}_2 = \begin{pmatrix} 1 \\ 2 \end{pmatrix}$ は平行ではないので 1 次独立である．また，$\boldsymbol{R}^2$ の任意のベクトル $\boldsymbol{x} = \begin{pmatrix} x_1 \\ x_2 \end{pmatrix}$ は

$$\boldsymbol{x} = (2x_1 - x_2)\boldsymbol{a}_1 + (-x_1 + x_2)\boldsymbol{a}_2$$

と表すことができるので，$\boldsymbol{R}^2 = \langle \boldsymbol{a}_1, \boldsymbol{a}_2 \rangle$ である．よって，$\{\boldsymbol{a}_1, \boldsymbol{a}_2\}$ は $\boldsymbol{R}^2$ の基底である．

$\boldsymbol{R}^n$ の部分空間 V $(\neq \{\boldsymbol{0}\})$ には必ず基底が存在することや，V の基底をなすベクトルの個数は基底の選び方によらず一定であることをみていこう．

まず，ベクトルの 1 次従属性に関する命題を 2 つ述べる．

命題 3.2.1　$\boldsymbol{a}_1, \boldsymbol{a}_2, \cdots, \boldsymbol{a}_r, \boldsymbol{b} \in \boldsymbol{R}^n$ とし，$\boldsymbol{a}_1, \boldsymbol{a}_2, \cdots, \boldsymbol{a}_r$ は 1 次独立とする．このとき，次が成り立つ．

$$\boldsymbol{a}_1, \boldsymbol{a}_2, \cdots, \boldsymbol{a}_r, \boldsymbol{b} \text{ は 1 次従属} \iff \boldsymbol{b} \in \langle \boldsymbol{a}_1, \boldsymbol{a}_2, \cdots, \boldsymbol{a}_r \rangle$$

[証明]　$(\Longrightarrow)$ $\boldsymbol{a}_1, \boldsymbol{a}_2, \cdots, \boldsymbol{a}_r, \boldsymbol{b}$ が 1 次従属とすると

$$c_1\boldsymbol{a}_1 + c_2\boldsymbol{a}_2 + \cdots + c_r\boldsymbol{a}_r + c_{r+1}\boldsymbol{b} = \boldsymbol{0}$$

をみたすスカラー $c_1, c_2, \cdots, c_r, c_{r+1}$ で，ある $c_i \neq 0$ となるようなものがある．もし $c_{r+1} = 0$ ならば，$c_1\boldsymbol{a}_1 + c_2\boldsymbol{a}_2 + \cdots + c_r\boldsymbol{a}_r = \boldsymbol{0}$ となるが，ある $c_i \neq 0$ なので，これは $\boldsymbol{a}_1, \boldsymbol{a}_2, \cdots, \boldsymbol{a}_r$ が 1 次独立であることに矛盾する．したがって，$c_{r+1} \neq 0$ である．このとき，最初に与えられた 1 次関係式の両辺に $1/c_{r+1}$ をかけて整理すると

$$\boldsymbol{b} = -\frac{c_1}{c_{r+1}}\boldsymbol{a}_1 - \frac{c_2}{c_{r+1}}\boldsymbol{a}_2 - \cdots - \frac{c_r}{c_{r+1}}\boldsymbol{a}_r \in \langle \boldsymbol{a}_1, \boldsymbol{a}_2, \cdots, \boldsymbol{a}_r \rangle$$

が得られる.

($\Longleftarrow$) $\boldsymbol{b} \in \langle \boldsymbol{a}_1, \boldsymbol{a}_2, \cdots, \boldsymbol{a}_r \rangle$ とすると, $\boldsymbol{b} = c_1\boldsymbol{a}_1 + c_2\boldsymbol{a}_2 + \cdots + c_r\boldsymbol{a}_r$ $(c_i \in \boldsymbol{R})$ と表される. このとき

$$c_1\boldsymbol{a}_1 + c_2\boldsymbol{a}_2 + \cdots + c_r\boldsymbol{a}_r + (-1)\boldsymbol{b} = \boldsymbol{0}$$

であるので, $\boldsymbol{a}_1, \boldsymbol{a}_2, \cdots, \boldsymbol{a}_r, \boldsymbol{b}$ は 1 次従属である. ■

命題 3.2.2 $\boldsymbol{a}_1, \boldsymbol{a}_2, \cdots, \boldsymbol{a}_r \in \boldsymbol{R}^n$ とし, $\boldsymbol{b}_1, \boldsymbol{b}_2, \cdots, \boldsymbol{b}_s \in \langle \boldsymbol{a}_1, \boldsymbol{a}_2, \cdots, \boldsymbol{a}_r \rangle$ とする. このとき, $s \geqq r+1$ ならば, $\boldsymbol{b}_1, \boldsymbol{b}_2, \cdots, \boldsymbol{b}_s$ は 1 次従属である.

[証明] 各 $\boldsymbol{b}_j$ $(1 \leqq j \leqq s)$ は

$$\boldsymbol{b}_j = c_{1j}\boldsymbol{a}_1 + c_{2j}\boldsymbol{a}_2 + \cdots + c_{rj}\boldsymbol{a}_r = (\boldsymbol{a}_1 \ \ \boldsymbol{a}_2 \ \ \cdots \ \ \boldsymbol{a}_r)\begin{pmatrix} c_{1j} \\ c_{2j} \\ \vdots \\ c_{rj} \end{pmatrix} \qquad (c_{ij} \in \boldsymbol{R})$$

と表される. このとき, $A = (\boldsymbol{a}_1 \ \ \boldsymbol{a}_2 \ \ \cdots \ \ \boldsymbol{a}_r)$ とし, $r \times s$ 行列 $C = (c_{ij}) = (\boldsymbol{c}_1 \ \ \boldsymbol{c}_2 \ \ \cdots \ \ \boldsymbol{c}_s)$ とすると

$$(\boldsymbol{b}_1 \ \ \boldsymbol{b}_2 \ \ \cdots \ \ \boldsymbol{b}_s) = (A\boldsymbol{c}_1 \ \ A\boldsymbol{c}_2 \ \ \cdots \ \ A\boldsymbol{c}_s) = A(\boldsymbol{c}_1 \ \ \boldsymbol{c}_2 \ \ \cdots \ \ \boldsymbol{c}_s) = AC$$

である. $r < s$ であるから, 系 2.3.3 により $C\boldsymbol{x} = \boldsymbol{0}$ は自明でない解 $\boldsymbol{x} = {}^t(x_1 \ x_2 \ \cdots \ x_s) \in \boldsymbol{R}^s$ をもち, この自明でない解は

$$x_1\boldsymbol{b}_1 + x_2\boldsymbol{b}_2 + \cdots + x_s\boldsymbol{b}_s = (\boldsymbol{b}_1 \ \ \boldsymbol{b}_2 \ \ \cdots \ \ \boldsymbol{b}_s)\boldsymbol{x} = AC\boldsymbol{x} = A\boldsymbol{0} = \boldsymbol{0}$$

をみたす. よって, $\boldsymbol{b}_1, \boldsymbol{b}_2, \cdots, \boldsymbol{b}_s$ は 1 次従属である. ■

系 3.2.3 $\boldsymbol{R}^n$ の $n+1$ 個以上のベクトルは 1 次従属である.

[証明] $\boldsymbol{R}^n = \langle \boldsymbol{e}_1, \boldsymbol{e}_2, \cdots, \boldsymbol{e}_n \rangle$ であるので, 命題 3.2.2 からわかる. ■

定理 3.2.4 (基底への延長) V を $\boldsymbol{R}^n$ の部分空間とし, $\boldsymbol{a}_1, \boldsymbol{a}_2, \cdots, \boldsymbol{a}_r \in V$ は 1 次独立とする. このとき, $\boldsymbol{a}_1, \boldsymbol{a}_2, \cdots, \boldsymbol{a}_r$ を含む V の基底が存在する.

[証明] $\langle \boldsymbol{a}_1, \boldsymbol{a}_2, \cdots, \boldsymbol{a}_r \rangle = V$ のときには, $\{\boldsymbol{a}_1, \boldsymbol{a}_2, \cdots, \boldsymbol{a}_r\}$ は V の基底となるので, $\langle \boldsymbol{a}_1, \boldsymbol{a}_2, \cdots, \boldsymbol{a}_r \rangle \neq V$ とする. このとき, $\boldsymbol{a}_{r+1} \notin \langle \boldsymbol{a}_1, \boldsymbol{a}_2, \cdots, \boldsymbol{a}_r \rangle$ である V のベクトル $\boldsymbol{a}_{r+1}$ をとると, 命題 3.2.1 より $\boldsymbol{a}_1, \boldsymbol{a}_2, \cdots, \boldsymbol{a}_r, \boldsymbol{a}_{r+1}$ は 1 次独立である. $\langle \boldsymbol{a}_1, \boldsymbol{a}_2, \cdots, \boldsymbol{a}_r, \boldsymbol{a}_{r+1} \rangle \neq V$ であれば同じ手続きにより, $\boldsymbol{a}_1, \cdots, \boldsymbol{a}_r, \boldsymbol{a}_{r+1}, \boldsymbol{a}_{r+2}$ が 1 次独立である V のベクトル $\boldsymbol{a}_{r+2}$ がとれる.

系 3.2.3 から V に属する 1 次独立なベクトルの個数は n 以下であるので, 上の手続きを繰り返して 1 次独立なベクトルをつけ加えていけば, 何回目か (s 回目

とする) に $\langle \boldsymbol{a}_1, \cdots, \boldsymbol{a}_r, \boldsymbol{a}_{r+1}, \boldsymbol{a}_{r+2}, \cdots, \boldsymbol{a}_{r+s} \rangle = V$ となる1次独立なベクトル $\boldsymbol{a}_1, \cdots, \boldsymbol{a}_r, \boldsymbol{a}_{r+1}, \boldsymbol{a}_{r+2}, \cdots, \boldsymbol{a}_{r+s}$ がとれて，これらが V の基底をなす． ■

系 3.2.5 (基底の存在) $\boldsymbol{R}^n$ の $\{\boldsymbol{0}\}$ でない部分空間 V には基底が存在する．

［証明］ V の $\boldsymbol{0}$ でないベクトル $\boldsymbol{a}_1$ をとれば1次独立であるので，定理3.2.4を $r=1$ で適用すればよい． ■

次の定理により，$\boldsymbol{R}^n$ の部分空間の基底をなすベクトルの個数は基底の選び方によらず一定であることがわかる．

定理 3.2.6 V を $\boldsymbol{R}^n$ の $\{\boldsymbol{0}\}$ でない部分空間とする．$\{\boldsymbol{a}_1, \boldsymbol{a}_2, \cdots, \boldsymbol{a}_r\}$ と $\{\boldsymbol{b}_1, \boldsymbol{b}_2, \cdots, \boldsymbol{b}_s\}$ を V の2組の基底とするとき，$r=s$ である．

［証明］ $\boldsymbol{b}_1, \boldsymbol{b}_2, \cdots, \boldsymbol{b}_s \in V = \langle \boldsymbol{a}_1, \boldsymbol{a}_2, \cdots, \boldsymbol{a}_r \rangle$ で，$\boldsymbol{b}_1, \boldsymbol{b}_2, \cdots, \boldsymbol{b}_s$ は1次独立なので，命題3.2.2により $s \leqq r$ である．$\{\boldsymbol{a}_1, \boldsymbol{a}_2, \cdots, \boldsymbol{a}_r\}$ と $\{\boldsymbol{b}_1, \boldsymbol{b}_2, \cdots, \boldsymbol{b}_s\}$ を取り替えれば，同様にして $r \leqq s$ がいえる．よって，$r=s$ である． ■

3.2.2 次　元

$\boldsymbol{R}^n$ の部分空間 V の基底をなすベクトルの個数を V の**次元**といい，$\dim V$ で表す．自明な部分空間 $\{\boldsymbol{0}\}$ については，$\dim\{\boldsymbol{0}\} = 0$ と定める．

○**例 3.2.3** $\boldsymbol{R}^n$ の標準基底は n 個の列基本ベクトル $\boldsymbol{e}_1, \boldsymbol{e}_2, \cdots, \boldsymbol{e}_n$ からなるので，$\dim \boldsymbol{R}^n = n$ である．

$\boldsymbol{R}^n$ の部分空間の次元を次の命題のように言い表すことができる．

命題 3.2.7 V を $\boldsymbol{R}^n$ の部分空間とする．$\dim V$ は，V に含まれるベクトルの1次独立なものの最大個数に等しい．

［証明］ $\dim V = r$ とし，$\{\boldsymbol{a}_1, \boldsymbol{a}_2, \cdots, \boldsymbol{a}_r\}$ を V の基底とする．$V = \langle \boldsymbol{a}_1, \boldsymbol{a}_2, \cdots, \boldsymbol{a}_r \rangle$ であるので，命題3.2.2により，V に含まれるベクトルの1次独立なものの個数は r 以下となるが，$\boldsymbol{a}_1, \boldsymbol{a}_2, \cdots, \boldsymbol{a}_r$ が1次独立であるので，その最大個数は r となる． ■

系 3.2.8 $\boldsymbol{R}^n$ の2つの部分空間 V, W が $W \subset V$ とする．このとき，

$$\dim W \leqq \dim V$$

であり，等号は $W = V$ のときに限り成り立つ．

［証明］　W の 1 次独立なベクトルは V の 1 次独立なベクトルでもあるので，命題 3.2.7 から $\dim W \leqq \dim V$ が成り立つ．次に $\dim W = \dim V = r$ とする．$\{\boldsymbol{a}_1, \boldsymbol{a}_2, \cdots, \boldsymbol{a}_r\}$ を W の基底とすると，$\dim V = r$ より，これを含む V の基底も $\{\boldsymbol{a}_1, \boldsymbol{a}_2, \cdots, \boldsymbol{a}_r\}$ となる．したがって，$V = \langle \boldsymbol{a}_1, \boldsymbol{a}_2, \cdots, \boldsymbol{a}_r \rangle = W$ である．■

次に，有限個のベクトルの生成する部分空間の次元の求め方をみてみよう．

定理 3.2.9　$\boldsymbol{a}_1, \boldsymbol{a}_2, \cdots, \boldsymbol{a}_r \in \boldsymbol{R}^n$ とし，$V = \langle \boldsymbol{a}_1, \boldsymbol{a}_2, \cdots, \boldsymbol{a}_r \rangle$ とするとき，次が成り立つ．

(1) $\dim V$ は，$\boldsymbol{a}_1, \boldsymbol{a}_2, \cdots, \boldsymbol{a}_r$ の中で 1 次独立なものの最大個数に等しい．

(2) $A = (\boldsymbol{a}_1\ \ \boldsymbol{a}_2\ \ \cdots\ \ \boldsymbol{a}_r)$ とするとき

$$\dim V = \operatorname{rank} A.$$

［証明］　(1) $\boldsymbol{a}_1, \boldsymbol{a}_2, \cdots, \boldsymbol{a}_r$ の中で 1 次独立なものの最大個数を q とする．$q = r$ ならば，$\{\boldsymbol{a}_1, \boldsymbol{a}_2, \cdots, \boldsymbol{a}_r\}$ は V の基底で $\dim V = q$ が成り立つ．次に，$q < r$ とする．添数を付け換えることにより，$\boldsymbol{a}_1, \boldsymbol{a}_2, \cdots, \boldsymbol{a}_q$ は 1 次独立と仮定することができる．$j = q+1, q+2, \cdots, r$ に対して，$\boldsymbol{a}_1, \boldsymbol{a}_2, \cdots, \boldsymbol{a}_q, \boldsymbol{a}_j$ は 1 次従属となるので，命題 3.2.1 より $\boldsymbol{a}_j \in \langle \boldsymbol{a}_1, \boldsymbol{a}_2, \cdots, \boldsymbol{a}_q \rangle$ である．よって，命題 3.1.1 より $\langle \boldsymbol{a}_1, \boldsymbol{a}_2, \cdots, \boldsymbol{a}_q, \boldsymbol{a}_{q+1}, \cdots, \boldsymbol{a}_r \rangle \subset \langle \boldsymbol{a}_1, \boldsymbol{a}_2, \cdots, \boldsymbol{a}_q \rangle$ となるので，$V = \langle \boldsymbol{a}_1, \boldsymbol{a}_2, \cdots, \boldsymbol{a}_q \rangle$ である．したがって，$\dim V = q$ となる．

(2) $\operatorname{rank} A = q$ とする．定理 2.2.3 から，ある n 次正則行列 P により $PA = (P\boldsymbol{a}_1\ \ P\boldsymbol{a}_2\ \ \cdots\ \ P\boldsymbol{a}_r)$ は q 階の階段行列になる．階段行列の定義から

$$\{\boldsymbol{e}_1, \boldsymbol{e}_2, \cdots, \boldsymbol{e}_q\} \subset \{P\boldsymbol{a}_1, P\boldsymbol{a}_2, \cdots, P\boldsymbol{a}_r\} \subset \langle \boldsymbol{e}_1, \boldsymbol{e}_2, \cdots, \boldsymbol{e}_q \rangle$$

となる．よって，命題 3.1.1 から $\langle P\boldsymbol{a}_1, P\boldsymbol{a}_2, \cdots, P\boldsymbol{a}_r \rangle = \langle \boldsymbol{e}_1, \boldsymbol{e}_2, \cdots, \boldsymbol{e}_q \rangle$ であり，$\dim \langle P\boldsymbol{a}_1, P\boldsymbol{a}_2, \cdots, P\boldsymbol{a}_r \rangle = \dim \langle \boldsymbol{e}_1, \boldsymbol{e}_2, \cdots, \boldsymbol{e}_q \rangle = q$ である．また，(1) の結果と補題 3.1.4 により，$\dim V = \dim \langle \boldsymbol{a}_1, \boldsymbol{a}_2, \cdots, \boldsymbol{a}_r \rangle = \dim \langle P\boldsymbol{a}_1, P\boldsymbol{a}_2, \cdots, P\boldsymbol{a}_r \rangle$ であるので，$\dim V = q = \operatorname{rank} A$ である．■

例題 3.2.1　$\boldsymbol{a}_1 = \begin{pmatrix} 1 \\ -1 \\ 2 \end{pmatrix}, \boldsymbol{a}_2 = \begin{pmatrix} 3 \\ -2 \\ 4 \end{pmatrix}, \boldsymbol{a}_3 = \begin{pmatrix} -3 \\ 1 \\ -2 \end{pmatrix}, \boldsymbol{a}_4 = \begin{pmatrix} 2 \\ 1 \\ -1 \end{pmatrix}$ とし，$V = \langle \boldsymbol{a}_1, \boldsymbol{a}_2, \boldsymbol{a}_3, \boldsymbol{a}_4 \rangle$ とする．V の次元と 1 組の基底を $\boldsymbol{a}_1, \boldsymbol{a}_2, \boldsymbol{a}_3, \boldsymbol{a}_4$ の中から求めよ．さらに，その基底を用いて残りのベクトルを表せ．

［解答］　行列 $A = (\boldsymbol{a}_1\ \ \boldsymbol{a}_2\ \ \boldsymbol{a}_3\ \ \boldsymbol{a}_4)$ を行基本変形により階段行列にする．

$$\begin{pmatrix} 1 & 3 & -3 & 2 \\ -1 & -2 & 1 & 1 \\ 2 & 4 & -2 & -1 \end{pmatrix} \xrightarrow[\substack{②+① \\ ③+①\times(-2)}]{} \begin{pmatrix} 1 & 3 & -3 & 2 \\ 0 & 1 & -2 & 3 \\ 0 & -2 & 4 & -5 \end{pmatrix} \xrightarrow[\substack{①+②\times(-3) \\ ③+②\times 2}]{}$$

$$\begin{pmatrix} 1 & 0 & 3 & -7 \\ 0 & 1 & -2 & 3 \\ 0 & 0 & 0 & 1 \end{pmatrix} \xrightarrow[\substack{①+③\times 7 \\ ③+②\times(-3)}]{} \begin{pmatrix} 1 & 0 & 3 & 0 \\ 0 & 1 & -2 & 0 \\ 0 & 0 & 0 & 1 \end{pmatrix}$$

これより，$\dim V = \operatorname{rank} A = 3$ である．ここで行った行基本変形に対応する基本行列の積を P とすると，最後の行列は $PA = (P\boldsymbol{a}_1 \ \ P\boldsymbol{a}_2 \ \ P\boldsymbol{a}_3 \ \ P\boldsymbol{a}_4)$ と表される．$P\boldsymbol{a}_1 = \boldsymbol{e}_1, P\boldsymbol{a}_2 = \boldsymbol{e}_2, P\boldsymbol{a}_4 = \boldsymbol{e}_3$ は 1 次独立であり，補題 3.1.4 から $\boldsymbol{a}_1, \boldsymbol{a}_2, \boldsymbol{a}_4$ も 1 次独立である．$\dim V = 3$ であるので，系 3.2.8 より $\langle \boldsymbol{a}_1, \boldsymbol{a}_2, \boldsymbol{a}_4 \rangle = V$ であり，$\{\boldsymbol{a}_1, \boldsymbol{a}_2, \boldsymbol{a}_4\}$ は V の基底となる．また，$P\boldsymbol{a}_3 = 3\boldsymbol{e}_1 - 2\boldsymbol{e}_2 = 3P\boldsymbol{a}_1 - 2P\boldsymbol{a}_2$ であるので，この両端に左から P^{-1} をかけて，$\boldsymbol{a}_3 = 3\boldsymbol{a}_1 - 2\boldsymbol{a}_2$ が得られる． ■

演 習 問 題

3.2.1 次の $\boldsymbol{R}^3$ または $\boldsymbol{R}^4$ の部分空間の次元と 1 組の基底を求めよ．

(1) $\left\{ \begin{pmatrix} x_1 \\ x_2 \\ x_3 \end{pmatrix} \middle| \ 3x_1 = 2x_2 = x_3 \right\}$　(2) $\left\{ \begin{pmatrix} x_1 \\ x_2 \\ x_3 \end{pmatrix} \middle| \ 3x_1 + 2x_2 + x_3 = 0 \right\}$

(3) $\left\{ \begin{pmatrix} x_1 \\ x_2 \\ x_3 \\ x_4 \end{pmatrix} \middle| \ x_1 + 2x_2 + 3x_3 = 4x_1 + 3x_2 + 2x_3 + x_4 = 0 \right\}$

(4) $\left\{ \boldsymbol{x} \in \boldsymbol{R}^4 \ \middle| \ \begin{pmatrix} 1 & -2 & 4 & -3 \\ 3 & 1 & 5 & 5 \\ 2 & -1 & 5 & 0 \end{pmatrix} \boldsymbol{x} = \begin{pmatrix} 0 \\ 0 \\ 0 \end{pmatrix} \right\}$

3.2.2 次のベクトルの生成する部分空間の基底をそのベクトルの中から選び，他のベクトルをその基底の 1 次結合で表せ．

(1) $\boldsymbol{a}_1 = \begin{pmatrix} 1 \\ -1 \\ 2 \end{pmatrix}, \ \boldsymbol{a}_2 = \begin{pmatrix} 3 \\ 1 \\ 5 \end{pmatrix}, \ \boldsymbol{a}_3 = \begin{pmatrix} 4 \\ 8 \\ 5 \end{pmatrix}, \ \boldsymbol{a}_4 = \begin{pmatrix} 4 \\ -8 \\ 9 \end{pmatrix}$

(2) $\boldsymbol{a}_1 = \begin{pmatrix} 1 \\ 3 \\ 1 \\ 2 \end{pmatrix}, \ \boldsymbol{a}_2 = \begin{pmatrix} 2 \\ 2 \\ 3 \\ 4 \end{pmatrix}, \ \boldsymbol{a}_3 = \begin{pmatrix} 1 \\ -5 \\ 3 \\ 2 \end{pmatrix}, \ \boldsymbol{a}_4 = \begin{pmatrix} 3 \\ 4 \\ 2 \\ 5 \end{pmatrix}, \ \boldsymbol{a}_5 = \begin{pmatrix} 1 \\ 5 \\ -4 \\ 0 \end{pmatrix}$

3.2.3 次のベクトルの生成する部分空間の次元が 2 となるような c の値を求めよ．

$$\boldsymbol{a}_1 = \begin{pmatrix} 1 \\ 2 \\ 3 \end{pmatrix}, \ \boldsymbol{a}_2 = \begin{pmatrix} 2 \\ 5 \\ c \end{pmatrix}, \ \boldsymbol{a}_3 = \begin{pmatrix} 1 \\ 2c \\ -5 \end{pmatrix}, \ \boldsymbol{a}_4 = \begin{pmatrix} -c \\ -7 \\ 6 \end{pmatrix}$$

3.2.4 V は $\boldsymbol{R}^n$ の r 次元部分空間とし，$\boldsymbol{a}_1, \boldsymbol{a}_2, \cdots, \boldsymbol{a}_r \in V$ とするとき，次を示せ．

(1) $\boldsymbol{a}_1, \boldsymbol{a}_2, \cdots, \boldsymbol{a}_r$ が 1 次独立ならば，$\{\boldsymbol{a}_1, \boldsymbol{a}_2, \cdots, \boldsymbol{a}_r\}$ は V の基底である．

(2) $V = \langle \boldsymbol{a}_1, \boldsymbol{a}_2, \cdots, \boldsymbol{a}_r \rangle$ ならば，$\{\boldsymbol{a}_1, \boldsymbol{a}_2, \cdots, \boldsymbol{a}_r\}$ は V の基底である．

3.2.5 $\boldsymbol{a}_1, \boldsymbol{a}_2, \cdots, \boldsymbol{a}_r \in \boldsymbol{R}^n$ が 1 次独立であるとき，$\boldsymbol{a}_i$ を第 i 列 $(i = 1, 2, \cdots, r)$ とするような n 次正則行列があることを示せ．

3.2.6 V は $\boldsymbol{R}^n$ の部分空間とし，$\boldsymbol{a}_1, \boldsymbol{a}_2, \cdots, \boldsymbol{a}_r \in V$ とする．

(1) $\{\boldsymbol{a}_1, \boldsymbol{a}_2, \cdots, \boldsymbol{a}_r\}$ が V の基底であるとき，任意の $\boldsymbol{v} \in V$ に対して，$\boldsymbol{v} = c_1\boldsymbol{a}_1 + c_2\boldsymbol{a}_2 + \cdots + c_r\boldsymbol{a}_r$ の表し方は一意的であることを示せ．

(2) 任意の $\boldsymbol{v} \in V$ に対して，$\boldsymbol{v} = c_1\boldsymbol{a}_1 + c_2\boldsymbol{a}_2 + \cdots + c_r\boldsymbol{a}_r$ と一意的に表されるとき，$\{\boldsymbol{a}_1, \boldsymbol{a}_2, \cdots, \boldsymbol{a}_r\}$ は V の基底であることを示せ．

3.3 線形写像

3.3.1 線形写像と行列

2 つの集合 X, Y の間で，各 $x \in X$ に対して $y \in Y$ がただ 1 つ定まる対応 f を X から Y への**写像**といい，$f : X \longrightarrow Y$ で表す．また，x に対応する y を $f(x)$ で表す．X から Y への 2 つの写像 f, g が**等しい**とは，すべての $x \in X$ に対して $f(x) = g(x)$ をみたすときをいい，このとき $f = g$ と表す．

ここでは，2 つの数ベクトル空間の間の写像で，ベクトルの基本の演算である和とスカラー倍を保存するものを考える．数ベクトル空間 $\boldsymbol{R}^n$ から $\boldsymbol{R}^m$ への写像 f が次の 2 条件

(1) $f(\boldsymbol{x} + \boldsymbol{y}) = f(\boldsymbol{x}) + f(\boldsymbol{y}) \qquad (\boldsymbol{x}, \boldsymbol{y} \in \boldsymbol{R}^n)$

(2) $f(c\boldsymbol{x}) = cf(\boldsymbol{x}) \qquad (c \in \boldsymbol{R},\ \boldsymbol{x} \in \boldsymbol{R}^n)$

をみたすとき，f は**線形写像**であるという．とくに $m = n$ のとき，線形写像 $f : \boldsymbol{R}^n \longrightarrow \boldsymbol{R}^n$ を $\boldsymbol{R}^n$ 上の**線形変換**または**1 次変換**という．条件 (2) で $c = 0$ とすればわかるように，線形写像は $f(\boldsymbol{0}) = \boldsymbol{0}$ をみたす．また，(1), (2) を繰り返し用いることにより，1 次結合 $c_1\boldsymbol{x}_1 + c_2\boldsymbol{x}_2 + \cdots + c_r\boldsymbol{x}_r$ $(c_i \in \boldsymbol{R},\ \boldsymbol{x}_i \in \boldsymbol{R}^n)$ に対して，次の成り立つことがわかる．

$$f(c_1\boldsymbol{x}_1 + c_2\boldsymbol{x}_2 + \cdots + c_r\boldsymbol{x}_r) = c_1 f(\boldsymbol{x}_1) + c_2 f(\boldsymbol{x}_2) + \cdots + c_r f(\boldsymbol{x}_r)$$

数ベクトル $\boldsymbol{x}$ が成分表示されて書かれているときには，$f(\boldsymbol{x})$ の括弧は省略して表すことにする．$\boldsymbol{x} = \begin{pmatrix} x_1 \\ \vdots \\ x_n \end{pmatrix}$ に対して，$f(\boldsymbol{x}) = f\begin{pmatrix} x_1 \\ \vdots \\ x_n \end{pmatrix}$ である．

○例 **3.3.1** $\boldsymbol{R}^2$ から $\boldsymbol{R}^2$ への写像 f を $f\begin{pmatrix} x_1 \\ x_2 \end{pmatrix} = \begin{pmatrix} 2x_2 \\ x_1 - x_2 \end{pmatrix}$ で定義する.

このとき，任意の $\boldsymbol{x} = \begin{pmatrix} x_1 \\ x_2 \end{pmatrix}$, $\boldsymbol{y} = \begin{pmatrix} y_1 \\ y_2 \end{pmatrix} \in \boldsymbol{R}^2$ と $c \in \boldsymbol{R}$ に対して

$$f(\boldsymbol{x}+\boldsymbol{y}) = f\begin{pmatrix} x_1 + y_1 \\ x_2 + y_2 \end{pmatrix} = \begin{pmatrix} 2(x_2 + y_2) \\ (x_1 + y_1) - (x_2 + y_2) \end{pmatrix}$$
$$= \begin{pmatrix} 2x_2 \\ x_1 - x_2 \end{pmatrix} + \begin{pmatrix} 2y_2 \\ y_1 - y_2 \end{pmatrix} = f(\boldsymbol{x}) + f(\boldsymbol{y}),$$
$$f(c\boldsymbol{x}) = f\begin{pmatrix} cx_1 \\ cx_2 \end{pmatrix} = \begin{pmatrix} 2cx_2 \\ cx_1 - cx_2 \end{pmatrix} = c\begin{pmatrix} 2x_2 \\ x_1 - x_2 \end{pmatrix} = cf(\boldsymbol{x})$$

であるので，$f : \boldsymbol{R}^2 \longrightarrow \boldsymbol{R}^2$ は線形写像，すなわち $\boldsymbol{R}^2$ 上の線形変換である.

○例 **3.3.2** $m \times n$ 行列 A に対して，写像 $f_A : \boldsymbol{R}^n \longrightarrow \boldsymbol{R}^m$ を

$$f_A(\boldsymbol{x}) = A\boldsymbol{x} \qquad (\boldsymbol{x} \in \boldsymbol{R}^n)$$

で定義すると，f_A は線形写像である．実際，$\boldsymbol{x}, \boldsymbol{y} \in \boldsymbol{R}^n$, $c \in \boldsymbol{R}$ に対して

$$f_A(\boldsymbol{x}+\boldsymbol{y}) = A(\boldsymbol{x}+\boldsymbol{y}) = A\boldsymbol{x} + A\boldsymbol{y} = f_A(\boldsymbol{x}) + f_A(\boldsymbol{y}),$$
$$f_A(c\boldsymbol{x}) = A(c\boldsymbol{x}) = c(A\boldsymbol{x}) = cf(\boldsymbol{x})$$

が成り立つ．f_A を**行列 A の定める線形写像**という.

例 3.3.2 とは逆に，どの線形写像も行列の定めるものとなっていることを次の定理で述べる.

定理 3.3.1 線形写像 $f : \boldsymbol{R}^n \longrightarrow \boldsymbol{R}^m$ に対して，$f = f_A$ をみたす $m \times n$ 行列 A がただ 1 つ存在する.

[証明] $\boldsymbol{R}^n$ の基本列ベクトル $\boldsymbol{e}_j$ $(1 \leqq j \leqq n)$ に対して $\boldsymbol{a}_j = f(\boldsymbol{e}_j)$ とし，$m \times n$ 行列 A を

$$A = (\boldsymbol{a}_1 \ \ \boldsymbol{a}_2 \ \ \cdots \ \ \boldsymbol{a}_n)$$

とする．このとき，$f_A(\boldsymbol{e}_j) = A\boldsymbol{e}_j = \boldsymbol{a}_j = f(\boldsymbol{e}_j)$ $(1 \leqq j \leqq n)$ が成り立つ．$\boldsymbol{R}^n$ の任意のベクトルは $\boldsymbol{x} = x_1\boldsymbol{e}_1 + x_2\boldsymbol{e}_2 + \cdots + x_n\boldsymbol{e}_n$ $(x_i \in \boldsymbol{R})$ と表せて

$$f_A(\boldsymbol{x}) = f_A(x_1\boldsymbol{e}_1 + x_2\boldsymbol{e}_2 + \cdots + x_n\boldsymbol{e}_n)$$
$$= x_1 f_A(\boldsymbol{e}_1) + x_2 f_A(\boldsymbol{e}_2) + \cdots + x_n f_A(\boldsymbol{e}_n)$$
$$= x_1 f(\boldsymbol{e}_1) + x_2 f(\boldsymbol{e}_2) + \cdots + x_n f(\boldsymbol{e}_n)$$

$$= f(x_1\boldsymbol{e}_1 + x_2\boldsymbol{e}_2 + \cdots + x_n\boldsymbol{e}_n) = f(\boldsymbol{x})$$

より，$f_A = f$ である．

次に，2 つの $m \times n$ 行列 $A = (\boldsymbol{a}_1\ \ \boldsymbol{a}_2\ \ \cdots\ \ \boldsymbol{a}_n)$，$B = (\boldsymbol{b}_1\ \ \boldsymbol{b}_2\ \ \cdots\ \ \boldsymbol{b}_n)$ に対して $f_A = f_B$ であったとする．このとき

$$\boldsymbol{a}_j = A\boldsymbol{e}_j = f_A(\boldsymbol{e}_j) = f_B(\boldsymbol{e}_j) = B\boldsymbol{e}_j = \boldsymbol{b}_j \quad (1 \leqq j \leqq n)$$

から $A = B$ である．よって，$f = f_A$ をみたす行列 A はただ 1 つである． ■

線形写像 $f : \boldsymbol{R}^n \longrightarrow \boldsymbol{R}^m$ に対して，$f = f_A$ をみたす $m \times n$ 行列 A を f の**表現行列**という．定理 3.3.1 の証明でみたように，$\boldsymbol{R}^n$ の標準基底 $\{\boldsymbol{e}_1, \boldsymbol{e}_2, \cdots, \boldsymbol{e}_n\}$ により $A = (f(\boldsymbol{e}_1)\ \ f(\boldsymbol{e}_2)\ \ \cdots\ \ f(\boldsymbol{e}_n))$ と列ベクトル表示される．

○例 **3.3.3** $f\begin{pmatrix}1\\0\end{pmatrix} = \begin{pmatrix}\cos\theta\\ \sin\theta\end{pmatrix}$，$f\begin{pmatrix}0\\1\end{pmatrix} = \begin{pmatrix}-\sin\theta\\ \cos\theta\end{pmatrix}$ をみたす $\boldsymbol{R}^2$ の線形変換 f は，回転の行列 $A = \begin{pmatrix}\cos\theta & -\sin\theta\\ \sin\theta & \cos\theta\end{pmatrix}$ の定める線形写像 f_A である．

A を $m \times n$ 行列，B を $n \times l$ 行列とする．線形写像 $f_B : \boldsymbol{R}^l \longrightarrow \boldsymbol{R}^n$ と $f_A : \boldsymbol{R}^n \longrightarrow \boldsymbol{R}^m$ の**合成写像** $f_A \circ f_B : \boldsymbol{R}^l \longrightarrow \boldsymbol{R}^m$ は

$$(f_A \circ f_B)(\boldsymbol{x}) = f_A(f_B(\boldsymbol{x})) \quad (\boldsymbol{x} \in \boldsymbol{R}^l)$$

により定義され，任意の $\boldsymbol{x} \in \boldsymbol{R}^l$ に対して

$$(f_A \circ f_B)(\boldsymbol{x}) = f_A(f_B(\boldsymbol{x})) = f_A(B\boldsymbol{x}) = A(B\boldsymbol{x}) = (AB)\boldsymbol{x} = f_{AB}(\boldsymbol{x})$$

が成り立つ．したがって，線形写像 f_B, f_A の合成写像 $f_A \circ f_B$ は AB の定める線形写像 f_{AB} と等しくなる．

$\boldsymbol{R}^n$ の**恒等変換**を $1_{\boldsymbol{R}^n}$ で表す．すなわち，$1_{\boldsymbol{R}^n}(\boldsymbol{x}) = \boldsymbol{x}$ $(\boldsymbol{x} \in \boldsymbol{R}^n)$ をみたす $\boldsymbol{R}^n$ 上の線形変換である．$\boldsymbol{R}^n$ の線形変換 f に対して

$$f \circ g = g \circ f = 1_{\boldsymbol{R}^n}$$

をみたす $\boldsymbol{R}^n$ から $\boldsymbol{R}^n$ への写像 g を f の**逆変換**といい，f^{-1} で表す．f の表現行列を A としたとき，$A\boldsymbol{x} = \boldsymbol{0}$ をみたす $\boldsymbol{x} \in \boldsymbol{R}^n$ は $\boldsymbol{0}$ のみである．実際，$f(\boldsymbol{x}) = A\boldsymbol{x} = \boldsymbol{0} = f(\boldsymbol{0})$ で $g \circ f = 1_{\boldsymbol{R}^n}$ より，$\boldsymbol{x} = g(f(\boldsymbol{x})) = g(f(\boldsymbol{0})) = \boldsymbol{0}$ となるからである．定理 2.3.4 より A は正則行列であり，任意の $\boldsymbol{x} \in \boldsymbol{R}^n$ に対して，$A(g(\boldsymbol{x})) = f(g(\boldsymbol{x})) = 1_{\boldsymbol{R}^n}(\boldsymbol{x}) = \boldsymbol{x}$ であるので，これに左から A^{-1} をかけることにより

$$g(\boldsymbol{x}) = A^{-1}\boldsymbol{x} = f_{A^{-1}}(\boldsymbol{x})$$

が得られる．したがって，f_A の逆変換 ${f_A}^{-1} = g$ は A^{-1} の定める線形写像 $f_{A^{-1}}$ と等しくなる．

合成写像と逆変換に関する以上のことを次の定理にまとめる．

定理 3.3.2 (1) $m \times n$ 行列 A と $n \times l$ 行列 B の定める線形写像 f_A, f_B に対して，合成写像 $f_A \circ f_B$ も線形写像であり，次が成り立つ．

$$f_A \circ f_B = f_{AB}$$

(2) n 次正方行列 A の定める $\boldsymbol{R}^n$ の線形変換 f_A は，A が正則のときに限り逆変換 ${f_A}^{-1}$ をもつ．このとき ${f_A}^{-1}$ も線形写像であり，次が成り立つ．

$${f_A}^{-1} = f_{A^{-1}}$$

例題 3.3.1 次の線形写像 f, g および合成写像 $g \circ f$ の表現行列を求めよ．また，$g \circ f$ が逆変換をもつときには，その表現行列も求めよ．

$$f\begin{pmatrix} x_1 \\ x_2 \end{pmatrix} = \begin{pmatrix} 3x_1 + x_2 \\ 2x_1 - x_2 \\ -x_1 \end{pmatrix}, \quad g\begin{pmatrix} x_1 \\ x_2 \\ x_3 \end{pmatrix} = \begin{pmatrix} x_1 + 2x_3 \\ x_1 - x_2 - 2x_3 \end{pmatrix}$$

[解答] $f\begin{pmatrix} 1 \\ 0 \end{pmatrix} = \begin{pmatrix} 3 \\ 2 \\ -1 \end{pmatrix}$, $f\begin{pmatrix} 0 \\ 1 \end{pmatrix} = \begin{pmatrix} 1 \\ -1 \\ 0 \end{pmatrix}$ より，f の表現行列 A は

$$A = (f(\boldsymbol{e}_1)\ \ f(\boldsymbol{e}_2)) = \begin{pmatrix} 3 & 1 \\ 2 & -1 \\ -1 & 0 \end{pmatrix}$$

であり，$g\begin{pmatrix} 1 \\ 0 \\ 0 \end{pmatrix} = \begin{pmatrix} 1 \\ 1 \end{pmatrix}$, $g\begin{pmatrix} 0 \\ 1 \\ 0 \end{pmatrix} = \begin{pmatrix} 0 \\ -1 \end{pmatrix}$, $g\begin{pmatrix} 0 \\ 0 \\ 1 \end{pmatrix} = \begin{pmatrix} 2 \\ -2 \end{pmatrix}$ より，g の表現行列 B は

$$B = (g(\boldsymbol{e}_1)\ \ g(\boldsymbol{e}_2)\ \ g(\boldsymbol{e}_3)) = \begin{pmatrix} 1 & 0 & 2 \\ 1 & -1 & -2 \end{pmatrix}$$

である．よって，$g \circ f$ の表現行列 $C = BA = \begin{pmatrix} 1 & 1 \\ 3 & 2 \end{pmatrix}$ である．C は正則より，$g \circ f$

の逆変換が存在し，その表現行列は $C^{-1} = \begin{pmatrix} -2 & 1 \\ 3 & -1 \end{pmatrix}$ である. ■

3.3.2 核と像

$f : \boldsymbol{R}^n \longrightarrow \boldsymbol{R}^m$ を線形写像とする. f により $\boldsymbol{R}^m$ の零ベクトル $\boldsymbol{0}$ に移される $\boldsymbol{R}^n$ のベクトル全体の集合を f の**核**といい，$\mathrm{Ker}\, f$ で表す. すなわち

$$\mathrm{Ker}\, f = \{\boldsymbol{x} \in \boldsymbol{R}^n \mid f(\boldsymbol{x}) = \boldsymbol{0}\}$$

また，V を $\boldsymbol{R}^n$ の部分空間とするとき，V のベクトルから f により移された $\boldsymbol{R}^m$ のベクトル全体の集合を $f(V)$ で表す. すなわち

$$f(V) = \{f(\boldsymbol{x}) \mid \boldsymbol{x} \in V\}$$

とくに，$f(\boldsymbol{R}^n)$ を f の**像**といい，$\mathrm{Im}\, f$ で表す.

定理 3.3.3 $f : \boldsymbol{R}^n \longrightarrow \boldsymbol{R}^m$ を線形写像とするとき，次が成り立つ.
(1) $\mathrm{Ker}\, f$ は $\boldsymbol{R}^n$ の部分空間である.
(2) $\boldsymbol{R}^n$ の部分空間 V に対して，$f(V)$ は $\boldsymbol{R}^m$ の部分空間である. とくに，$\mathrm{Im}\, f$ は $\boldsymbol{R}^m$ の部分空間である.

［証明］ (1) $\boldsymbol{x}, \boldsymbol{y} \in \mathrm{Ker}\, f$ と $c \in \boldsymbol{R}$ に対して

$$f(\boldsymbol{x}+\boldsymbol{y}) = f(\boldsymbol{x}) + f(\boldsymbol{y}) = \boldsymbol{0}+\boldsymbol{0} = \boldsymbol{0},$$
$$f(c\boldsymbol{x}) = cf(\boldsymbol{x}) = c\boldsymbol{0} = \boldsymbol{0}$$

より，$\boldsymbol{x}+\boldsymbol{y}$, $c\boldsymbol{x} \in \mathrm{Ker}\, f$ である. よって，$\mathrm{Ker}\, f$ は $\boldsymbol{R}^n$ の部分空間である.
(2) $\boldsymbol{x}, \boldsymbol{y} \in V$ と $c \in \boldsymbol{R}$ に対して，$\boldsymbol{x}+\boldsymbol{y}$, $c\boldsymbol{x} \in V$ であり

$$f(\boldsymbol{x}) + f(\boldsymbol{y}) = f(\boldsymbol{x}+\boldsymbol{y}) \in f(V), \quad cf(\boldsymbol{x}) = f(c\boldsymbol{x}) \in f(V).$$

よって，$f(V)$ は $\boldsymbol{R}^m$ の部分空間である. ■

○**例 3.3.4** 線形写像 $f : \boldsymbol{R}^3 \longrightarrow \boldsymbol{R}$ が $f\begin{pmatrix} x_1 \\ x_2 \\ x_3 \end{pmatrix} = x_1 + x_2 + x_3$ で与えられているとき，f の核と像を求めると次のようになる.

$$\mathrm{Ker}\, f = \left\{ \begin{pmatrix} x_1 \\ x_2 \\ x_3 \end{pmatrix} \middle| \; x_1 + x_2 + x_3 = 0 \right\} = \left\{ \begin{pmatrix} x_1 \\ x_2 \\ -x_1 - x_2 \end{pmatrix} \middle| \; x_1, x_2 \in \boldsymbol{R} \right\}$$

$$= \left\{ x_1 \begin{pmatrix} 1 \\ 0 \\ -1 \end{pmatrix} + x_2 \begin{pmatrix} 0 \\ 1 \\ -1 \end{pmatrix} \;\middle|\; x_1, x_2 \in \boldsymbol{R} \right\} = \left\langle \begin{pmatrix} 1 \\ 0 \\ -1 \end{pmatrix}, \begin{pmatrix} 0 \\ 1 \\ -1 \end{pmatrix} \right\rangle,$$

$$\operatorname{Im} f = \{x_1 + x_2 + x_3 \mid x_1, x_2, x_3 \in \boldsymbol{R}\} = \boldsymbol{R}$$

$m \times n$ 行列 A の定める線形写像 $f_A : \boldsymbol{R}^n \longrightarrow \boldsymbol{R}^n$ に対して，$\operatorname{Ker} f_A$ と $\operatorname{Im} f_A$ の求め方を考えてみよう．$f_A(\boldsymbol{x}) = A\boldsymbol{x}$ であるので，$\operatorname{Ker} f_A$ は同次連立 1 次方程式 $A\boldsymbol{x} = \boldsymbol{0}$ の解空間にほかならない．$\operatorname{Im} f_A$ については次の定理が成り立つ．

定理 3.3.4 $m \times n$ 行列 $A = (\boldsymbol{a}_1 \ \boldsymbol{a}_2 \ \cdots \ \boldsymbol{a}_n)$ の定める線形写像 f_A の像について，次が成り立つ．
(1) $\operatorname{Im} f_A = \langle \boldsymbol{a}_1, \boldsymbol{a}_2, \cdots, \boldsymbol{a}_n \rangle$
(2) $\dim \operatorname{Im} f_A = \operatorname{rank} A$

[証明] (1) $\boldsymbol{R}^n$ の任意のベクトル $\boldsymbol{x}$ は，標準基底 $\{\boldsymbol{e}_1, \boldsymbol{e}_2, \cdots, \boldsymbol{e}_n\}$ を用いて $\boldsymbol{x} = x_1\boldsymbol{e}_1 + x_2\boldsymbol{e}_2 + \cdots + x_n\boldsymbol{e}_n$ $(x_i \in \boldsymbol{R})$ と表され

$$\begin{aligned} f_A(\boldsymbol{x}) &= A(x_1\boldsymbol{e}_1 + x_2\boldsymbol{e}_2 + \cdots + x_n\boldsymbol{e}_n) \\ &= x_1A\boldsymbol{e}_1 + x_2A\boldsymbol{e}_2 + \cdots + x_nA\boldsymbol{e}_n \\ &= x_1\boldsymbol{a}_1 + x_2\boldsymbol{a}_2 + \cdots + x_n\boldsymbol{a}_n \end{aligned}$$

より，$\operatorname{Im} f_A = \langle \boldsymbol{a}_1, \boldsymbol{a}_2, \cdots, \boldsymbol{a}_n \rangle$ である．

(2) (1) の結果と定理 3.2.9 より，$\dim \operatorname{Im} f_A = \dim \langle \boldsymbol{a}_1, \boldsymbol{a}_2, \cdots, \boldsymbol{a}_n \rangle = \operatorname{rank} A$ である． ■

線形写像の核と像の次元について，次の基本的な関係式が成り立つ．

定理 3.3.5 (次元定理) 線形写像 $f : \boldsymbol{R}^n \longrightarrow \boldsymbol{R}^m$ に対して，次が成り立つ．

$$\dim \operatorname{Ker} f + \dim \operatorname{Im} f = n$$

[証明] $\dim \operatorname{Ker} f = r$ とする．$\{\boldsymbol{x}_1, \boldsymbol{x}_2, \cdots, \boldsymbol{x}_r\}$ を $\operatorname{Ker} f$ の基底とするとき，定理 3.2.4 により，これらを含む $\boldsymbol{R}^n$ の基底 $\{\boldsymbol{x}_1, \boldsymbol{x}_2, \cdots, \boldsymbol{x}_r, \boldsymbol{x}_{r+1}, \cdots, \boldsymbol{x}_n\}$ が存在する．$\{f(\boldsymbol{x}_{r+1}), \cdots, f(\boldsymbol{x}_n)\}$ が $\operatorname{Im} f$ の基底であることを示せば，$\dim \operatorname{Im} f = n - r$ となって，定理は証明される．

任意の $\boldsymbol{x} \in \boldsymbol{R}^n$ を

$$\boldsymbol{x} = a_1\boldsymbol{x}_1 + \cdots + a_r\boldsymbol{x}_r + a_{r+1}\boldsymbol{x}_{r+1} + \cdots + a_n\boldsymbol{x}_n \quad (a_i \in \boldsymbol{R})$$

と表したとき，$f(\boldsymbol{x}_1) = \cdots = f(\boldsymbol{x}_r) = \boldsymbol{0}$ であるので

$$
\begin{aligned}
f(\boldsymbol{x}) &= f(a_1\boldsymbol{x}_1 + \cdots + a_r\boldsymbol{x}_r + a_{r+1}\boldsymbol{x}_{r+1} + \cdots + a_n\boldsymbol{x}_n) \\
&= a_1 f(\boldsymbol{x}_1) + \cdots + a_r f(\boldsymbol{x}_r) + a_{r+1} f(\boldsymbol{x}_{r+1}) + \cdots + a_n f(\boldsymbol{x}_n) \\
&= a_{r+1} f(\boldsymbol{x}_{r+1}) + \cdots + a_n f(\boldsymbol{x}_n).
\end{aligned}
$$

よって，$\mathrm{Im}\, f = \langle f(\boldsymbol{x}_{r+1}), \cdots, f(\boldsymbol{x}_n)\rangle$ である．

次に，$c_{r+1} f(\boldsymbol{x}_{r+1}) + \cdots + c_n f(\boldsymbol{x}_n) = \boldsymbol{0}$ $(c_i \in \boldsymbol{R})$ とする．このとき

$$
f(c_{r+1}\boldsymbol{x}_{r+1} + \cdots + c_n\boldsymbol{x}_n) = c_{r+1} f(\boldsymbol{x}_{r+1}) + \cdots + c_n f(\boldsymbol{x}_n) = \boldsymbol{0}
$$

より，$c_{r+1}\boldsymbol{x}_{r+1} + \cdots + c_n\boldsymbol{x}_n \in \mathrm{Ker}\, f$ となる．$\mathrm{Ker}\, f = \langle \boldsymbol{x}_1, \cdots, \boldsymbol{x}_r\rangle$ であるので

$$
c_{r+1}\boldsymbol{x}_{r+1} + \cdots + c_n\boldsymbol{x}_n = d_1\boldsymbol{x}_1 + \cdots + d_r\boldsymbol{x}_r \quad (d_1, \cdots, d_r \in \boldsymbol{R})
$$

と書ける．この式を書き換えて

$$
d_1\boldsymbol{x}_1 + \cdots + d_r\boldsymbol{x}_r + (-c_{r+1})\boldsymbol{x}_{r+1} + \cdots + (-c_n)\boldsymbol{x}_n = \boldsymbol{0}
$$

とすると，$\boldsymbol{x}_1, \cdots, \boldsymbol{x}_r, \boldsymbol{x}_{r+1}, \cdots, \boldsymbol{x}_n$ は1次独立であるから，$d_1 = \cdots = d_r = c_{r+1} = \cdots = c_n = 0$ となる．したがって，$f(\boldsymbol{x}_{r+1}), \cdots, f(\boldsymbol{x}_n)$ は1次独立であり，$\mathrm{Im}\, f$ の基底をなす． ■

系 3.3.6 A を $m \times n$ 行列とする．未知数が n 個の同次連立1次方程式 $A\boldsymbol{x} = \boldsymbol{0}$ の解空間を V とするとき，次が成り立つ．

$$
\dim V = n - \mathrm{rank}\, A
$$

［証明］ $V = \mathrm{Ker}\, f$ であるので，定理3.3.5, 3.3.4 より $\dim V = \dim \mathrm{Ker}\, f_A = n - \dim \mathrm{Im}\, f_A = n - \mathrm{rank}\, A$ である． ■

系 3.3.7 A を $m \times n$ 行列，B を $n \times l$ 行列，P を m 次正則行列，Q を n 次正則行列とするとき，次が成り立つ．

(1) $\mathrm{rank}\, AB \leqq \mathrm{rank}\, A, \quad \mathrm{rank}\, AB \leqq \mathrm{rank}\, B$

(2) $\mathrm{rank}\, PAQ = \mathrm{rank}\, PA = \mathrm{rank}\, AQ = \mathrm{rank}\, A$

［証明］ (1) $\mathrm{Im}\, f_{AB} = f_{AB}(\boldsymbol{R}^l) = f_A(f_B(\boldsymbol{R}^l)) \subset f_A(\boldsymbol{R}^n) = \mathrm{Im}\, f_A$ より，定理3.3.4から $\mathrm{rank}\, AB \leqq \mathrm{rank}\, A$ である．また $\mathrm{Ker}\, f_B \subset \mathrm{Ker}\, f_{AB}$ であり，系3.3.6から，$n - \mathrm{rank}\, B = \dim \mathrm{Ker}\, f_B \leqq \dim \mathrm{Ker}\, f_{AB} = n - \mathrm{rank}\, AB$ であるので，$\mathrm{rank}\, AB \leqq \mathrm{rank}\, B$ となる．

(2) (1) を用いると，$\mathrm{rank}\, PA \leqq \mathrm{rank}\, A$ であり，また P は正則で $\mathrm{rank}\, A = \mathrm{rank}\, P^{-1}(PA) \leqq \mathrm{rank}\, PA$ であるので，$\mathrm{rank}\, PA = \mathrm{rank}\, A$ となる．同様にすれば，$\mathrm{rank}\, AQ = \mathrm{rank}\, A$ もわかる．よって，$\mathrm{rank}\, PAQ = \mathrm{rank}\, P(AQ) = \mathrm{rank}\, AQ = \mathrm{rank}\, A$ である． ■

例題 3.3.2 行列 $A=\begin{pmatrix}1 & -2 & 3\\ 3 & 2 & -7\\ 5 & -7 & 9\end{pmatrix}$ の定める $\boldsymbol{R}^3$ 上の線形変換 f に対して，$\mathrm{Ker}\,f$ と $\mathrm{Im}\,f$ の次元およびそれぞれの1組の基底を求めよ．

[解答] $\mathrm{Ker}\,f$ を求めるため，同次連立1方程式 $A\boldsymbol{x}=\boldsymbol{0}$ を解く．拡大係数行列の最後の列は $\boldsymbol{0}$ なので省いて，A に対して行基本変形を行えば

$$\begin{pmatrix}1 & -2 & 3\\ 3 & 2 & -7\\ 5 & -7 & 9\end{pmatrix} \longrightarrow \cdots\cdots \longrightarrow \begin{pmatrix}1 & 0 & -1\\ 0 & 1 & -2\\ 0 & 0 & 0\end{pmatrix}$$

と階段行列に変形される．この行列の表す連立1次方程式は $\begin{cases} x_1 - x_3 = 0\\ x_2 - 2x_3 = 0\end{cases}$ より

$$\mathrm{Ker}\,f=\left\{\begin{pmatrix}x_3\\ 2x_3\\ x_3\end{pmatrix}\,\middle|\, x_3\in\boldsymbol{R}\right\}=\left\langle\begin{pmatrix}1\\2\\1\end{pmatrix}\right\rangle.$$

よって，$\dim\mathrm{Ker}\,f=1$ であり，$\mathrm{Ker}\,f$ の基底として $\left\{\begin{pmatrix}1\\2\\1\end{pmatrix}\right\}$ がとれる．

次に，A の階段行列から $\dim\mathrm{Im}\,f=\mathrm{rank}\,A=2$ である．(これは次元定理からも，$\dim\mathrm{Im}\,f=3-\dim\mathrm{Ker}\,f=2$ とわかる．) $\mathrm{Im}\,f$ の基底を A の列ベクトルの中から選ぶことができるので，2つの1次独立なものを選ぶと，例えば $\left\{\begin{pmatrix}1\\3\\5\end{pmatrix},\ \begin{pmatrix}-2\\2\\-7\end{pmatrix}\right\}$ が $\mathrm{Im}\,f$ の基底である． ■

演習問題

3.3.1 次の写像が線形写像か調べよ．線形写像であるときには，その表現行列を求めよ．

(1) $f:\boldsymbol{R}^2\longrightarrow\boldsymbol{R}^2,\quad f\begin{pmatrix}x_1\\x_2\end{pmatrix}=\begin{pmatrix}x_1+x_2\\ x_1x_2\end{pmatrix}$

(2) $f:\boldsymbol{R}^3\longrightarrow\boldsymbol{R}^3,\quad f\begin{pmatrix}x_1\\x_2\\x_3\end{pmatrix}=\begin{pmatrix}3x_3\\ 3x_2-2x_3\\ 3x_1-2x_2+x_3\end{pmatrix}$

(3) $f:\boldsymbol{R}^3\longrightarrow\boldsymbol{R}^2,\quad f\begin{pmatrix}x_1\\x_2\\x_3\end{pmatrix}=\begin{pmatrix}a|x_1+x_2|+bx_3\\ x_1+b+1\end{pmatrix}$

(4) $\boldsymbol{a} = \begin{pmatrix} 1 \\ 2 \\ 3 \end{pmatrix}$ とする．$f : \boldsymbol{R}^3 \longrightarrow \boldsymbol{R}^3, \quad f(\boldsymbol{x}) = \boldsymbol{a} \times \boldsymbol{x}$

3.3.2 次をみたす線形写像の表現行列を求めよ．

(1) $f : \boldsymbol{R}^2 \longrightarrow \boldsymbol{R}^2, \quad f\begin{pmatrix} 1 \\ 2 \end{pmatrix} = \begin{pmatrix} 1 \\ -1 \end{pmatrix}, \quad f\begin{pmatrix} 2 \\ 3 \end{pmatrix} = \begin{pmatrix} 2 \\ -4 \end{pmatrix}$

(2) $f : \boldsymbol{R}^2 \longrightarrow \boldsymbol{R}^3, \quad f\begin{pmatrix} 3 \\ 1 \end{pmatrix} = \begin{pmatrix} 3 \\ 1 \\ 2 \end{pmatrix}, \quad f\begin{pmatrix} -1 \\ 1 \end{pmatrix} = \begin{pmatrix} 1 \\ 2 \\ 1 \end{pmatrix}$

3.3.3 次の行列の定める線形写像 f に対して，$\mathrm{Ker}\, f$ と $\mathrm{Im}\, f$ の次元および 1 組ずつの基底を求めよ．

(1) $\begin{pmatrix} 2 & 1 & 8 \\ -3 & 2 & -5 \\ 1 & -1 & 1 \end{pmatrix}$ (2) $\begin{pmatrix} 1 & -2 & 3 & 1 \\ 2 & -4 & 2 & 4 \\ -3 & 6 & -1 & -7 \end{pmatrix}$

3.3.4 $\{\boldsymbol{a}_1, \boldsymbol{a}_2, \boldsymbol{a}_3\}$ を $\boldsymbol{R}^3$ の基底とし，$\boldsymbol{R}^3$ の線形変換 f は

$$f(\boldsymbol{a}_1) = \boldsymbol{a}_2 + \boldsymbol{a}_3, \; f(\boldsymbol{a}_2) = \boldsymbol{a}_1 + 2\boldsymbol{a}_2 - \boldsymbol{a}_3, \; f(\boldsymbol{a}_3) = 2\boldsymbol{a}_1 + 3\boldsymbol{a}_2 - 3\boldsymbol{a}_3$$

をみたすとする．このとき，$\mathrm{Ker}\, f$ と $\mathrm{Im}\, f$ の次元および 1 組ずつの基底を求めよ．

3.3.5 次の線形写像 f, g に対して，合成写像 $g \circ f$ および $f \circ g$ の表現行列をそれぞれ求めよ．また，これらの合成写像が逆変換をもつときには，その逆変換も求めよ．

$$f\begin{pmatrix} x_1 \\ x_2 \\ x_3 \end{pmatrix} = \begin{pmatrix} x_1 - x_2 + x_3 \\ -x_1 + 2x_2 - 3x_3 \end{pmatrix}, \quad g\begin{pmatrix} x_1 \\ x_2 \end{pmatrix} = \begin{pmatrix} 2x_1 - x_2 \\ 3x_1 + 2x_2 \\ x_1 + x_2 \end{pmatrix}$$

3.3.6 行列 $\begin{pmatrix} 1 & -1 & 2 \\ 2 & 0 & 3 \\ -1 & 2 & 5 \end{pmatrix}$ の定める $\boldsymbol{R}^3$ の線形変換を f とする．

(1) $V = \left\{ \begin{pmatrix} x \\ y \\ z \end{pmatrix} \middle|\; x = y = z \right\}$ に対して，$f(V)$ の基底を求めよ．

(2) $W = \left\{ \begin{pmatrix} x \\ y \\ z \end{pmatrix} \middle|\; x + 2y + 3z = 0 \right\}$ に対して，$f(W)$ の基底を求めよ．

3.3.7 n 次正方行列 A, B が $AB = O$ をみたすとき，$\mathrm{rank}\, A + \mathrm{rank}\, B \leqq n$ であることを示せ．また，$A = \begin{pmatrix} 1 & 1 & 1 \\ 1 & 0 & 0 \\ 0 & 1 & 1 \end{pmatrix}$ に対して，$AB = O$, $\mathrm{rank}\, A + \mathrm{rank}\, B = 3$ を

みたす 3 次正方行列 B を 1 つ求めよ.

3.4 内　積

3.4.1 内積と長さ

$\boldsymbol{R}^n$ のベクトルにも平面や空間のベクトルのように，内積や長さ，ベクトルの間のなす角が定義されて，幾何学的な意味をもたせることができるようになる．$\boldsymbol{R}^n$ のベクトル $\boldsymbol{a} = \begin{pmatrix} a_1 \\ a_2 \\ \vdots \\ a_n \end{pmatrix}$，$\boldsymbol{b} = \begin{pmatrix} b_1 \\ b_2 \\ \vdots \\ b_n \end{pmatrix}$ に対して，実数値

$$(\boldsymbol{a},\, \boldsymbol{b}) = a_1b_1 + a_2b_2 + \cdots + a_nb_n = {}^t\boldsymbol{a}\boldsymbol{b}$$

を $\boldsymbol{a}$ と $\boldsymbol{b}$ の**標準内積**または簡単に**内積**という.

命題 3.4.1　$\boldsymbol{R}^n$ の内積は，次の性質をもつ.

(1)　$(\boldsymbol{a},\, \boldsymbol{b}) = (\boldsymbol{b},\, \boldsymbol{a})$

(2)　$(\boldsymbol{a}+\boldsymbol{b},\, \boldsymbol{c}) = (\boldsymbol{a},\, \boldsymbol{c}) + (\boldsymbol{b},\, \boldsymbol{c})$

(3)　$(c\boldsymbol{a},\, \boldsymbol{b}) = (\boldsymbol{a},\, c\boldsymbol{b}) = c(\boldsymbol{a},\, \boldsymbol{b})$　　$(c \in \boldsymbol{R})$

(4)　$(\boldsymbol{a},\, \boldsymbol{a}) \geqq 0$，ただし等号成立は $\boldsymbol{a} = \boldsymbol{0}$ のときに限る.

［証明］　(1)　$(\boldsymbol{a},\, \boldsymbol{b}) \in \boldsymbol{R}$ より，$(\boldsymbol{a},\, \boldsymbol{b}) = {}^t(\boldsymbol{a},\, \boldsymbol{b}) = {}^t({}^t\boldsymbol{a}\boldsymbol{b}) = {}^t\boldsymbol{b}\boldsymbol{a} = (\boldsymbol{b},\, \boldsymbol{a})$.

(2)　$(\boldsymbol{a}+\boldsymbol{b},\, \boldsymbol{c}) = {}^t(\boldsymbol{a}+\boldsymbol{b})\boldsymbol{c} = ({}^t\boldsymbol{a}+{}^t\boldsymbol{b})\boldsymbol{c} = {}^t\boldsymbol{a}\boldsymbol{c} + {}^t\boldsymbol{b}\boldsymbol{c} = (\boldsymbol{a},\, \boldsymbol{c}) + (\boldsymbol{b},\, \boldsymbol{c})$

(3)　$(c\boldsymbol{a},\, \boldsymbol{b}) = {}^t(c\boldsymbol{a})\boldsymbol{b} = c\,{}^t\boldsymbol{a}\boldsymbol{b} = c(\boldsymbol{a},\, \boldsymbol{b})$，$(\boldsymbol{a},\, c\boldsymbol{b}) = {}^t\boldsymbol{a}(c\boldsymbol{b}) = c\,{}^t\boldsymbol{a}\boldsymbol{b} = c(\boldsymbol{a},\, \boldsymbol{b})$

(4)　$\boldsymbol{a} = {}^t(a_1\ a_2\ \cdots\ a_n)$ とすると，$(\boldsymbol{a},\, \boldsymbol{a}) = a_1^2 + a_2^2 + \cdots + a_n^2 \geqq 0$ である. $(\boldsymbol{a},\, \boldsymbol{a}) = 0$ となるのは，$a_1 = a_2 = \cdots = a_n = 0$ のとき，すなわち，$\boldsymbol{a} = \boldsymbol{0}$ のときだけである.　■

内積の定義から明らかに $(\boldsymbol{a},\, \boldsymbol{0}) = (\boldsymbol{0},\, \boldsymbol{a}) = 0$ である．また，命題 3.4.1 から

$$(c_1\boldsymbol{a}_1 + \cdots + c_r\boldsymbol{a}_r,\, \boldsymbol{b}) = c_1(\boldsymbol{a}_1,\, \boldsymbol{b}) + \cdots + c_r(\boldsymbol{a}_r,\, \boldsymbol{b}),$$
$$(\boldsymbol{a},\, d_1\boldsymbol{b}_1 + \cdots + d_r\boldsymbol{b}_r) = d_1(\boldsymbol{a},\, \boldsymbol{b}_1) + \cdots + d_r(\boldsymbol{a},\, \boldsymbol{b}_r) \quad (c_i, d_i \in \boldsymbol{R})$$

が成り立つことがわかる.

ベクトル $\boldsymbol{a} = {}^t(a_1\ a_2\ \cdots\ a_n) \in \boldsymbol{R}^n$ に対して，$\boldsymbol{a}$ の**長さ**または**ノルム** $\|\boldsymbol{a}\|$ を

$$\|\boldsymbol{a}\| = \sqrt{(\boldsymbol{a},\, \boldsymbol{a})} = \sqrt{a_1^2 + a_2^2 + \cdots + a_n^2}$$

により定義する．$\|\boldsymbol{a}\| \geqq 0$ であり，$\|\boldsymbol{a}\| = 0$ となるのは $\boldsymbol{a} = \boldsymbol{0}$ に限ることが内積の性質 (4) からわかる．また，ベクトルの長さは

$$\|c\boldsymbol{a}\| = |c|\,\|\boldsymbol{a}\| \qquad (c \in \boldsymbol{R})$$

をみたす．実際，内積の性質 (3) より $\|c\boldsymbol{a}\|^2 = (c\boldsymbol{a},\, c\boldsymbol{a}) = c^2(\boldsymbol{a},\, \boldsymbol{a}) = c^2\|\boldsymbol{a}\|^2$ だからである．

長さが 1 のベクトルを**単位ベクトル**という．$\boldsymbol{0}$ でないベクトル $\boldsymbol{a}$ に対し

$$\frac{\boldsymbol{a}}{\|\boldsymbol{a}\|}$$

は単位ベクトルになる．このように，ベクトル $\boldsymbol{a}\ (\neq \boldsymbol{0})$ をその長さ $\|\boldsymbol{a}\|$ でわって単位ベクトルにすることを ベクトル $\boldsymbol{a}$ の**正規化**という．

○例 **3.4.1**　$\boldsymbol{R}^4$ のベクトル $\boldsymbol{a} = \begin{pmatrix} 1 \\ -2 \\ 3 \\ 1 \end{pmatrix}$，$\boldsymbol{b} = \begin{pmatrix} 3 \\ 4 \\ 0 \\ 5 \end{pmatrix}$ に対して

$$\begin{aligned}
&(\boldsymbol{a},\, \boldsymbol{b}) = 1 \cdot 3 + (-2) \cdot 4 + 3 \cdot 0 + 1 \cdot 5 = 0,\\
&\|\boldsymbol{a}\| = \sqrt{1^2 + (-2)^2 + 3^2 + 1^2} = \sqrt{15},\\
&\|\boldsymbol{b}\| = \sqrt{3^2 + 4^2 + 0^2 + 5^2} = 5\sqrt{2}.
\end{aligned}$$

$\boldsymbol{a}, \boldsymbol{b}$ をそれぞれ正規化すると $\dfrac{\boldsymbol{a}}{\|\boldsymbol{a}\|} = \dfrac{1}{\sqrt{15}}\begin{pmatrix} 1 \\ -2 \\ 3 \\ 1 \end{pmatrix}$，$\dfrac{\boldsymbol{b}}{\|\boldsymbol{b}\|} = \dfrac{1}{5\sqrt{2}}\begin{pmatrix} 3 \\ 4 \\ 0 \\ 5 \end{pmatrix}$ となる．

定理 3.4.2　$\boldsymbol{R}^n$ のベクトルの長さについて，次の不等式が成り立つ．
(1)　$|(\boldsymbol{a},\, \boldsymbol{b})| \leqq \|\boldsymbol{a}\|\,\|\boldsymbol{b}\|$　　(シュワルツの不等式)
(2)　$\|\boldsymbol{a} + \boldsymbol{b}\| \leqq \|\boldsymbol{a}\| + \|\boldsymbol{b}\|$　　(三角不等式)

[証明]　(1)　$\boldsymbol{a} = \boldsymbol{0}$ のときは両辺とも 0 になり，等号が成り立つので，以下 $\boldsymbol{a} \neq \boldsymbol{0}$ としてもよい．任意の実数 t に対して，$\|t\boldsymbol{a} + \boldsymbol{b}\|^2 \geqq 0$ であり

$$\begin{aligned}
\|t\boldsymbol{a} + \boldsymbol{b}\|^2 &= (t\boldsymbol{a} + \boldsymbol{b},\, t\boldsymbol{a} + \boldsymbol{b})\\
&= t^2(\boldsymbol{a},\, \boldsymbol{a}) + 2t(\boldsymbol{a},\, \boldsymbol{b}) + (\boldsymbol{b},\, \boldsymbol{b})\\
&= \|\boldsymbol{a}\|^2 t^2 + 2(\boldsymbol{a},\, \boldsymbol{b})t + \|\boldsymbol{b}\|^2
\end{aligned}$$

である．最後の式を t の 2 次関数とみたとき，値が常に 0 以上であるので，判別式から

$$(\boldsymbol{a},\, \boldsymbol{b})^2 - (\|\boldsymbol{a}\|\,\|\boldsymbol{b}\|)^2 \leqq 0$$

である．よって，$(\boldsymbol{a},\, \boldsymbol{b})^2 \leqq (\|\boldsymbol{a}\|\,\|\boldsymbol{b}\|)^2$ であり，(1) の不等式が得られる．

(2)　(1) から $(\boldsymbol{a},\, \boldsymbol{b}) \leqq \|\boldsymbol{a}\|\,\|\boldsymbol{b}\|$ であるので

$$\begin{aligned}\|\boldsymbol{a}+\boldsymbol{b}\|^2 &= \|\boldsymbol{a}\|^2 + 2(\boldsymbol{a},\, \boldsymbol{b}) + \|\boldsymbol{b}\|^2 \\ &\leqq \|\boldsymbol{a}\|^2 + 2\|\boldsymbol{a}\|\,\|\boldsymbol{b}\| + \|\boldsymbol{b}\|^2 = (\|\boldsymbol{a}\| + \|\boldsymbol{b}\|)^2\end{aligned}$$

となる．これより，(2) の不等式が得られる．■

$\boldsymbol{R}^n$ の $\boldsymbol{0}$ でない 2 つのベクトル $\boldsymbol{a}, \boldsymbol{b}$ に対して，$-1 \leqq \dfrac{(\boldsymbol{a},\, \boldsymbol{b})}{\|\boldsymbol{a}\|\,\|\boldsymbol{b}\|} \leqq 1$ であることが，シュワルツの不等式からわかるので

$$\cos\theta = \frac{(\boldsymbol{a},\, \boldsymbol{b})}{\|\boldsymbol{a}\|\,\|\boldsymbol{b}\|} \qquad (0 \leqq \theta \leqq \pi)$$

をみたす θ がただ 1 つ定まる．この θ を $\boldsymbol{a}$ と $\boldsymbol{b}$ の**なす角**という．とくに，$(\boldsymbol{a},\, \boldsymbol{b}) = 0$ のとき $\theta = \dfrac{\pi}{2}$ となるので，$\boldsymbol{a}$ と $\boldsymbol{b}$ は**直交する**といい，$\boldsymbol{a} \perp \boldsymbol{b}$ と表す．零ベクトル $\boldsymbol{0}$ はすべてのベクトルと直交しているとみなすことにする．

○**例 3.4.2**　$\boldsymbol{R}^4$ のベクトル $\boldsymbol{a} = {}^t(1\ \ 1\ \ 1\ \ 0)$，$\boldsymbol{b} = {}^t(1\ \ 1\ \ 1\ \ 1)$ のなす角を θ とするとき，$(\boldsymbol{a},\, \boldsymbol{b}) = 3$, $\|\boldsymbol{a}\| = \sqrt{3}$, $\|\boldsymbol{b}\| = 2$ より，$\cos\theta = \dfrac{(\boldsymbol{a},\, \boldsymbol{b})}{\|\boldsymbol{a}\|\,\|\boldsymbol{b}\|} = \dfrac{\sqrt{3}}{2}$ となるので，$\theta = \dfrac{\pi}{6}$ である．

3.4.2　直 交 系

$\boldsymbol{R}^n$ の $\boldsymbol{0}$ でないベクトル $\boldsymbol{a}_1, \boldsymbol{a}_2, \cdots, \boldsymbol{a}_r$ が互いに直交するとき，すなわち，

$$(\boldsymbol{a}_i,\, \boldsymbol{a}_j) = 0 \qquad (i \neq j)$$

であるとき，ベクトルの組 $\{\boldsymbol{a}_1, \boldsymbol{a}_2, \cdots, \boldsymbol{a}_r\}$ は**直交系**であるという．さらに，$\boldsymbol{a}_1, \boldsymbol{a}_2, \cdots, \boldsymbol{a}_r$ がすべて単位ベクトルであるとき，すなわち

$$(\boldsymbol{a}_i,\, \boldsymbol{a}_j) = \delta_{ij} \qquad (i, j = 1, 2, \cdots, r)$$

をみたすとき，$\{\boldsymbol{a}_1, \boldsymbol{a}_2, \cdots, \boldsymbol{a}_r\}$ は**正規直交系**であるという．ここで，δ_{ij} はクロネッカーのデルタである．また，$\boldsymbol{R}^n$ の部分空間 V の基底で正規直交系であるものを V の**正規直交基底**という．

○**例 3.4.3**　$\boldsymbol{R}^n$ の標準基底 $\{\boldsymbol{e}_1, \boldsymbol{e}_2, \cdots, \boldsymbol{e}_n\}$ は $\boldsymbol{R}^n$ の正規直交基底である．また，$\boldsymbol{R}^2$ において，$\boldsymbol{a}_1 = \begin{pmatrix} \cos\theta \\ \sin\theta \end{pmatrix}$，$\boldsymbol{a}_2 = \begin{pmatrix} -\sin\theta \\ \cos\theta \end{pmatrix}$ は正規直交基底をなす．

定理 3.4.3　$\boldsymbol{R}^n$ のベクトル $\boldsymbol{a}_1, \boldsymbol{a}_2, \cdots, \boldsymbol{a}_r$ が直交系をなすとき，それらは 1 次独立である．

［証明］　$c_1\boldsymbol{a}_1 + c_2\boldsymbol{a}_2 + \cdots + c_r\boldsymbol{a}_r = \boldsymbol{0}$ $(c_i \in \boldsymbol{R})$ とする．両辺と各 $\boldsymbol{a}_j$ $(1 \leqq j \leqq r)$ との内積をとると

$$c_1(\boldsymbol{a}_1, \boldsymbol{a}_j) + \cdots + c_j(\boldsymbol{a}_j, \boldsymbol{a}_j) + \cdots + c_r(\boldsymbol{a}_r, \boldsymbol{a}_j) = (\boldsymbol{0}, \boldsymbol{a}_j) = 0.$$

この式は，$(\boldsymbol{a}_i, \boldsymbol{a}_j) = 0$ $(i \neq j)$ より，$c_j(\boldsymbol{a}_j, \boldsymbol{a}_j) = 0$ となる．また $\boldsymbol{a}_j \neq \boldsymbol{0}$ より $(\boldsymbol{a}_j, \boldsymbol{a}_j) \neq 0$ であるので，$c_j = 0$ $(1 \leqq j \leqq r)$ を得る．したがって，$\boldsymbol{a}_1, \boldsymbol{a}_2, \cdots, \boldsymbol{a}_r$ は 1 次独立である．■

補題 3.4.4　$\boldsymbol{R}^n$ において，$\{\boldsymbol{b}_1, \boldsymbol{b}_2, \cdots, \boldsymbol{b}_k\}$ が直交系であり，$\boldsymbol{a}, \boldsymbol{b}_1, \boldsymbol{b}_2, \cdots, \boldsymbol{b}_k$ が 1 次独立とする．このとき

$$\boldsymbol{b} = \boldsymbol{a} - \frac{(\boldsymbol{a}, \boldsymbol{b}_1)}{(\boldsymbol{b}_1, \boldsymbol{b}_1)}\boldsymbol{b}_1 - \frac{(\boldsymbol{a}, \boldsymbol{b}_2)}{(\boldsymbol{b}_2, \boldsymbol{b}_2)}\boldsymbol{b}_2 - \cdots - \frac{(\boldsymbol{a}, \boldsymbol{b}_k)}{(\boldsymbol{b}_k, \boldsymbol{b}_k)}\boldsymbol{b}_k$$

とおくと，$\{\boldsymbol{b}, \boldsymbol{b}_1, \boldsymbol{b}_2, \cdots, \boldsymbol{b}_k\}$ は直交系であり

$$\langle \boldsymbol{b}, \boldsymbol{b}_1, \boldsymbol{b}_2, \cdots, \boldsymbol{b}_k \rangle = \langle \boldsymbol{a}, \boldsymbol{b}_1, \boldsymbol{b}_2, \cdots, \boldsymbol{b}_k \rangle$$

をみたす．

［証明］　$\boldsymbol{a}, \boldsymbol{b}_1, \boldsymbol{b}_2, \cdots, \boldsymbol{b}_r$ は 1 次独立より $\boldsymbol{b} \neq \boldsymbol{0}$ がわかる．$\boldsymbol{b}$ と $\boldsymbol{b}_j$ $(1 \leqq j \leqq r)$ との内積をとると

$$\begin{aligned}(\boldsymbol{b}, \boldsymbol{b}_j) &= (\boldsymbol{a}, \boldsymbol{b}_j) - \frac{(\boldsymbol{a}, \boldsymbol{b}_1)}{(\boldsymbol{b}_1, \boldsymbol{b}_1)}(\boldsymbol{b}_1, \boldsymbol{b}_j) - \cdots - \frac{(\boldsymbol{a}, \boldsymbol{b}_r)}{(\boldsymbol{b}_r, \boldsymbol{b}_r)}(\boldsymbol{b}_r, \boldsymbol{b}_j) \\ &= (\boldsymbol{a}, \boldsymbol{b}_j) - \frac{(\boldsymbol{a}, \boldsymbol{b}_j)}{(\boldsymbol{b}_j, \boldsymbol{b}_j)}(\boldsymbol{b}_j, \boldsymbol{b}_j) = 0.\end{aligned}$$

したがって，$\boldsymbol{b}, \boldsymbol{b}_1, \boldsymbol{b}_2, \cdots, \boldsymbol{b}_r$ は互いに直交し，直交系をなしている．

次に，$\boldsymbol{b}$ は $\boldsymbol{a}, \boldsymbol{b}_1, \boldsymbol{b}_2, \cdots, \boldsymbol{b}_k$ の 1 次結合であり，逆に $\boldsymbol{a}$ は $\boldsymbol{b}, \boldsymbol{b}_1, \boldsymbol{b}_2, \cdots, \boldsymbol{b}_k$ の 1 次結合で表されるので，$\langle \boldsymbol{b}, \boldsymbol{b}_1, \boldsymbol{b}_2, \cdots, \boldsymbol{b}_k \rangle = \langle \boldsymbol{a}, \boldsymbol{b}_1, \boldsymbol{b}_2, \cdots, \boldsymbol{b}_k \rangle$ である．■

この補題を用いて，$\boldsymbol{R}^n$ の部分空間 V の基底から V の正規直交基底が次の定理のように構成できる．この構成法を**グラム・シュミットの直交化法**という．

定理 3.4.5 (グラム・シュミットの直交化法)　$\{\boldsymbol{a}_1, \boldsymbol{a}_2, \cdots, \boldsymbol{a}_r\}$ を $\boldsymbol{R}^n$ の部分空間 V の基底とする．このとき

$$\begin{aligned}
\boldsymbol{b}_1 &= \boldsymbol{a}_1, \\
\boldsymbol{b}_2 &= \boldsymbol{a}_2 - \frac{(\boldsymbol{a}_2,\, \boldsymbol{b}_1)}{(\boldsymbol{b}_1,\, \boldsymbol{b}_1)}\boldsymbol{b}_1, \\
\boldsymbol{b}_3 &= \boldsymbol{a}_3 - \frac{(\boldsymbol{a}_3,\, \boldsymbol{b}_1)}{(\boldsymbol{b}_1,\, \boldsymbol{b}_1)}\boldsymbol{b}_1 - \frac{(\boldsymbol{a}_3,\, \boldsymbol{b}_2)}{(\boldsymbol{b}_2,\, \boldsymbol{b}_2)}\boldsymbol{b}_2, \\
&\vdots \\
\boldsymbol{b}_r &= \boldsymbol{a}_r - \frac{(\boldsymbol{a}_r,\, \boldsymbol{b}_1)}{(\boldsymbol{b}_1,\, \boldsymbol{b}_1)}\boldsymbol{b}_1 - \frac{(\boldsymbol{a}_r,\, \boldsymbol{b}_2)}{(\boldsymbol{b}_2,\, \boldsymbol{b}_2)}\boldsymbol{b}_2 - \cdots - \frac{(\boldsymbol{a}_r,\, \boldsymbol{b}_{r-1})}{(\boldsymbol{b}_{r-1},\, \boldsymbol{b}_{r-1})}\boldsymbol{b}_{r-1}
\end{aligned}$$

として

$$\boldsymbol{u}_1 = \frac{\boldsymbol{b}_1}{\|\boldsymbol{b}_1\|},\ \boldsymbol{u}_2 = \frac{\boldsymbol{b}_2}{\|\boldsymbol{b}_2\|},\ \cdots,\ \boldsymbol{u}_r = \frac{\boldsymbol{b}_r}{\|\boldsymbol{b}_r\|}$$

とすると，$\{\boldsymbol{u}_1, \boldsymbol{u}_2, \cdots, \boldsymbol{u}_r\}$ は V の正規直交基底となる．

[証明]　$k = 1, 2, \cdots, r$ について，$\boldsymbol{b}_1, \boldsymbol{b}_2, \cdots, \boldsymbol{b}_k$ が直交系をなすことを数学的帰納法により示す．

$k = 1$ のとき，$\boldsymbol{b}_1 = \boldsymbol{a}_1 \neq \boldsymbol{0}$ より明らかである．

$k \geqq 2$ とする．$\boldsymbol{b}_1, \boldsymbol{b}_2, \cdots, \boldsymbol{b}_k$ $(k < r)$ が直交系をなすとすると，これらは 1 次独立であり，$\boldsymbol{b}_j$ の構成法から $\langle \boldsymbol{a}_1, \boldsymbol{a}_2, \cdots, \boldsymbol{a}_k \rangle$ のベクトルである．よって，$\boldsymbol{a}_{k+1} \notin \langle \boldsymbol{a}_1, \boldsymbol{a}_2, \cdots, \boldsymbol{a}_k \rangle$ から $\boldsymbol{a}_{k+1} \notin \langle \boldsymbol{b}_1, \boldsymbol{b}_2, \cdots, \boldsymbol{b}_k \rangle$ であり，命題 3.2.1 により $\boldsymbol{a}_{r+1}, \boldsymbol{b}_1, \boldsymbol{b}_2, \cdots, \boldsymbol{b}_k$ は 1 次独立になる．補題 3.4.4 において $\boldsymbol{a}$ を $\boldsymbol{a}_{k+1}$，$\boldsymbol{b}$ を $\boldsymbol{b}_{k+1}$ とすれば，$\boldsymbol{b}_1, \boldsymbol{b}_2, \cdots, \boldsymbol{b}_k, \boldsymbol{b}_{k+1}$ は直交系をなすことがわかる．以上で，$k = 1, 2, \cdots, r$ について，$\boldsymbol{b}_1, \boldsymbol{b}_2, \cdots, \boldsymbol{b}_k$ が直交系をなすことが示された．

とくに，$\{\boldsymbol{b}_1, \boldsymbol{b}_2, \cdots, \boldsymbol{b}_r\}$ は直交系であり，r 個の 1 次独立なベクトルからなるので，V の基底となる．よって，各 $\boldsymbol{b}_j$ を正規化すれば，$\{\boldsymbol{u}_1, \boldsymbol{u}_2, \cdots, \boldsymbol{u}_r\}$ は V の正規直交基底である．　■

例題 3.4.1　$\boldsymbol{R}^3$ の基底をなす 3 つのベクトル

$$\boldsymbol{a}_1 = \begin{pmatrix} 1 \\ 1 \\ 1 \end{pmatrix},\quad \boldsymbol{a}_2 = \begin{pmatrix} 1 \\ 2 \\ 1 \end{pmatrix},\quad \boldsymbol{a}_3 = \begin{pmatrix} 1 \\ 1 \\ 3 \end{pmatrix}$$

にグラム・シュミットの直交化法を適用して，$\boldsymbol{R}^3$ の正規直交基底を求めよ．

[解答]　まず，$\boldsymbol{a}_1, \boldsymbol{a}_2, \boldsymbol{a}_3$ から直交系をつくる．

$$\boldsymbol{b}_1 = \boldsymbol{a}_1 = \begin{pmatrix} 1 \\ 1 \\ 1 \end{pmatrix},$$

$$\boldsymbol{b}_2 = \boldsymbol{a}_2 - \frac{(\boldsymbol{a}_2,\, \boldsymbol{b}_1)}{(\boldsymbol{b}_1,\, \boldsymbol{b}_1)}\boldsymbol{b}_1 = \begin{pmatrix} 1 \\ 2 \\ 1 \end{pmatrix} - \frac{4}{3}\begin{pmatrix} 1 \\ 1 \\ 1 \end{pmatrix} = \frac{1}{3}\begin{pmatrix} -1 \\ 2 \\ -1 \end{pmatrix},$$

$$\begin{aligned}\boldsymbol{b}_3 &= \boldsymbol{a}_3 - \frac{(\boldsymbol{a}_3,\, \boldsymbol{b}_1)}{(\boldsymbol{b}_1,\, \boldsymbol{b}_1)}\boldsymbol{b}_1 - \frac{(\boldsymbol{a}_3,\, \boldsymbol{b}_2)}{(\boldsymbol{b}_2,\, \boldsymbol{b}_2)}\boldsymbol{b}_2 \\ &= \begin{pmatrix} 1 \\ 1 \\ 3 \end{pmatrix} - \frac{5}{3}\begin{pmatrix} 1 \\ 1 \\ 1 \end{pmatrix} - \left(-\frac{1}{3}\right)\begin{pmatrix} -1 \\ 2 \\ -1 \end{pmatrix} = \frac{1}{3}\begin{pmatrix} -3 \\ 0 \\ 3 \end{pmatrix} = \begin{pmatrix} -1 \\ 0 \\ 1 \end{pmatrix}\end{aligned}$$

直交系 $\{\boldsymbol{b}_1, \boldsymbol{b}_2, \boldsymbol{b}_3\}$ を正規化して，$\boldsymbol{R}^3$ の次の正規直交基底を得る．

$$\left\{ \frac{1}{\sqrt{3}}\begin{pmatrix} 1 \\ 1 \\ 1 \end{pmatrix},\ \frac{1}{\sqrt{6}}\begin{pmatrix} -1 \\ 2 \\ -1 \end{pmatrix},\ \frac{1}{\sqrt{2}}\begin{pmatrix} -1 \\ 0 \\ 1 \end{pmatrix} \right\}$$

■

$\boldsymbol{R}^n$ の線形変換 f が内積を保つ，すなわち

$$(f(\boldsymbol{x}),\, f(\boldsymbol{y})) = (\boldsymbol{x},\, \boldsymbol{y}) \quad (\boldsymbol{x}, \boldsymbol{y} \in \boldsymbol{R}^n)$$

をみたすとき f を**直交変換**という．直交変換 f の表現行列 A はどのような行列かをみてみよう．

定理 3.4.6　n 次正方行列 $A = (\boldsymbol{a}_1\ \ \boldsymbol{a}_2\ \ \cdots\ \ \boldsymbol{a}_n)$ について，次の (1)～(4) は同値である．

(1) $\|A\boldsymbol{x}\| = \|\boldsymbol{x}\| \qquad (\boldsymbol{x} \in \boldsymbol{R}^n)$

(2) $(A\boldsymbol{x},\, A\boldsymbol{y}) = (\boldsymbol{x},\, \boldsymbol{y}) \qquad (\boldsymbol{x}, \boldsymbol{y} \in \boldsymbol{R}^n)$

(3) $\{\boldsymbol{a}_1, \boldsymbol{a}_2, \cdots, \boldsymbol{a}_n\}$ は $\boldsymbol{R}^n$ の正規直交基底.

(4) ${}^tAA = A\,{}^tA = E_n$

[証明]　(1) $\Longrightarrow$ (2)　$\|\boldsymbol{x} + \boldsymbol{y}\|^2 = \|\boldsymbol{x}\|^2 + 2(\boldsymbol{x}, \boldsymbol{y}) + \|\boldsymbol{y}\|^2$ から

$$(\boldsymbol{x},\, \boldsymbol{y}) = \frac{1}{2}\left(\|\boldsymbol{x} + \boldsymbol{y}\|^2 - \|\boldsymbol{x}\|^2 - \|\boldsymbol{y}\|^2\right)$$

であり，$\|\boldsymbol{x} + \boldsymbol{y}\| = \|A(\boldsymbol{x} + \boldsymbol{y})\| = \|A\boldsymbol{x} + A\boldsymbol{y}\|$，$\|\boldsymbol{x}\| = \|A\boldsymbol{x}\|$，$\|\boldsymbol{y}\| = \|A\boldsymbol{y}\|$ より $(\boldsymbol{x},\, \boldsymbol{y}) = (A\boldsymbol{x},\, A\boldsymbol{y})$ である．

(2) $\Longrightarrow$ (3)　$\boldsymbol{R}^n$ の標準基底 $\{\boldsymbol{e}_1, \boldsymbol{e}_2, \cdots, \boldsymbol{e}_n\}$ に対して

$$(\boldsymbol{a}_i,\, \boldsymbol{a}_j) = (A\boldsymbol{e}_i,\, A\boldsymbol{e}_j) = (\boldsymbol{e}_i,\, \boldsymbol{e}_j) = \delta_{ij}$$

となるので，$\{\boldsymbol{a}_1, \boldsymbol{a}_2, \cdots, \boldsymbol{a}_n\}$ は $\boldsymbol{R}^n$ の正規直交基底である．

(3) $\Longrightarrow$ (4)　${}^tA$ の第 i 行ベクトルは ${}^t\boldsymbol{a}_i$ であるので

$${}^tAA \text{ の } (i, j) \text{ 成分} = {}^t\boldsymbol{a}_i\boldsymbol{a}_j = (\boldsymbol{a}_i,\, \boldsymbol{a}_j) = \delta_{ij}$$

となる．よって，${}^tAA = E_n$ であり，$A^{-1} = {}^tA$ となるので $A\,{}^tA = E_n$ である．

(4) $\Longrightarrow$ (1)　$\|A\boldsymbol{x}\|^2 = (A\boldsymbol{x},\, A\boldsymbol{x}) = {}^t(A\boldsymbol{x})A\boldsymbol{x} = {}^t\boldsymbol{x}\,{}^tAA\boldsymbol{x} = {}^t\boldsymbol{x}E_n\boldsymbol{x} = {}^t\boldsymbol{x}\boldsymbol{x} = (\boldsymbol{x},\, \boldsymbol{x}) = \|\boldsymbol{x}\|^2$ より，$\|A\boldsymbol{x}\| = \|\boldsymbol{x}\|$ である．■

直交変換の表現行列，すなわち，定理 3.4.5 の (1)〜(4) のいずれかをみたす行列 A を n 次**直交行列**という．(4) より A は正則であり，逆行列は $A^{-1} = {}^tA$ で与えられる．

○**例 3.4.4**　$A = \begin{pmatrix} \cos\theta & -\sin\theta \\ \sin\theta & \cos\theta \end{pmatrix}$ および $B = \begin{pmatrix} \cos\theta & \sin\theta \\ \sin\theta & -\cos\theta \end{pmatrix}$ は 2 次の直交行列である．A は，xy 平面で原点中心の θ 回転の行列であり，B は，直線 $y = \left(\tan\dfrac{\theta}{2}\right)x$ に関して線対称な点に移す線形変換の行列になっている．2 次の直交行列は，A または B の形の行列になることを示すことができる．(演習問題 3.4.7)

3.4.3　複 素 内 積

複素数を成分とする n 次数ベクトルの全体を $\boldsymbol{C}^n$ で表す．$\boldsymbol{C}^n$ の 2 つのベクトル $\boldsymbol{a} = {}^t(a_1\ \ a_2\ \ \cdots\ \ a_n)$, $\boldsymbol{b} = {}^t(b_1\ \ b_2\ \ \cdots\ \ b_n)$ に対して，複素数値

$$(\boldsymbol{a},\, \boldsymbol{b}) = a_1\overline{b_1} + a_2\overline{b_2} + \cdots + a_n\overline{b_n} = {}^t\boldsymbol{a}\overline{\boldsymbol{b}}$$

を $\boldsymbol{a}, \boldsymbol{b}$ の**標準複素内積**または簡単に**複素内積**という．ここで，複素数 a に対して，$\overline{a}$ はその共役複素数を表し，複素行列 $A = (a_{ij})$ に対して，$\overline{A} = (\,\overline{a_{ij}}\,)$ である．

複素内積も $\boldsymbol{R}^n$ の内積とほぼ同じ次の性質をもつことがわかる．

命題 3.4.7　$\boldsymbol{C}^n$ の複素内積は，次の性質をもつ．

(1)′　$(\boldsymbol{a},\, \boldsymbol{b}) = \overline{(\boldsymbol{b},\, \boldsymbol{a})}$

(2)′　$(\boldsymbol{a} + \boldsymbol{b},\, \boldsymbol{c}) = (\boldsymbol{a},\, \boldsymbol{c}) + (\boldsymbol{b},\, \boldsymbol{c})$

(3)′　$(c\boldsymbol{a},\, \boldsymbol{b}) = c(\boldsymbol{a},\, \boldsymbol{b}), \quad (\boldsymbol{a},\, c\boldsymbol{b}) = \overline{c}(\boldsymbol{a},\, \boldsymbol{b}) \qquad (c \in \boldsymbol{C})$

(4)′　$(\boldsymbol{a},\, \boldsymbol{a}) \geqq 0$，ただし等号成立は $\boldsymbol{a} = \boldsymbol{0}$ のときに限る．

性質 $(1)'$ と $(3)'$ が $\boldsymbol{R}^n$ の内積と異なるので注意が必要である．複素内積に関しても，$(\boldsymbol{a}, \boldsymbol{b}) = 0$ であるとき，$\boldsymbol{a}$ と $\boldsymbol{b}$ は**直交する**という．また，性質 $(4)'$ から $\boldsymbol{C}^n$ のベクトル $\boldsymbol{a} = {}^t(a_1\ \ a_2\ \ \cdots\ \ a_n)$ にも**長さ** $\|\boldsymbol{a}\|$ が

$$\|\boldsymbol{a}\| = \sqrt{(\boldsymbol{a}, \boldsymbol{a})} = \sqrt{|a_1|^2 + |a_2|^2 + \cdots + |a_n|^2}$$

により定義される．$\boldsymbol{R}^n$ のときとほぼ同様に，シュワルツの不等式と三角不等式が成り立つことを示すことができる．さらに，グラム・シュミットの直交化法を用いて 1 次独立系から正規直交系を構成することができる．複素内積を保つ複素行列 U (すなわち，$(U\boldsymbol{x}, U\boldsymbol{y}) = (\boldsymbol{x}, \boldsymbol{y})$) は，

$${}^t\overline{U}U = U\,{}^t\overline{U} = E$$

をみたす行列として特徴づけられ，**ユニタリ行列**とよばれる．

演 習 問 題

以下の問題では，ベクトルは実ベクトルとする．

3.4.1 2 つのベクトル $\boldsymbol{a} = \begin{pmatrix} c \\ -1 \\ 2 \\ 3 \end{pmatrix}$，$\boldsymbol{b} = \begin{pmatrix} 1 \\ -3 \\ -2 \\ c \end{pmatrix}$ のなす角が $\dfrac{\pi}{2}$，$\dfrac{\pi}{3}$，$\dfrac{2\pi}{3}$ であるときの c の値をそれぞれ求めよ．

3.4.2 $\boldsymbol{R}^n$ のベクトル $\boldsymbol{a}, \boldsymbol{b}$ について，次を示せ．

(1) $\|\boldsymbol{a} + \boldsymbol{b}\|^2 + \|\boldsymbol{a} - \boldsymbol{b}\|^2 = 2\left(\|\boldsymbol{a}\|^2 + \|\boldsymbol{b}\|^2\right)$

(2) $(\boldsymbol{a}, \boldsymbol{b}) = \dfrac{1}{4}\left(\|\boldsymbol{a} + \boldsymbol{b}\|^2 - \|\boldsymbol{a} - \boldsymbol{b}\|^2\right)$

(3) $\big|\,\|\boldsymbol{a}\| - \|\boldsymbol{b}\|\,\big| \leqq \|\boldsymbol{a} - \boldsymbol{b}\|$

3.4.3 グラム・シュミットの直交化法により，次のベクトルの組から正規直交系をつくれ．

(1) $\begin{pmatrix} 1 \\ -2 \end{pmatrix}$，$\begin{pmatrix} 3 \\ 1 \end{pmatrix}$　(2) $\begin{pmatrix} 1 \\ 2 \\ 2 \end{pmatrix}$，$\begin{pmatrix} 2 \\ 1 \\ 1 \end{pmatrix}$，$\begin{pmatrix} 1 \\ 0 \\ 1 \end{pmatrix}$　(3) $\begin{pmatrix} 1 \\ 1 \\ 1 \\ 1 \end{pmatrix}$，$\begin{pmatrix} 1 \\ 2 \\ 3 \\ 4 \end{pmatrix}$，$\begin{pmatrix} 2 \\ 1 \\ 0 \\ 1 \end{pmatrix}$

3.4.4 次の $\boldsymbol{R}^4$ の部分空間 V の正規直交基底を 1 組求めよ．

$$V = \left\{ \begin{pmatrix} x_1 \\ x_2 \\ x_3 \\ x_4 \end{pmatrix} \middle|\ x_1 + 2x_2 + 3x_3 + x_4 = 0 \right\}$$

3.4.5 $\{\boldsymbol{u}_1, \boldsymbol{u}_2, \cdots, \boldsymbol{u}_n\}$ が $\boldsymbol{R}^n$ の正規直交基底であるとき，任意の $\boldsymbol{a} \in \boldsymbol{R}^n$ に対して次が成り立つことを示せ.

(1) $\boldsymbol{a} = (\boldsymbol{a}, \boldsymbol{u}_1)\boldsymbol{u}_1 + (\boldsymbol{a}, \boldsymbol{u}_2)\boldsymbol{u}_2 + \cdots + (\boldsymbol{a}, \boldsymbol{u}_n)\boldsymbol{u}_n$

(2) $\|\boldsymbol{a}\|^2 = (\boldsymbol{a}, \boldsymbol{u}_1)^2 + (\boldsymbol{a}, \boldsymbol{u}_2)^2 + \cdots + (\boldsymbol{a}, \boldsymbol{u}_n)^2$

3.4.6 $\boldsymbol{u}_1 = \begin{pmatrix} a \\ -a \\ a \end{pmatrix}$, $\boldsymbol{u}_2 = \begin{pmatrix} b \\ b \\ c \end{pmatrix}$, $\boldsymbol{u}_3 = \begin{pmatrix} d \\ e \\ f \end{pmatrix}$ は $\boldsymbol{R}^3$ の正規直交基底をなすとする．ただし，$a, b, d \geqq 0$ とする.

(1) a, b, c, d, e, f の値を求めよ.

(2) $\boldsymbol{a} = \begin{pmatrix} 3 \\ 2 \\ 1 \end{pmatrix}$ を $\boldsymbol{u}_1, \boldsymbol{u}_2, \boldsymbol{u}_3$ の 1 次結合で表せ.

3.4.7 2 次の直交行列は，$\begin{pmatrix} \cos\theta & -\sin\theta \\ \sin\theta & \cos\theta \end{pmatrix}$ または $\begin{pmatrix} \cos\theta & \sin\theta \\ \sin\theta & -\cos\theta \end{pmatrix}$ の形で表されることを示せ.

3.4.8 $\boldsymbol{R}^n$ のベクトル $\boldsymbol{a}$ $(\neq \boldsymbol{0})$ に対して，写像 $f : \boldsymbol{R}^n \longrightarrow \boldsymbol{R}^n$ を次で定義する.

$$f(\boldsymbol{x}) = \boldsymbol{x} - \frac{2(\boldsymbol{a}, \boldsymbol{x})}{(\boldsymbol{a}, \boldsymbol{a})}\boldsymbol{a} \quad (\boldsymbol{x} \in \boldsymbol{R}^n)$$

(1) f は $\boldsymbol{R}^n$ の線形変換であることを示せ.

(2) f は $\boldsymbol{R}^n$ の直交変換であることを示せ.

(3) $n = 3$ で $\boldsymbol{a} = \begin{pmatrix} 1 \\ -1 \\ 1 \end{pmatrix}$ とするとき，f の表現行列 A を求め，A が直交行列であることを確かめよ.

4
正方行列の対角化

4.1 固有値と固有ベクトル

4.1.1 固 有 値

n 次正方行列 A に対して，次の式をみたすスカラー λ を A の**固有値**，n 次列ベクトル $\boldsymbol{x}$ を λ に対する**固有ベクトル**という．

$$A\boldsymbol{x} = \lambda\boldsymbol{x} \quad (\boldsymbol{x} \neq \boldsymbol{0}) \tag{4.1.1}$$

ここで一般には，λ は複素数であり，$\boldsymbol{x}$ は $\boldsymbol{C}^n$ のベクトルである．

●注意　実行列でも固有値が実数でないことがあるため，本章では一般に $\boldsymbol{C}^n$ のベクトルを考える必要がある．前章までの実数成分の行列，行列式，数ベクトルに関する各種の結果は，複素数成分としても同様に成り立つので，とくに断らずに用いることにする．

○例 **4.1.1**　$A = \begin{pmatrix} 3 & 1 \\ -1 & 1 \end{pmatrix}$ に対して，$\boldsymbol{x} = \begin{pmatrix} 1 \\ -1 \end{pmatrix}$ とすると $A\boldsymbol{x} = 2\boldsymbol{x}$ となるので，2 は A の固有値であり，$\boldsymbol{x}$ は固有値 2 に対する固有ベクトルである．また，$B = \begin{pmatrix} 1 & 1 \\ -1 & 1 \end{pmatrix}$ に対して，$\boldsymbol{y} = \begin{pmatrix} 1 \\ i \end{pmatrix}$ (i は虚数単位) とすると $B\boldsymbol{y} = (1+i)\boldsymbol{y}$ となるので，$1+i$ は B の固有値であり，$\boldsymbol{y}$ は固有値 $1+i$ に対する固有ベクトルである．

スカラー λ が A の固有値であることの定義 (4.1.1) を書き換えると

$$(\lambda E - A)\boldsymbol{x} = \boldsymbol{0} \qquad (\boldsymbol{x} \neq \boldsymbol{0})$$

となる．これは，$\lambda E - A$ を係数行列とする同次連立 1 次方程式が自明でない解をもつことを意味しているので，定理 2.3.4, 2.5.5 より

$$|\lambda E - A| = 0$$

であることと同値である．したがって，n 次正方行列 $A = (a_{ij})$ に対して，t の n 次多項式 $\varphi_A(t)$ を

$$\varphi_A(t) = |tE - A| = \begin{vmatrix} t - a_{11} & -a_{12} & \cdots & -a_{1n} \\ -a_{21} & t - a_{22} & \cdots & -a_{2n} \\ \vdots & \vdots & \ddots & \vdots \\ -a_{n1} & -a_{n2} & \cdots & t - a_{nn} \end{vmatrix}$$

とするとき，次の定理を得る．

定理 4.1.1　n 次正方行列 A と $\lambda \in \boldsymbol{C}$ に対して，次が成り立つ．

$$\lambda \text{ は } A \text{ の固有値} \iff \varphi_A(\lambda) = 0$$

$\varphi_A(t)$ を A の**固有多項式**または**特性多項式**という．また，方程式 $\varphi_A(t) = 0$ を A の**固有方程式**または**特性方程式**という．「代数学の基本定理」により，n 次方程式である $\varphi_A(t) = 0$ は複素数の範囲で重複を込めて n 個の解をもち，A の相異なる固有値の全体を $\lambda_1, \lambda_2, \cdots, \lambda_r$ とすれば

$$\varphi_A(t) = (t - \lambda_1)^{m_1}(t - \lambda_2)^{m_2} \cdots (t - \lambda_r)^{m_r}$$

と表すことができる．ここで，$m_1 + m_2 + \cdots + m_r = n$ である．それぞれの m_i を固有値 λ_i の**重複度**という．

●**注意**　n 次正方行列 A と n 次正則行列に P に対して

$$\begin{aligned} \varphi_{P^{-1}AP}(t) &= |tE - P^{-1}AP| = |P^{-1}(tE - A)P| \\ &= |P^{-1}|\,|tE - A|\,|P| = |tE - A| = \varphi_A(t) \end{aligned}$$

より，$P^{-1}AP$ と A の固有値は重複度を込めて一致する．

○**例 4.1.2**　$A = \begin{pmatrix} 1 & 2 \\ 4 & 3 \end{pmatrix}$ の固有値と固有ベクトルを求めよう．まず，A の固有多項式は

$$\varphi_A(t) = \begin{vmatrix} t - 1 & -2 \\ -4 & t - 3 \end{vmatrix} = t^2 - 4t - 5 = (t - 5)(t + 1)$$

より，A の固有値は 5 と -1 である．固有値 5 に対する固有ベクトル $\boldsymbol{x} = \begin{pmatrix} x_1 \\ x_2 \end{pmatrix}$ は

$$(5E-A)\boldsymbol{x} = \begin{pmatrix} 4 & -2 \\ -4 & 2 \end{pmatrix} \begin{pmatrix} x_1 \\ x_2 \end{pmatrix} = \begin{pmatrix} 0 \\ 0 \end{pmatrix}$$

の自明でない解である．このとき $2x_1 - x_2 = 0$ より，$x_1 = c$ とおくと，$x_2 = 2c$．ゆえに，$\boldsymbol{x} = c\begin{pmatrix} 1 \\ 2 \end{pmatrix}$ (c は 0 でない任意の数) となる．次に，固有値 -1 に対する固有ベクトル $\boldsymbol{y} = \begin{pmatrix} y_1 \\ y_2 \end{pmatrix}$ は

$$(-E-A)\boldsymbol{y} = \begin{pmatrix} -2 & -2 \\ -4 & -4 \end{pmatrix} \begin{pmatrix} y_1 \\ y_2 \end{pmatrix} = \begin{pmatrix} 0 \\ 0 \end{pmatrix}$$

の自明でない解であり，このとき $y_1 + y_2 = 0$ より，$y_1 = d$ とおくと，$y_2 = -d$．ゆえに，$\boldsymbol{y} = d\begin{pmatrix} 1 \\ -1 \end{pmatrix}$ (d は 0 でない任意の数) となる．

4.1.2 固 有 空 間

n 次正方行列 A に対して，固有値 λ に対する固有ベクトル全体と零ベクトルからなる集合

$$V(\lambda) = \{\boldsymbol{x} \in \boldsymbol{C}^n \mid (\lambda E - A)\boldsymbol{x} = \boldsymbol{0}\}$$

を固有値 λ の**固有空間**という．$V(\lambda)$ は同次連立 1 次方程式 $(\lambda E - A)\boldsymbol{x} = \boldsymbol{0}$ の解空間なので，$\boldsymbol{C}^n$ の部分空間であり，系 3.3.6 より

$$\dim V(\lambda) = n - \operatorname{rank}(\lambda E - A) \tag{4.1.2}$$

である．一般に，$1 \leqq \dim V(\lambda) \leqq$ (λ の重複度) が成り立つ．(演習問題 4.1.5)

例題 4.1.1 行列 $A = \begin{pmatrix} 3 & -2 & 2 \\ -2 & 3 & -2 \\ -2 & 2 & -1 \end{pmatrix}$ の固有値と固有空間を求めよ．

[解答] 例えば次のように A の固有多項式 $\varphi_A(t)$ を変形する．

$$|tE - A| = \begin{vmatrix} t-3 & 2 & -2 \\ 2 & t-3 & 2 \\ 2 & -2 & t+1 \end{vmatrix} \underset{①+②}{=} \begin{vmatrix} t-1 & t-1 & 0 \\ 2 & t-3 & 2 \\ 2 & -2 & t+1 \end{vmatrix}$$

$$\underset{\boxed{2}+\boxed{1}\times(-1)}{=} \begin{vmatrix} t-1 & 0 & 0 \\ 2 & t-5 & 2 \\ 2 & -4 & t+1 \end{vmatrix} = (t-1)\begin{vmatrix} t-5 & 2 \\ -4 & t+1 \end{vmatrix}$$

$$= (t-1)^2(t-3)$$

となり，固有値は 1 (重複度 2) と 3 である．固有空間 $V(1)$ は

$$(E-A)\boldsymbol{x} = \begin{pmatrix} -2 & 2 & -2 \\ 2 & -2 & 2 \\ 2 & -2 & 2 \end{pmatrix} \begin{pmatrix} x \\ y \\ z \end{pmatrix} = \begin{pmatrix} 0 \\ 0 \\ 0 \end{pmatrix}$$

の解空間である．$x-y+z=0$ より，$y=c,\ z=d$ とおくと $x=c-d$．よって

$$V(1) = \left\{ \begin{pmatrix} c-d \\ c \\ d \end{pmatrix} \middle| \ c,d \in \boldsymbol{C} \right\} = \left\langle \begin{pmatrix} 1 \\ 1 \\ 0 \end{pmatrix}, \begin{pmatrix} -1 \\ 0 \\ 1 \end{pmatrix} \right\rangle.$$

固有空間 $V(3)$ は

$$(3E-A)\boldsymbol{x} = \begin{pmatrix} 0 & 2 & -2 \\ 2 & 0 & 2 \\ 2 & -2 & 4 \end{pmatrix} \begin{pmatrix} x \\ y \\ z \end{pmatrix} = \begin{pmatrix} 0 \\ 0 \\ 0 \end{pmatrix}$$

の解空間であり，$3E-A$ から階段行列に行基本変形すると

$$3E-A = \begin{pmatrix} 0 & 2 & -2 \\ 2 & 0 & 2 \\ 2 & -2 & 4 \end{pmatrix} \longrightarrow \cdots \longrightarrow \begin{pmatrix} 1 & 0 & 1 \\ 0 & 1 & -1 \\ 0 & 0 & 0 \end{pmatrix}$$

となる．よって，$x=-y=-z$ であり，$V(3) = \left\langle \begin{pmatrix} 1 \\ -1 \\ -1 \end{pmatrix} \right\rangle$ となる． ■

相異なる固有値に対する固有ベクトルのもつ性質を 1 つ述べておこう．

定理 4.1.2 $\lambda_1, \lambda_2, \cdots, \lambda_r$ を正方行列 A の相異なる固有値とし，$\boldsymbol{x}_i$ を λ_i に対する固有ベクトルとする $(i=1,2,\cdots,r)$．このとき，$\boldsymbol{x}_1, \boldsymbol{x}_2, \cdots, \boldsymbol{x}_r$ は 1 次独立である．

［証明］ r に関する数学的帰納法により示す．

$r=1$ のとき，$\boldsymbol{x}_1 \neq \boldsymbol{0}$ であるので $\boldsymbol{x}_1$ は 1 次独立である．

$r>1$ とする．$\boldsymbol{x}_1, \cdots, \boldsymbol{x}_{r-1}$ は 1 次独立と仮定して

$$c_1\boldsymbol{x}_1 + \cdots + c_{r-1}\boldsymbol{x}_{r-1} + c_r\boldsymbol{x}_r = \boldsymbol{0} \tag{4.1.3}$$

とする．両辺に左から A をかけると，$A\boldsymbol{x}_i = \lambda_i\boldsymbol{x}_i\ (1 \leqq i \leqq r)$ より

$$c_1\lambda_1\boldsymbol{x}_1 + \cdots + c_{r-1}\lambda_{r-1}\boldsymbol{x}_{r-1} + c_r\lambda_r\boldsymbol{x}_r = 0$$

となる．(4.1.3) の両辺を λ_r 倍した式からこの式を辺々引くと

$$c_1(\lambda_r-\lambda_1)\boldsymbol{x}_1 + \cdots + c_{r-1}(\lambda_r-\lambda_{r-1})\boldsymbol{x}_{r-1} = \boldsymbol{0}$$

が得られる．$\boldsymbol{x}_1, \cdots, \boldsymbol{x}_{r-1}$ は 1 次独立で，$\lambda_r - \lambda_i \neq 0\ (1 \leqq i \leqq r-1)$ であるので，$c_1 = \cdots = c_{r-1} = 0$ である．これと (4.1.3) より $c_r \boldsymbol{x}_r = \boldsymbol{0}$ となるが，$\boldsymbol{x}_r \neq \boldsymbol{0}$ なので $c_r = 0$．したがって，$\boldsymbol{x}_1, \cdots, \boldsymbol{x}_{r-1}, \boldsymbol{x}_r$ は 1 次独立である． ■

演習問題

4.1.1 次の行列の固有値と固有空間を求めよ．

(1) $\begin{pmatrix} 2 & 1 \\ -2 & 5 \end{pmatrix}$ (2) $\begin{pmatrix} a-2 & 1 \\ -4 & a+2 \end{pmatrix}$ (3) $\begin{pmatrix} 5 & 6 & -3 \\ 0 & 2 & 0 \\ 3 & 6 & -1 \end{pmatrix}$

(4) $\begin{pmatrix} -1 & 2 & -2 \\ 2 & -1 & 2 \\ 1 & 1 & 2 \end{pmatrix}$ (5) $\begin{pmatrix} 1 & -2 & 2 \\ 7 & -6 & 3 \\ 3 & -1 & -2 \end{pmatrix}$ (6) $\begin{pmatrix} 0 & 1 & 0 & 0 \\ 1 & 0 & 0 & 0 \\ 1 & 1 & 0 & 1 \\ 1 & 1 & 1 & 0 \end{pmatrix}$

4.1.2 $A = \begin{pmatrix} 1 & a \\ b & 3 \end{pmatrix}$ が 2 つの異なる正の固有値をもつための a, b の条件を求めよ．

4.1.3 n 次正方行列 $A = (a_{ij})$ の固有多項式 $\varphi_A(t)$ において，定数項は $(-1)^n|A|$ に等しく，t^{n-1} の係数は $-\mathrm{tr}\, A\ (= -a_{11} - a_{22} - \cdots - a_{nn})$ に等しいことを示せ．

4.1.4 A を正方行列とする．次を示せ．

(1) λ が A の固有値であるとき，自然数 k に対して λ^k は A^k の固有値である．

(2) A が 0 を固有値にもつ $\iff |A| = 0$

(3) A が正則で，λ が A の固有値であるとき，λ^{-1} は A^{-1} の固有値である．

4.1.5 λ を n 次正方行列 A の固有値とし，$\dim V(\lambda) = d$ とする．

(1) $V(\lambda)$ の基底 $\{\boldsymbol{p}_1, \cdots, \boldsymbol{p}_d\}$ を含む $\boldsymbol{C}^n$ の基底を $\{\boldsymbol{p}_1, \cdots, \boldsymbol{p}_d, \cdots, \boldsymbol{p}_n\}$ とし，$P = (\boldsymbol{p}_1 \cdots \boldsymbol{p}_d \cdots \boldsymbol{p}_n)$ とするとき，$P^{-1}AP = \begin{pmatrix} \lambda E_d & * \\ O & * \end{pmatrix}$ の形となることを示せ．

(2) $1 \leqq \dim V(\lambda) \leqq (\lambda$ の重複度$)$ を示せ．

4.2 行列の対角化

A を正方行列とする．ある正則行列 P によって $P^{-1}AP$ が対角行列となるとき，A は (P により) **対角化可能**であるという．このとき，対角行列 $P^{-1}AP$ にすることを正則行列 P による**対角化**という．

対角成分が $\lambda_1, \lambda_2, \cdots, \lambda_n$ である対角行列 $D = \mathrm{diag}\,(\lambda_1, \lambda_2, \cdots, \lambda_n)$ では，固有多項式 $\varphi_D(t) = (t - \lambda_1)(t - \lambda_2) \cdots (t - \lambda_n)$ より，重複度を込めて対角

成分が固有値である．A と $P^{-1}AP$ の固有値は重複度を込めて一致することから，対角化されたときの $P^{-1}AP$ の対角成分には，重複度を込めて A の固有値が並ぶことがわかる．

正方行列が対角化可能であるための条件を次の定理で与えよう．

定理 4.2.1　n 次正方行列 A について，次の (1)〜(3) は同値である．
(1)　A は対角化可能．
(2)　A の各固有値 λ について，$\dim V(\lambda) = (\lambda$ の重複度$)$．
(3)　A の固有ベクトルからなる $\boldsymbol{C}^n$ の基底が存在する．

[証明]　(1) $\Longrightarrow$ (2)　ある正則行列 P により，$P^{-1}AP = \mathrm{diag}\,(\lambda_1, \lambda_2, \cdots, \lambda_n)$ とする．系 3.3.7 から

$$\mathrm{rank}\,(\lambda E - A) = \mathrm{rank}\,P^{-1}(\lambda E - A)P = \mathrm{rank}\,(\lambda E - P^{-1}AP)$$

であり，$\lambda E - P^{-1}AP = \mathrm{diag}\,(\lambda - \lambda_1, \lambda - \lambda_2, \cdots, \lambda - \lambda_n)$ なので

$$\mathrm{rank}\,(\lambda E - P^{-1}AP) = (\lambda \neq \lambda_i \text{ である } i \text{ の個数}) = n - (\lambda \text{ の重複度}).$$

よって (4.1.2) から，$\dim V(\lambda) = n - \mathrm{rank}\,(\lambda E - A) = (\lambda$ の重複度$)$ である．

(2) $\Longrightarrow$ (3)　A の相異なる固有値全体を $\lambda_1, \lambda_2, \cdots, \lambda_r$ とする．各 i について，$\dim V(\lambda_i) = m_i$ とし，$\{\boldsymbol{p}_1^{(i)}, \boldsymbol{p}_2^{(i)}, \cdots, \boldsymbol{p}_{m_i}^{(i)}\}$ を $V(\lambda_i)$ の基底とする．ここで，$m_1 + m_2 + \cdots + m_r = n$ である．このとき，n 個のベクトル

$$\boldsymbol{p}_1^{(1)}, \boldsymbol{p}_2^{(1)}, \cdots, \boldsymbol{p}_{m_1}^{(1)}, \cdots\cdots, \boldsymbol{p}_1^{(r)}, \boldsymbol{p}_2^{(r)}, \cdots, \boldsymbol{p}_{m_r}^{(r)} \tag{4.2.1}$$

が $\boldsymbol{C}^n$ の基底をなす，すなわち，1 次独立であることを示そう．

$$\sum_{i=1}^{r} \left(c_1^{(i)}\boldsymbol{p}_1^{(i)} + c_2^{(i)}\boldsymbol{p}_2^{(i)} + \cdots + c_{m_i}^{(i)}\boldsymbol{p}_{m_i}^{(i)} \right) = \boldsymbol{0} \qquad (c_j^{(i)} \in \boldsymbol{C})$$

とする．$\boldsymbol{x}_i = c_1^{(i)}\boldsymbol{p}_1^{(i)} + c_2^{(i)}\boldsymbol{p}_2^{(i)} + \cdots + c_{m_i}^{(i)}\boldsymbol{p}_{m_i}^{(i)}$ $(1 \leqq i \leqq r)$ とおくと，$\boldsymbol{x}_i \in V(\lambda_i)$ であり，$\boldsymbol{x}_1 + \boldsymbol{x}_2 + \cdots + \boldsymbol{x}_r = \boldsymbol{0}$ となるので，定理 4.1.2 から $\boldsymbol{x}_i = \boldsymbol{0}$ $(1 \leqq i \leqq r)$ である．各 i について，$\boldsymbol{p}_1^{(i)}, \boldsymbol{p}_2^{(i)}, \cdots, \boldsymbol{p}_{m_i}^{(i)}$ は 1 次独立より，$c_1^{(1)} = \cdots = c_{m_i}^{(i)} = 0$ であり，(4.2.1) の固有ベクトルは 1 次独立である．

(3) $\Longrightarrow$ (1)　$\{\boldsymbol{p}_1, \boldsymbol{p}_2, \cdots, \boldsymbol{p}_n\}$ を固有ベクトルからなる $\boldsymbol{C}^n$ の基底とし，$A\boldsymbol{p}_i = \lambda_i\boldsymbol{p}_i$ $(1 \leqq i \leqq n)$ とする．このとき，n 次正方行列 $P = (\boldsymbol{p}_1\ \boldsymbol{p}_2\ \cdots\ \boldsymbol{p}_n)$ は正則行列であり

$$\begin{aligned} AP &= A\,(\boldsymbol{p}_1\ \boldsymbol{p}_2\ \cdots\ \boldsymbol{p}_n) = (A\boldsymbol{p}_1\ A\boldsymbol{p}_2\ \cdots\ A\boldsymbol{p}_n) \\ &= (\lambda_1\boldsymbol{p}_1\ \lambda_2\boldsymbol{p}_2\ \cdots\ \lambda_n\boldsymbol{p}_n) = (\boldsymbol{p}_1\ \boldsymbol{p}_2\ \cdots\ \boldsymbol{p}_n) \begin{pmatrix} \lambda_1 & 0 & \cdots & 0 \\ 0 & \lambda_2 & \cdots & 0 \\ \vdots & \vdots & \ddots & \vdots \\ 0 & 0 & \cdots & \lambda_n \end{pmatrix}. \end{aligned}$$

したがって，A は P により，$P^{-1}AP = \mathrm{diag}(\lambda_1, \lambda_2, \cdots, \lambda_n)$ と対角化される． ■

定理 4.2.1 の証明 (2) ⇒ (3) および (3) ⇒ (1) から，実際に対角化する正則行列を求めるには，各固有空間の基底を求めて列ベクトルに並べればよいことがわかり，対角化された行列の対角成分には対応する固有値が順に並ぶことがわかる．また，定理 4.1.2, 4.2.1 より次の系が得られる．

系 4.2.2 n 次正方行列 A が相異なる n 個の固有値をもてば，A は対角化可能である．

○**例 4.2.1** 例 4.1.2 の 2 次正方行列 $A = \begin{pmatrix} 1 & 2 \\ 4 & 3 \end{pmatrix}$ は，相異なる 2 つの固有値をもつので対角化可能である．$\boldsymbol{p}_1 = \begin{pmatrix} 1 \\ 2 \end{pmatrix}$，$\boldsymbol{p}_2 = \begin{pmatrix} 1 \\ -1 \end{pmatrix}$ はそれぞれ固有値 $5, -1$ に対する固有ベクトルであったので

$$P = (\boldsymbol{p}_1\ \ \boldsymbol{p}_2) = \begin{pmatrix} 1 & 1 \\ 2 & -1 \end{pmatrix}$$

とおけば,

$$AP = (A\boldsymbol{p}_1\ \ A\boldsymbol{p}_2) = (5\boldsymbol{p}_1\ \ -\boldsymbol{p}_2) = (\boldsymbol{p}_1\ \ \boldsymbol{p}_2)\begin{pmatrix} 5 & 0 \\ 0 & -1 \end{pmatrix}$$

より，$P^{-1}AP = \begin{pmatrix} 5 & 0 \\ 0 & -1 \end{pmatrix}$ となる．

例題 4.2.1 次の行列は対角化可能か調べ，対角化可能のときには正則行列により対角化せよ．

(1) $A = \begin{pmatrix} 1 & 4 & 5 \\ 1 & 1 & -2 \\ -1 & 2 & 5 \end{pmatrix}$ (2) $B = \begin{pmatrix} 1 & 2 & -2 \\ 4 & 3 & 2 \\ 8 & -4 & 9 \end{pmatrix}$

[解答] (1) $|tE - A| = \begin{vmatrix} t-1 & -4 & -5 \\ -1 & t-1 & 2 \\ 1 & -2 & t-5 \end{vmatrix} = (t-2)^2(t-3)$ より，A の固有値は 2 (重複度 2) と 3 である．固有値 2 に対して，$2E - A$ を階段行列に行基本変形をすると

$$2E-A=\begin{pmatrix}1&-4&-5\\-1&1&2\\1&-2&-3\end{pmatrix}\longrightarrow\cdots\longrightarrow\begin{pmatrix}1&0&-1\\0&1&1\\0&0&0\end{pmatrix}$$

となるので，$\mathrm{rank}\,(2E-A)=2$ である．したがって，$\dim V(2)=3-2=1\neq$ (2 の重複度) となるので，A は対角化できない．

(2) $|tE-B|=\begin{vmatrix}t-1&-2&2\\-4&t-3&-2\\-8&4&t-9\end{vmatrix}=(t-5)^2(t-3)$ より，B の固有値は 5 (重複度 2) と 3 である．固有値 5 に対して，$5E-B$ を階段行列に行基本変形をすると

$$5E-B=\begin{pmatrix}4&-2&2\\-4&2&-2\\-8&4&-4\end{pmatrix}\longrightarrow\cdots\longrightarrow\begin{pmatrix}1&-1/2&1/2\\0&0&0\\0&0&0\end{pmatrix}$$

となるので，$\dim V(5)=3-\mathrm{rank}\,(5E-B)=2=$ (5 の重複度) であり，$V(5)$ の基底に $\left\{\begin{pmatrix}1\\2\\0\end{pmatrix},\begin{pmatrix}0\\1\\1\end{pmatrix}\right\}$ がとれる．次に，固有値 3 に対して，$3E-B$ を階段行列に行基本変形をすると

$$3E-B=\begin{pmatrix}2&-2&2\\-4&0&-2\\-8&4&-6\end{pmatrix}\longrightarrow\cdots\longrightarrow\begin{pmatrix}1&0&1/2\\0&1&-1/2\\0&0&0\end{pmatrix}$$

となり，$V(3)$ の基底に $\left\{\begin{pmatrix}-1\\1\\2\end{pmatrix}\right\}$ がとれる．よって $V(5),V(3)$ の基底を並べて，

$P=\begin{pmatrix}1&0&-1\\2&1&1\\0&1&2\end{pmatrix}$ とおけば，$P^{-1}BP=\begin{pmatrix}5&0&0\\0&5&0\\0&0&3\end{pmatrix}$ と対角化できる．■

演 習 問 題

4.2.1 次の行列は対角化可能か調べ，対角化可能のときには正則行列により対角化せよ．

(1) $\begin{pmatrix}2&1\\0&2\end{pmatrix}$　(2) $\begin{pmatrix}3&-1\\-2&2\end{pmatrix}$　(3) $\begin{pmatrix}1&1&-3\\2&1&-4\\0&1&-2\end{pmatrix}$

(4) $\begin{pmatrix}3&-8&1\\1&-6&1\\-3&-1&-1\end{pmatrix}$　(5) $\begin{pmatrix}6&-6&2\\2&-1&1\\-4&6&0\end{pmatrix}$

4.2.2 対角化を利用して，次の行列の n 乗を求めよ．

(1) $\begin{pmatrix} 2 & -1 \\ 2 & 5 \end{pmatrix}$ (2) $\begin{pmatrix} 4 & 0 & 2 \\ 0 & 1 & 0 \\ -1 & 0 & 1 \end{pmatrix}$

4.2.3 $A = \begin{pmatrix} 7 & -6 \\ 3 & -2 \end{pmatrix}$ とする．対角化を利用して，$X^2 = A$ をみたす行列 X を 1 つ求めよ．

4.2.4 $\begin{pmatrix} a & b & c \\ 0 & a & d \\ 0 & 0 & -a \end{pmatrix}$ が対角化可能であるための条件を求めよ．

4.2.5 A を対角化可能な n 次正方行列とし，$\varphi_A(t) = t^n + a_1 t^{n-1} + \cdots + a_{n-1} t + a_n$ とするとき

$$\varphi_A(A) = A^n + a_1 A^{n-1} + \cdots + a_{n-1} A + a_n E = O$$

が成り立つことを示せ．(これは，任意の n 次正方行列について成り立っており，**ケーリー・ハミルトンの定理**という．)

4.3 実対称行列の対角化

A が**実対称行列**とは

$$ {}^tA = A$$

をみたす実行列である．以下で，実対称行列においては固有値はすべて実数となり，直交行列によって対角化できることをみる．

定理 4.3.1 A を n 次の実対称行列とするとき，次が成り立つ．
(1) A の固有値はすべて実数であり，固有ベクトルとして実ベクトルをとることができる．
(2) A の異なる固有値 λ, μ に対する固有ベクトル $\boldsymbol{x}, \boldsymbol{y}$ $(\in \boldsymbol{R}^n)$ は直交する．

［証明］ (1) $A\boldsymbol{x} = \lambda\boldsymbol{x}$ $(\lambda \in \boldsymbol{C},\ \boldsymbol{0} \neq \boldsymbol{x} \in \boldsymbol{C}^n)$ とする．複素内積の性質と ${}^tA = A = \overline{A}$ であることを用いると

$$\begin{aligned} \lambda(\boldsymbol{x}, \boldsymbol{x}) &= (\lambda\boldsymbol{x}, \boldsymbol{x}) = (A\boldsymbol{x}, \boldsymbol{x}) = {}^t(A\boldsymbol{x})\overline{\boldsymbol{x}} = {}^t\boldsymbol{x}\,{}^tA\overline{\boldsymbol{x}} \\ &= {}^t\boldsymbol{x}A\overline{\boldsymbol{x}} = {}^t\boldsymbol{x}\overline{A\boldsymbol{x}} = (\boldsymbol{x}, A\boldsymbol{x}) = (\boldsymbol{x}, \lambda\boldsymbol{x}) = \overline{\lambda}(\boldsymbol{x}, \boldsymbol{x}) \end{aligned}$$

であり，$(\boldsymbol{x}, \boldsymbol{x}) \neq 0$ であるので，$\lambda = \overline{\lambda}$ となる．したがって，λ は実数である．このとき，$\lambda E - A$ は実行列なので，連立 1 次方程式 $(\lambda E - A)\boldsymbol{x} = \boldsymbol{0}$ の解である固有ベクトルを実ベクトルでとることができる．

(2) $A\boldsymbol{x} = \lambda\boldsymbol{x}$，$A\boldsymbol{y} = \mu\boldsymbol{y}$ であり，(1) から λ, μ は実数であるので，$\boldsymbol{R}^n$ での内積を考えると

$$\begin{aligned}\lambda(\boldsymbol{x}, \boldsymbol{y}) &= (\lambda\boldsymbol{x}, \boldsymbol{y}) = (A\boldsymbol{x}, \boldsymbol{y}) = {}^t(A\boldsymbol{x})\boldsymbol{y} = {}^t\boldsymbol{x}\,{}^tA\boldsymbol{y} \\ &= {}^t\boldsymbol{x}A\boldsymbol{y} = (\boldsymbol{x}, A\boldsymbol{y}) = (\boldsymbol{x}, \mu\boldsymbol{y}) = \mu(\boldsymbol{x}, \boldsymbol{y})\end{aligned}$$

となるが，$\lambda \neq \mu$ より，$(\boldsymbol{x}, \boldsymbol{y}) = 0$．すなわち，$\boldsymbol{x}$ と $\boldsymbol{y}$ は直交する． ■

定理 4.3.2 実対称行列は直交行列により対角化可能である．

[証明] A を n 次実対称行列として，n に関する数学的帰納法により示す．

$n = 1$ のとき，A は対角行列であるので成り立つことは明らかである．

$n \geqq 2$ とし，$n-1$ では定理が成り立つと仮定する．A の固有値の 1 つを λ とし，$\boldsymbol{x}$ $(\in \boldsymbol{R}^n)$ を λ に対する固有ベクトルとする．$\boldsymbol{u}_1 = \boldsymbol{x}/\|\boldsymbol{x}\|$ とおけば，$\boldsymbol{u}_1$ は長さ 1 の固有ベクトルである．グラム・シュミットの直交化法により，$\boldsymbol{u}_1$ を含む $\boldsymbol{R}^n$ の正規直交基底 $\{\boldsymbol{u}_1, \boldsymbol{u}_2, \cdots, \boldsymbol{u}_n\}$ をつくることができる．このとき，$Q = (\boldsymbol{u}_1\ \boldsymbol{u}_2\ \cdots\ \boldsymbol{u}_n)$ とおけば，定理 3.4.6 から Q は直交行列であり

$$A\boldsymbol{u}_1 = \lambda\boldsymbol{u}_1, \quad A\boldsymbol{u}_j = b_{1j}\boldsymbol{u}_1 + b_{2j}\boldsymbol{u}_2 + \cdots + b_{nj}\boldsymbol{u}_n \quad (b_{ij} \in \boldsymbol{R};\ 2 \leqq j \leqq n)$$

と表されるので

$$AQ = (A\boldsymbol{u}_1\ A\boldsymbol{u}_2\ \cdots\ A\boldsymbol{u}_n) = (\boldsymbol{u}_1\ \boldsymbol{u}_2\ \cdots\ \boldsymbol{u}_n)\begin{pmatrix}\lambda & \boldsymbol{b}' \\ \boldsymbol{0} & B\end{pmatrix} = Q\begin{pmatrix}\lambda & \boldsymbol{b}' \\ \boldsymbol{0} & B\end{pmatrix}$$

と表される．ここで，$B = \begin{pmatrix} b_{22} & \cdots & b_{2n} \\ \vdots & & \vdots \\ b_{n2} & \cdots & b_{nn}\end{pmatrix}$，$\boldsymbol{b}' = (b_{12}\ \cdots\ b_{1n})$ である．$Q^{-1} = {}^tQ$ なので，${}^t(Q^{-1}AQ) = {}^tQ\,{}^tA\,{}^tQ^{-1} = Q^{-1}AQ$ であることから

$$\begin{pmatrix}\lambda & {}^t\boldsymbol{0} \\ {}^t\boldsymbol{b}' & {}^tB\end{pmatrix} = \begin{pmatrix}\lambda & \boldsymbol{b}' \\ \boldsymbol{0} & B\end{pmatrix}$$

となる．したがって，B は $n-1$ 次の実対称行列であり，$\boldsymbol{b}' = {}^t\boldsymbol{0}$ である．

帰納法の仮定から，$n-1$ 次の直交行列 R と実対角行列 D が存在し，${}^tRBR = D$ と表される．

$$P = Q\begin{pmatrix}1 & {}^t\boldsymbol{0} \\ \boldsymbol{0} & R\end{pmatrix}$$

とおけば，P は直交行列であり

$$\begin{aligned}P^{-1}AP = {}^tPAP &= \begin{pmatrix}1 & {}^t\boldsymbol{0} \\ \boldsymbol{0} & {}^tR\end{pmatrix}{}^tQAQ\begin{pmatrix}1 & {}^t\boldsymbol{0} \\ \boldsymbol{0} & R\end{pmatrix} \\ &= \begin{pmatrix}1 & {}^t\boldsymbol{0} \\ \boldsymbol{0} & {}^tR\end{pmatrix}\begin{pmatrix}\lambda & {}^t\boldsymbol{0} \\ \boldsymbol{0} & B\end{pmatrix}\begin{pmatrix}1 & {}^t\boldsymbol{0} \\ \boldsymbol{0} & R\end{pmatrix} = \begin{pmatrix}\lambda & {}^t\boldsymbol{0} \\ \boldsymbol{0} & {}^tRBR\end{pmatrix} = \begin{pmatrix}\lambda & {}^t\boldsymbol{0} \\ \boldsymbol{0} & D\end{pmatrix}\end{aligned}$$

となって，A は直交行列により対角化される． ■

実際に実対称行列を対角化する直交行列 P を求めるには，P の列ベクトルが $\boldsymbol{R}^n$ の正規直交基底であることと，定理 4.2.1, 4.3.1 から，各固有空間の正規直交基底を求めて，列ベクトルとして並べればよいことがわかる．

例題 4.3.1 次の実対称行列を直交行列により対角化せよ．

(1) $A = \begin{pmatrix} -2 & 2 \\ 2 & 1 \end{pmatrix}$ (2) $B = \begin{pmatrix} 2 & 2 & -1 \\ 2 & 5 & -2 \\ -1 & -2 & 2 \end{pmatrix}$

[解答] (1) A の固有多項式は

$$\begin{vmatrix} t+2 & -2 \\ -2 & t-1 \end{vmatrix} = t^2 + t - 6 = (t-2)(t+3)$$

より，固有値は 2 と -3 である．固有値 2 について，$(2E - A)\boldsymbol{x} = \boldsymbol{0}$ を解き，固有値 -3 について，$(-3E - A)\boldsymbol{x} = \boldsymbol{0}$ を解いて

$$V(2) = \left\langle \begin{pmatrix} 1 \\ 2 \end{pmatrix} \right\rangle, \quad V(-3) = \left\langle \begin{pmatrix} -2 \\ 1 \end{pmatrix} \right\rangle$$

が得られる．$V(2), V(-3)$ の正規直交基底 $\{\boldsymbol{p}_1\}, \{\boldsymbol{p}_2\}$ として

$$\boldsymbol{p}_1 = \frac{1}{\sqrt{5}} \begin{pmatrix} 1 \\ 2 \end{pmatrix}, \quad \boldsymbol{p}_2 = \frac{1}{\sqrt{5}} \begin{pmatrix} -2 \\ 1 \end{pmatrix}$$

がとれるので，$P = (\boldsymbol{p}_1 \ \boldsymbol{p}_2) = \dfrac{1}{\sqrt{5}} \begin{pmatrix} 1 & -2 \\ 2 & 1 \end{pmatrix}$ とおけば，P は直交行列であり

$${}^tPAP = \begin{pmatrix} 2 & 0 \\ 0 & -3 \end{pmatrix}.$$

(2) B の固有多項式は

$$\begin{vmatrix} t-2 & -2 & 1 \\ -2 & t-5 & 2 \\ 1 & 2 & t-2 \end{vmatrix} = (t-1)^2(t-7)$$

より，固有値は 1 (重複度 2) と 7 である．固有値 1 に対して，$E - B$ を階段行列に変形すると

$$E - B = \begin{pmatrix} -1 & -2 & 1 \\ -2 & -4 & 2 \\ 1 & 2 & -1 \end{pmatrix} \longrightarrow \cdots \longrightarrow \begin{pmatrix} 1 & 2 & -1 \\ 0 & 0 & 0 \\ 0 & 0 & 0 \end{pmatrix}$$

より，$V(1)=\left\langle \begin{pmatrix}1\\0\\1\end{pmatrix}, \begin{pmatrix}0\\1\\2\end{pmatrix} \right\rangle$ である．固有値 7 に対して，$7E-B$ を階段行列に変形すると

$$7E-B=\begin{pmatrix}5&-2&1\\-2&2&2\\1&2&5\end{pmatrix} \longrightarrow \cdots \longrightarrow \begin{pmatrix}1&0&1\\0&1&2\\0&0&0\end{pmatrix}$$

より，$V(7)=\left\langle \begin{pmatrix}-1\\-2\\1\end{pmatrix} \right\rangle$ である．

$V(1)$ の基底をなす $\begin{pmatrix}1\\0\\1\end{pmatrix}, \begin{pmatrix}0\\1\\2\end{pmatrix}$ からグラム・シュミットの直交化法により，$V(1)$ の正規直交基底 $\{\boldsymbol{p}_1, \boldsymbol{p}_2\}$ をつくると

$$\boldsymbol{p}_1=\frac{1}{\sqrt{2}}\begin{pmatrix}1\\0\\1\end{pmatrix}, \quad \boldsymbol{p}_2=\frac{1}{\sqrt{3}}\begin{pmatrix}-1\\1\\1\end{pmatrix}$$

となる．また，$V(7)$ の正規直交基底 $\{\boldsymbol{p}_3\}$ として $\boldsymbol{p}_3=\frac{1}{\sqrt{6}}\begin{pmatrix}-1\\-2\\1\end{pmatrix}$ がとれる．これらの正規直交基底を列ベクトルに並べて

$$P=(\boldsymbol{p}_1\ \ \boldsymbol{p}_2\ \ \boldsymbol{p}_3)=\begin{pmatrix}1/\sqrt{2}&-1/\sqrt{3}&-1/\sqrt{6}\\0&1/\sqrt{3}&-2/\sqrt{6}\\1/\sqrt{2}&1/\sqrt{3}&1/\sqrt{6}\end{pmatrix}$$

とおけば，P は直交行列であり，${}^tPBP=\begin{pmatrix}1&0&0\\0&1&0\\0&0&7\end{pmatrix}$ となる． ■

演習問題

4.3.1 次の実対称行列を直交行列により対角化せよ．

(1) $\begin{pmatrix}3&2\\2&6\end{pmatrix}$ (2) $\begin{pmatrix}0&0&1\\0&1&0\\1&0&0\end{pmatrix}$ (3) $\begin{pmatrix}1&-1&2\\-1&2&-1\\2&-1&1\end{pmatrix}$ (4) $\begin{pmatrix}a&1&1\\1&a&1\\1&1&a\end{pmatrix}$

4.3.2 固有値がすべて等しい実対称行列は，単位行列のスカラー倍であることを示せ．

4.3.3 固有値が a と b である 2 次実対称行列は $\dfrac{a+b}{2}E+\dfrac{a-b}{2}\begin{pmatrix}\cos\theta & \sin\theta \\ \sin\theta & -\cos\theta\end{pmatrix}$ と表されることを示せ.

4.3.4 (1) 2 次実対称行列 A の固有値は -1 と 2 であり, $V(-1)=\left\langle\begin{pmatrix}1\\-1\end{pmatrix}\right\rangle$ とする. このとき, $V(2)$ と A を求めよ.

(2) 3 次実対称行列 A の固有値は 2 (重複度 2) と 3 であり, $V(3)=\left\langle\begin{pmatrix}1\\-1\\1\end{pmatrix}\right\rangle$ とする. このとき, $V(2)$ と A を求めよ.

4.4　2 次形式への応用

4.4.1　2 次 形 式

n 個の変数 $x_1, x_2, \cdots, x_n$ に関する実数係数の 2 次同次多項式

$$q(x_1, x_2, \cdots, x_n)=\sum_{i=1}^{n}\sum_{j=1}^{n}a_{ij}x_ix_j$$

を **2 次形式**という. ここで, $a_{ij}x_ix_j$ と $a_{ji}x_jx_i$ は同類項であるから, 係数をともに $(a_{ij}+a_{ji})/2$ に取り替えることにより, $a_{ij}=a_{ji}$ となり

$$q(x_1, x_2, \cdots, x_n)=\sum_{i=1}^{n}a_{ii}x_i^2+\sum_{1\leqq i<j\leqq n}2a_{ij}x_ix_j \tag{4.4.1}$$

の形に表すことができる. このとき, n 次実対称行列 $A=(a_{ij})$ を 2 次形式 (4.4.1) に対応する対称行列という. $\boldsymbol{x}={}^t(x_1\ x_2\ \cdots\ x_n)$ に対して, 2 次形式 $q(x_1, x_2, \cdots, x_n)=q(\boldsymbol{x})$ と書くと, 対応する対称行列 A を用いて

$$q(\boldsymbol{x})=\sum_{i=1}^{n}x_i\sum_{j=1}^{n}a_{ij}x_j={}^t\boldsymbol{x}A\boldsymbol{x}=(\boldsymbol{x},\, A\boldsymbol{x}) \tag{4.4.2}$$

と表される.

○例 **4.4.1**　2 次形式 $3x_1^2+x_1x_2+2x_2^2$, $x_1^2+x_2^2-2x_3^2-4x_1x_2+6x_1x_3$ に対応する対称行列は, それぞれ $\begin{pmatrix}3 & 1/2 \\ 1/2 & 2\end{pmatrix}$, $\begin{pmatrix}1 & -2 & 3 \\ -2 & 1 & 0 \\ 3 & 0 & -2\end{pmatrix}$ である.

実対称行列 A は，定理 4.3.2 により，ある直交行列 P を用いて

$$ {}^tPAP = \begin{pmatrix} \lambda_1 & 0 & \cdots & 0 \\ 0 & \lambda_2 & \cdots & 0 \\ \vdots & \vdots & \ddots & \vdots \\ 0 & 0 & \cdots & \lambda_n \end{pmatrix} $$

と対角化できる．ここで，$\lambda_1, \lambda_2, \cdots, \lambda_n$ は A の固有値である．変数の変換 $\boldsymbol{x} = P\boldsymbol{y} = P\,{}^t(y_1\ y_2\ \cdots\ y_n)$ をすると，(4.4.2) は

$$ \begin{aligned} q(\boldsymbol{x}) = {}^t\boldsymbol{x}A\boldsymbol{x} = {}^t(P\boldsymbol{y})A(P\boldsymbol{y}) &= {}^t\boldsymbol{y}({}^tPAP)\boldsymbol{y} \\ &= \lambda_1 y_1^2 + \lambda_2 y_2^2 + \cdots + \lambda_n y_n^2 \end{aligned} $$

と 2 乗の項だけで表すことができる．これより次の定理を得る．

定理 4.4.1　A を n 次実対称行列 A とする．2 次形式 $q(\boldsymbol{x}) = {}^t\boldsymbol{x}A\boldsymbol{x}$ は，ある直交行列 P による変数変換 $\boldsymbol{x} = P\boldsymbol{y} = P\,{}^t(y_1\ y_2\ \cdots\ y_n)$ を行えば

$$ q(\boldsymbol{x}) = \lambda_1 y_1^2 + \lambda_2 y_2^2 + \cdots + \lambda_n y_n^2 \tag{4.4.3} $$

となる．ここで，$\lambda_1, \lambda_2, \cdots, \lambda_n$ は A の固有値である．

(4.4.3) を **2 次形式の標準形**という．また，直交行列 P による変数変換 $\boldsymbol{x} = P\boldsymbol{y}$ を**直交変数変換**という．

2 次形式 $q(\boldsymbol{x}) = {}^t\boldsymbol{x}A\boldsymbol{x}$ において，$\mathbf{0}$ でない任意のベクトル $\boldsymbol{x} \in \boldsymbol{R}^n$ に対して，$q(\boldsymbol{x}) > 0$ が成り立つとき A および $q(\boldsymbol{x})$ は**正定値**，$q(\boldsymbol{x}) \geqq 0$ が成り立つとき**半正定値**であるという．

定理 4.4.1 から，次の系が得られる．

系 4.4.2　A を n 実対称行列とし，2 次形式 $q(\boldsymbol{x}) = {}^t\boldsymbol{x}A\boldsymbol{x}$ とするとき，次が成り立つ．

(1) $q(\boldsymbol{x})$ は正定値 $\iff$ A の固有値はすべて正

(2) $q(\boldsymbol{x})$ は半正定値 $\iff$ A の固有値はすべて 0 以上

[証明]　定理 4.4.1 から，ある直交行列 P による変数変換 $\boldsymbol{x} = P\boldsymbol{y} = P\,{}^t(y_1\ \cdots\ y_n)$ により，$q(\boldsymbol{x}) = \lambda_1 y_1^2 + \cdots + \lambda_n y_n^2$ となる．ここで，$\lambda_1, \cdots, \lambda_n$ は A の固有値である．

(1) 任意の $\boldsymbol{y} \in \boldsymbol{R}^n$, $\boldsymbol{y} \neq \mathbf{0}$ に対して $\lambda_1 y_1^2 + \cdots + \lambda_n y_n^2 > 0$ であるための必要十分条件は，$\lambda_1 > 0, \cdots, \lambda_n > 0$ である．P は正則より，$\boldsymbol{x}$ が $\boldsymbol{R}^n$ を $\mathbf{0}$ 以外すべて動くとき，$\boldsymbol{y} = P^{-1}\boldsymbol{x}$ も $\boldsymbol{R}^n$ を $\mathbf{0}$ 以外すべて動く．よって，$q(\boldsymbol{x})$ が正定値であるための必要十分条件は，$\lambda_1 > 0, \cdots, \lambda_n > 0$ である．

(2)　(1) と同様である．■

例題 4.4.1　2 次形式

$$q(\boldsymbol{x}) = 2x_1^2 + 5x_2^2 + 2x_3^2 + 4x_1x_2 - 2x_1x_3 - 4x_2x_3$$

の標準形と標準形にする直交変数変換を 1 つ求めよ．

［解答］　$q(\boldsymbol{x})$ に対応する対称行列は $\begin{pmatrix} 2 & 2 & -1 \\ 2 & 5 & -2 \\ -1 & -2 & 2 \end{pmatrix}$ であり，例題 4.3.1 (2) の対称行列 B と一致している．そこでの結果から，B の固有値は 1 (重複度 2) と 7 であり，直交行列

$$P = \begin{pmatrix} 1/\sqrt{2} & -1/\sqrt{3} & -1/\sqrt{6} \\ 0 & 1/\sqrt{3} & -2/\sqrt{6} \\ 1/\sqrt{2} & 1/\sqrt{3} & 1/\sqrt{6} \end{pmatrix} \text{ により，} {}^tPBP = \begin{pmatrix} 1 & 0 & 0 \\ 0 & 1 & 0 \\ 0 & 0 & 7 \end{pmatrix}$$

と対角化された．したがって，直交変数変換 $\boldsymbol{x} = P\boldsymbol{y} = P\,{}^t(y_1\ y_2\ y_3)$ により

$$q(\boldsymbol{x}) = {}^t\boldsymbol{x}B\boldsymbol{x} = {}^t\boldsymbol{y}\,({}^tPBP)\boldsymbol{y} = y_1^2 + y_2^2 + 7y_3^2$$

と標準形を得る．■

4.4.2　平面 2 次曲線

x, y についての実数係数 2 次方程式

$$ax^2 + 2bxy + cy^2 + dx + ey + f = 0 \tag{4.4.4}$$

の解の組 (x, y) の全体が表す xy 平面上の曲線を**平面 2 次曲線**または簡単に **2 次曲線**という．どのような 2 次曲線の方程式も，適当な直交変数変換と平行移動の変数変換により，いくつかの標準的な 2 次曲線の方程式の 1 つになることをみてみよう．

$$A = \begin{pmatrix} a & b \\ b & c \end{pmatrix},\quad \boldsymbol{b} = \begin{pmatrix} d \\ e \end{pmatrix},\quad \boldsymbol{x} = \begin{pmatrix} x \\ y \end{pmatrix}$$

とおくと，(4.4.4) は

$${}^t\boldsymbol{x}A\boldsymbol{x} + {}^t\boldsymbol{b}\boldsymbol{x} + f = 0$$

となる．定理 4.4.1 から，ある直交変数変換 $\boldsymbol{x} = P\boldsymbol{u} = P\begin{pmatrix} u \\ v \end{pmatrix}$ により，2 次形式 ${}^t\boldsymbol{x}A\boldsymbol{x}$ は

$$ {}^t\boldsymbol{x}A\boldsymbol{x} = {}^t\boldsymbol{u}({}^tPAP)\boldsymbol{u} = \lambda u^2 + \mu v^2 $$

となる．ここで，λ, μ は A の固有値であり，$|A| = \lambda\mu$ である．また，$\lambda = \mu = 0$ とすると，$A = O$ となって，(4.4.4) が 2 次方程式でなくなるので，$\lambda \neq 0$ としてよい．

${}^t\boldsymbol{b}P = (d' \ e')$ とすると，(4.4.4) は，u, v に関する方程式

$$ \lambda u^2 + \mu v^2 + d'u + e'v + f = 0 \tag{4.4.5} $$

となる．ここで，1 次の項などをなくすように次のような平行移動の変数変換

(i) $\lambda\mu \neq 0$ のとき，$X = u + \dfrac{d'}{2\lambda}$, $Y = v + \dfrac{e'}{2\mu}$

(ii-1) $\lambda \neq 0, \mu = 0, e' \neq 0$ のとき，$X = u + \dfrac{d'}{2\lambda}$, $Y = v - \dfrac{d'^2}{4\lambda e'} + \dfrac{f}{e'}$

(ii-2) $\lambda \neq 0, \mu = 0, e' = 0$ のとき，$X = u + \dfrac{d'}{2\lambda}$, $Y = v$

を行い，(4.4.5) の式全体を適当に定数倍すると，以下の標準的な 2 次曲線の方程式の 1 つとなる．

(I) $|A| > 0$ のとき

$$ \frac{X^2}{\alpha^2} + \frac{Y^2}{\beta^2} = \begin{cases} 1 & (\text{楕円}) \\ -1 & (\text{空集合}) \\ 0 & (1\,\text{点}) \end{cases} $$

(II) $|A| < 0$ のとき

$$ \frac{X^2}{\alpha^2} - \frac{Y^2}{\beta^2} = \begin{cases} \pm 1 & (\text{双曲線}) \\ 0 & (\text{交わる}\ 2\ \text{直線}) \end{cases} $$

(III) $|A| = 0$ のとき ($\gamma \neq 0$ とする)

$$ \gamma X^2 + Y = 0 \qquad (\text{放物線}) $$

$$ X^2 = \begin{cases} \gamma^2 & (\text{平行な}\ 2\ \text{直線}) \\ -\gamma^2 & (\text{空集合}) \\ 0 & (1\,\text{直線}\ (\text{重複}\ 2\ \text{直線})) \end{cases} $$

これらを**2 次曲線の標準形**という．

○例 **4.4.2**　2 次曲線 $-2x^2+4xy+y^2+\dfrac{8}{\sqrt{5}}x-\dfrac{14}{\sqrt{5}}y-2=0$ の標準形を求めてみよう．

2 次の項からなる 2 次形式に対応する対称行列は $A=\begin{pmatrix}-2 & 2\\ 2 & 1\end{pmatrix}$ である．すなわち

$$-2x^2+4xy+y^2=(x\ \ y)\begin{pmatrix}-2 & 2\\ 2 & 1\end{pmatrix}\begin{pmatrix}x\\ y\end{pmatrix}.$$

A は例題 4.3.1 (1) の対称行列であるので，そこでの結果から，直交行列

$$P=\frac{1}{\sqrt{5}}\begin{pmatrix}1 & -2\\ 2 & 1\end{pmatrix} \text{ によって，} \quad {}^tPAP=\begin{pmatrix}2 & 0\\ 0 & -3\end{pmatrix}$$

と対角化される．P は $|P|=1$ である直交行列なので，P は回転を表す行列である．ただし，そのときの回転角 θ $(0 \leqq \theta < 2\pi)$ は $\cos\theta=\dfrac{1}{\sqrt{5}}, \sin\theta=\dfrac{2}{\sqrt{5}}$ で与えられる．このとき，直交変数変換

$$\begin{pmatrix}x\\ y\end{pmatrix}=P\begin{pmatrix}u\\ v\end{pmatrix}=\frac{1}{\sqrt{5}}\begin{pmatrix}u-2v\\ 2u+v\end{pmatrix}$$

により，$-2x^2+4xy+y^2=2u^2-3v^2$，$\dfrac{8}{\sqrt{5}}x-\dfrac{14}{\sqrt{5}}y=-4u-6v$ となる．よって，2 次曲線の方程式は

$$2u^2-3v^2-4u-6v-2=0$$

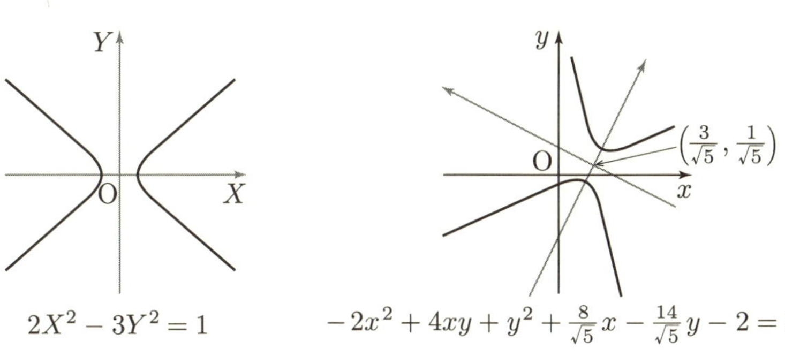

図 4.1

となり，平行移動の変数変換 $X = u - 1,\ Y = v + 1$ を行えば

$$2X^2 - 3Y^2 = 1$$

となる．したがって，与えられた 2 次曲線は回転と平行移動により標準的な双曲線へ移すことができる．

演習問題

4.4.1 次の 2 次形式を直交変数変換により標準形にせよ．

(1) $2x_1^2 + 2x_2^2 + 2x_1x_2$

(2) $2x_1x_2 + 2x_2x_3 + 2x_3x_1$

(3) $2x_1^2 + x_2^2 + x_3^2 - 2x_1x_2 - 2x_1x_3 + 4x_2x_3$

(4) $2x_1x_4 + 2x_2x_3$

4.4.2 3 次実対称行列 A の固有多項式を $\varphi_A(t) = t^3 + a_1t^2 + a_2t + a_3$ とするとき

$$A \text{ が正定値} \iff (-1)^i a_i > 0 \quad (i = 1, 2, 3)$$

であることを示せ．(一般に n 次実対称行列について，同様のことが成り立っている．)

4.4.3 次の 2 次形式が正定値となるような実数 a の範囲を求めよ．

(1) $x_1^2 + x_2^2 + ax_1x_2$

(2) $2x_1^2 + ax_2^2 + 2x_3^2 + 4x_1x_2 - 4x_2x_3$

(3) $x_1^2 + x_2^2 + x_3^2 + 2a(x_1x_2 + x_1x_3 + x_2x_3)$

4.4.4 (1) 実正方行列 A に対して，${}^tAA$ は半正定値な実対称行列であることを示せ．

(2) 実正則行列 A に対して，${}^tAA$ は正定値な実対称行列であることを示せ．

4.4.5 次の 2 次曲線の標準形の方程式を求めよ．

(1) $5x^2 - 2xy + 5y^2 - 12 = 0$

(2) $3x^2 + 8xy + 3y^2 - 16x - 12y - 2 = 0$

(3) $4x^2 + 4xy + y^2 - 15x - 20y = 0$

5
線形空間

5.1 線形空間

これまでは，数ベクトル空間 $\boldsymbol{R}^n$ (または $\boldsymbol{C}^n$) およびその部分空間について取り扱ってきた．そこでは，数ベクトルに対する和やスカラー倍の演算がみたす代数的構造の基本的な性質とそれらの計算方法について学んできた．和やスカラー倍に相当する演算が定義されて，同じような代数的構造をみたす集合は他にもある．例えば，平面上や空間内の有向線分が定める幾何ベクトルの集合がそうである．本章では，数ベクトル空間の概念を一般化・抽象化した抽象的なベクトル空間を紹介する．概念を一般化・抽象化することにより線形代数を汎用性のあるものとし，数学のみならず，他の様々な分野への応用が可能となる [1)].

5.1.1 線形空間の定義

$\boldsymbol{K}$ を実数全体の集合 $\boldsymbol{R}$ または複素数全体の集合 $\boldsymbol{C}$ とする．空でない集合 V において，V の任意の元 $\boldsymbol{a}, \boldsymbol{b}$ に対し，その**和**とよばれる V の元 $\boldsymbol{a}+\boldsymbol{b}$ が定められ，さらに V の任意の元 $\boldsymbol{a}$ と $\boldsymbol{K}$ の任意の元 λ に対し，その**スカラー倍**とよばれる V の元 $\lambda\boldsymbol{a}$ が定められているものとする．このとき，次の (V1)〜(V8) の性質が成り立つとき，V を $\boldsymbol{K}$ 上の**線形空間**または**ベクトル空間**という．V の元を**ベクトル**といい，$\boldsymbol{K}$ の元を**スカラー**という．$\boldsymbol{K}=\boldsymbol{R}$ のときの線形空間 V を**実線形空間**または**実ベクトル空間**，$\boldsymbol{K}=\boldsymbol{C}$ のときの線形空間 V を**複素線形空間**または**複素ベクトル空間**という．(以下，$\boldsymbol{a}, \boldsymbol{b}, \boldsymbol{c}$ は V の

1) 紙面の都合により簡単な紹介程度にとどめるが，より詳しい解説を Web にて公開しているので，興味をもたれた読者はその Web 解説を読まれるとよい．

任意の元とし，λ, μ は任意のスカラーとする．）

(V1) $(\boldsymbol{a}+\boldsymbol{b})+\boldsymbol{c}=\boldsymbol{a}+(\boldsymbol{b}+\boldsymbol{c})$

(V2) $\boldsymbol{a}+\boldsymbol{b}=\boldsymbol{b}+\boldsymbol{a}$

(V3) 次をみたす $\boldsymbol{0} \in V$ が存在する：

$$\text{任意の } \boldsymbol{x} \in V \text{ に対して，} \boldsymbol{x}+\boldsymbol{0}=\boldsymbol{x}.$$

(V4) 任意の $\boldsymbol{x} \in V$ に対して，$\boldsymbol{x}+\boldsymbol{y}=\boldsymbol{0}$ となる元 $\boldsymbol{y} \in V$ が存在する．

(V5) $(\lambda+\mu)\boldsymbol{a}=\lambda\boldsymbol{a}+\mu\boldsymbol{b}$

(V6) $(\lambda\mu)\boldsymbol{a}=\lambda(\mu\boldsymbol{a})$

(V7) $\lambda(\boldsymbol{a}+\boldsymbol{b})=\lambda\boldsymbol{a}+\lambda\boldsymbol{b}$

(V8) $1\boldsymbol{a}=\boldsymbol{a}$

線形空間において，性質 (V3) をみたす $\boldsymbol{0}$ は一意的に定まり，これを**零ベクトル**という．性質 (V4) における $\boldsymbol{y}$ も $\boldsymbol{x}$ に対し一意的に定まり，これを $-\boldsymbol{x}$ と表す．また，任意の $\boldsymbol{a}, \boldsymbol{b} \in V$ に対して，$\boldsymbol{a}+(-\boldsymbol{b})$ を $\boldsymbol{a}-\boldsymbol{b}$ と表す．とくに，$\boldsymbol{a}-\boldsymbol{a}=\boldsymbol{0}$ である．

任意の $\boldsymbol{a} \in V$ に対して，性質 (V1), (V5) を用いて，

$$\boldsymbol{0}=\boldsymbol{a}-\boldsymbol{a}=(0+1)\boldsymbol{a}-\boldsymbol{a}=0\boldsymbol{a}+(\boldsymbol{a}-\boldsymbol{a})=0\boldsymbol{a}+\boldsymbol{0}=0\boldsymbol{a}$$

であるので，$0\boldsymbol{a}=\boldsymbol{0}$ である．$(-1)\boldsymbol{a}=-\boldsymbol{a}$ や $\lambda\boldsymbol{0}=\boldsymbol{0}$ も同様に成立する．

5.1.2 線形空間の例

第 3 章で取り上げた数ベクトル空間 $\boldsymbol{R}^n$ や $\boldsymbol{C}^n$ は，数ベクトルの和とスカラー倍に関して，線形空間である．数ベクトル空間以外の代表的な線形空間の例をいくつかあげることにする．

○例 **5.1.1** $m \times n$ 実行列全体の集合 $M(m, n; \boldsymbol{R})$ は，行列の和とスカラー倍に関して実線形空間である．

○例 **5.1.2** 実数を係数とする x についての高々 n 次の多項式 $a_n x^n + a_{n-1}x^{n-1}+\cdots+a_1 x+a_0$ $(a_i \in \boldsymbol{R})$ の全体の集合を $\boldsymbol{R}[x]_n$ と表す．通常の多項式の和と定数倍に関して，$\boldsymbol{R}[x]_n$ は実線形空間である．

○例 **5.1.3** 区間 I 上で定義される実数値関数の全体集合を $F(I, \boldsymbol{R})$ と表す．関数 $f, g \in F(I, \boldsymbol{R})$ と $\lambda \in \boldsymbol{R}$ に対して，和 $f+g$ とスカラー倍 λf を

$$(f+g)(x)=f(x)+g(x), \quad (\lambda f)(x)=\lambda f(x) \qquad (x \in I)$$

と定めると，$F(I, \boldsymbol{R})$ は実線形空間である．

上記の各例において，数を実数から複素数へと拡張したものも線形空間であり，それらは複素線形空間である．

5.2 基底と次元

スカラー集合 $\boldsymbol{K}$ が $\boldsymbol{C}$ の場合も $\boldsymbol{R}$ の場合と同様のことが成立するので，5.4 節までは $\boldsymbol{R}$ 上の線形空間のみを考えることとし，「$\boldsymbol{R}$ 上の」という言葉を省略して単に線形空間ということにする．

線形空間 V において，V のベクトル $\boldsymbol{x}$ が V のベクトル $\boldsymbol{a}_1, \boldsymbol{a}_2, \cdots, \boldsymbol{a}_n$ によって，

$$\boldsymbol{x} = c_1\boldsymbol{a}_1 + c_2\boldsymbol{a}_2 + \cdots + c_n\boldsymbol{a}_n \quad (c_1, c_2, \cdots, c_n \in \boldsymbol{R})$$

と書き表すことができるとき，$\boldsymbol{x}$ は $\boldsymbol{a}_1, \boldsymbol{a}_2, \cdots, \boldsymbol{a}_n$ の **1 次結合** (または**線形結合**) で表されるという．

関係式

$$c_1\boldsymbol{a}_1 + c_2\boldsymbol{a}_2 + \cdots + c_n\boldsymbol{a}_n = \boldsymbol{0} \tag{5.2.1}$$

を $\boldsymbol{a}_1, \boldsymbol{a}_2, \cdots, \boldsymbol{a}_n$ の **1 次関係式**という．明らかに，

$$0\boldsymbol{a}_1 + 0\boldsymbol{a}_2 + \cdots + 0\boldsymbol{a}_n = \boldsymbol{0} \tag{5.2.2}$$

が成立する．1 次関係式 (5.2.2) を**自明な 1 次関係式**という．V のベクトル $\boldsymbol{a}_1, \boldsymbol{a}_2, \cdots, \boldsymbol{a}_n$ が非自明な 1 次関係式をもたない，すなわち，1 次関係式 (5.2.1) が $c_1 = c_2 = \cdots = c_n = 0$ の場合に限って成り立つとき，$\boldsymbol{a}_1, \boldsymbol{a}_2, \cdots, \boldsymbol{a}_n$ は **1 次独立**であるという．$\boldsymbol{a}_1, \boldsymbol{a}_2, \cdots, \boldsymbol{a}_n$ が 1 次独立でないとき，すなわち，$c_i \neq 0$ となる c_i が少なくとも 1 つ存在して，1 次関係式 (5.2.1) が成り立つとき，$\boldsymbol{a}_1, \boldsymbol{a}_2, \cdots, \boldsymbol{a}_n$ は **1 次従属**であるという．

○例 5.2.1 多項式からなる線形空間 $V = \boldsymbol{R}[x]_n$ において，零ベクトルは定数項 0 だけからなる多項式 $0 = 0x^n + 0x^{n-1} + \cdots + 0x + 0$ のことである．

$$a_n x^n + a_{n-1}x^{n-1} + \cdots + a_1 x + a_0 = 0 \iff a_n = a_{n-1} = \cdots = a_1 = a_0 = 0$$

が成立するので，$x^n, x^{n-1}, \cdots, x, 1$ は 1 次独立である．

実際，$a_n x^n + a_{n-1}x^{n-1} + \cdots + a_1 x + a_0 = 0$ と仮定する．この等式に $x = 0$ を代入することにより，$a_0 = 0$ を得る．よって，$a_n x^n + a_{n-1}x^{n-1} + \cdots + a_1 x = 0$ である．この両辺を x で微分すると，$na_n x^{n-1} + (n-1)a_{n-1}x^{n-2} + \cdots + 2a_2 x + a_1 = 0$ である．この等式に $x = 0$ を代入することにより，$a_1 = 0$ を

得る．この操作を繰り返すことにより，$a_n = a_{n-1} = \cdots = a_1 = a_0 = 0$ であることがわかる．逆は明らかである．

○**例 5.2.2** 実数値関数からなる線形空間 $F(\boldsymbol{R}, \boldsymbol{R})$ において，$\sin x, \sin 2x, \cdots, \sin nx$ は 1 次独立である．

これを示すために，

$$\frac{1}{\pi}\int_{-\pi}^{\pi} \sin kx \sin mx \ dx = \delta_{km}$$

であることに注意すると，各 k に対して，

$$\frac{1}{\pi}\int_{-\pi}^{\pi} (c_1 \sin x + c_2 \sin 2x + \cdots + c_n \sin nx) \sin kx \ dx = c_k$$

である．線形空間 $F(\boldsymbol{R}, \boldsymbol{R})$ における零ベクトル $0 : \boldsymbol{R} \to \boldsymbol{R}$ は $0(x) = 0$ で定義される定値関数であるので，$\sin x, \sin 2x, \cdots, \sin nx$ の間の 1 次関係式は

$$c_1 \sin x + c_2 \sin 2x + \cdots + c_n \sin nx = 0$$

である．このとき，各 k に対して，

$$c_k = \frac{1}{\pi}\int_{-\pi}^{\pi} (c_1 \sin x + c_2 \sin 2x + \cdots + c_n \sin nx) \sin kx \ dx = 0$$

であるので，$\sin x, \sin 2x, \cdots, \sin nx$ は 1 次独立である．

○**例 5.2.3** 実数値関数からなる線形空間 $F((0, \infty), \boldsymbol{R})$ において，

$$\log x + \log(x+1) - \log x(x+1) = 0$$

が成立するので，$\log x$，$\log(x+1)$，$\log x(x+1)$ は 1 次従属である．

例題 5.2.1 線形空間 $V = \boldsymbol{R}[x]_3$ において，4 つの多項式

$$f_1(x) = x^3 - 2x^2 + 1, \quad f_2(x) = 2x^3 + x^2 + 5x - 3,$$
$$f_3(x) = 3x^2 + x + 2, \quad f_4(x) = -x^3 + x^2 - 2x$$

の 1 次独立性について調べよ．

［解答］ 1 次関係式 $c_1 f_1(x) + c_2 f_2(x) + c_3 f_3(x) + c_4 f_4(x) = 0$ の係数 c_1, c_2, c_3, c_4 を調べればよい．この 1 次関係式を同類項にまとめて整理すると，

$$(c_1 + 2c_2 - c_4)x^3 + (-2c_1 + c_2 + 3c_3 + c_4)x^2 + (5c_2 + c_3 - 2c_4)x + (c_1 - 3c_2 + 2c_3) = 0$$

である．例 5.2.1 により，$x^3, x^2, x, 1$ は 1 次独立であるので，

$$\begin{cases} c_1 + 2c_2 - c_4 = 0 \\ -2c_1 + c_2 + 3c_3 + c_4 = 0 \\ 5c_2 + c_3 - 2c_4 = 0 \\ c_1 - 3c_2 + 2c_3 = 0 \end{cases}$$

である．この連立 1 次方程式を解くと，自明な解 $c_1 = c_2 = c_3 = c_4 = 0$ のみを解にもつ．よって，$f_1(x), f_2(x), f_3(x), f_4(x)$ は 1 次独立である． ■

線形空間 V のベクトルの集合 $\{\boldsymbol{a}_1, \boldsymbol{a}_2, \cdots, \boldsymbol{a}_n\}$ が V の**生成系**であるとは，V の任意のベクトル $\boldsymbol{x}$ を $\boldsymbol{a}_1, \boldsymbol{a}_2, \cdots, \boldsymbol{a}_n$ の 1 次結合で書き表すことができることをいう．また，このとき，$\{\boldsymbol{a}_1, \boldsymbol{a}_2, \cdots, \boldsymbol{a}_n\}$ は V を**生成する**ともいう．

V を $V \neq \{\mathbf{0}\}$ なる線形空間とする．このとき，1 次独立な生成系，すなわち，次の 2 条件をみたすベクトルの系 $\{\boldsymbol{a}_1, \boldsymbol{a}_2, \cdots, \boldsymbol{a}_r\}$ を V の**基底**という．

(1) $\boldsymbol{a}_1, \boldsymbol{a}_2, \cdots, \boldsymbol{a}_r$ は 1 次独立である，

(2) $\{\boldsymbol{a}_1, \boldsymbol{a}_2, \cdots, \boldsymbol{a}_r\}$ は V の生成系である．

$V = \{\mathbf{0}\}$ または有限個のベクトルからなる基底をもつ線形空間 V を**有限次元線形空間**といい，有限個のベクトルからなる生成系をもたない線形空間を**無限次元線形空間**という．

数ベクトル空間の基底と同様，一般の有限次元線形空間 V の基底について，次の (1), (2), (3) は互いに同値であることがわかる．

(1) $\boldsymbol{a}_1, \boldsymbol{a}_2, \cdots, \boldsymbol{a}_r$ は V の基底である．

(2) $\boldsymbol{a}_1, \boldsymbol{a}_2, \cdots, \boldsymbol{a}_r$ は V の中から選び出すことのできる 1 次独立な最大組である．

(3) $\boldsymbol{a}_1, \boldsymbol{a}_2, \cdots, \boldsymbol{a}_r$ は V を生成する最小組である．

ここで，V の中から r 個のベクトルからなる 1 次独立な組を選ぶことができ，さらに V の中のどの $r+1$ 個のベクトルを選んでも 1 次従属となるとき，r を V の中から選び出すことのできる**1 次独立な最大個数**という．また，このとき選ばれた r 個のベクトルからなる 1 次独立な組を V の中の**1 次独立な最大組**という．V を**生成する最小組**についても同様に定義する．このことから明らかなように，$V \neq \{\mathbf{0}\}$ なる線形空間 V の基底をなすベクトルの個数 r は一定である (定理 3.2.6 参照)．基底をなすベクトルの個数 r を V の**次元**といい，$\dim V$ と書く．$\boldsymbol{R}$ 上の線形空間の次元であることを明示したい場合には，$\dim_{\boldsymbol{R}} V$ と書くこともある．また，$V = \{\mathbf{0}\}$ のときの次元は 0 であるとし，$\dim\{\mathbf{0}\} = 0$ と定義する．

○**例 5.2.4** E_{ij} を第 (i,j) 成分のみが 1 で，それ以外の成分が 0 であるような $m \times n$ 行列とする．このとき，mn 個の行列の組 E_{ij} $(i = 1,2,\cdots m;\ j = 1,2,\cdots,n)$ は線形空間 $M(m,n;\boldsymbol{R})$ の基底である．よって，$\dim M(m,n;\boldsymbol{R}) = mn$ である．

○**例 5.2.5** 例 5.2.1 により，$x^n, x^{n-1}, \cdots, x, 1$ は高々 n 次の多項式からなる線形空間 $\boldsymbol{R}[x]_n$ における 1 次独立なベクトルの組である．また，任意の高々 n 次の多項式は $a_n x^n + \cdots + a_1 x + a_0$ の形で書き表されるので，$\{x^n, x^{n-1}, \cdots, x, 1\}$ は線形空間 $\boldsymbol{R}[x]_n$ の生成系である．よって，$\{x^n, x^{n-1}, \cdots, x, 1\}$ は線形空間 $\boldsymbol{R}[x]_n$ の基底であり，その次元は $\dim \boldsymbol{R}[x]_n = n+1$ である．

例 5.1.3 の実数値関数全体の集合 $F(I,\boldsymbol{R})$ は無限次元線形空間である．

5.3 部分空間

線形空間 V の空でない部分集合 W において，V の「和」および「スカラー倍」に関して閉じている，すなわち，次の 3 つの条件 (1), (2), (3) をみたすとき，これら 2 つの演算により，W は線形空間となる．

(1) $\boldsymbol{0} \in W$

(2) 任意の $\boldsymbol{a}, \boldsymbol{b} \in W$ に対して，$\boldsymbol{a} + \boldsymbol{b} \in W$.

(3) 任意の $\boldsymbol{a} \in W$ および，任意の $\lambda \in \boldsymbol{R}$ に対して，$\lambda \boldsymbol{a} \in W$.

このような W を V の**部分空間**という．

例題 5.3.1 次で定める線形空間 $\boldsymbol{R}[x]_3$ の部分集合 W について，W は部分空間であるかどうかを調べよ．

(1) $W = \{f(x) \in \boldsymbol{R}[x]_3 \mid f(1) = 0,\ f'(-1) = 0\}$

(2) $W = \{f(x) \in \boldsymbol{R}[x]_3 \mid f(1) = 0,\ f'(-1) = 1\}$

[解答] (1) 明らかに $0 = 0x^3 + 0x^2 + 0x + 0 \in W$ である．任意の $f(x), g(x) \in W$ に対して，$f(1) = f'(-1) = g(1) = g'(-1) = 0$ である．このとき，

$$(f+g)(1) = f(1) + g(1) = 0,$$
$$(f+g)'(-1) = f'(-1) + g'(-1) = 0$$

であるので，$f(x) + g(x) \in W$ である．また，任意の $\lambda \in \boldsymbol{R}$ に対して，

$$(\lambda f)(1) = \lambda f(1) = 0,$$
$$(\lambda f)'(-1) = \lambda f'(-1) = 0$$

であるので，$\lambda f(x) \in W$ である．よって，W は $\boldsymbol{R}[x]_3$ の部分空間である．

(2) $\boldsymbol{R}[x]_3$ の零ベクトル $0(x)$ について，$0'(-1) = 0 \neq 1$ であるので，$0(x)$ は W のベクトルではない．W は零ベクトルを含まないので，$\boldsymbol{R}[x]_3$ の部分空間ではない．■

○**例 5.3.1** 区間 I の各点で n 回微分可能であり，その n 次導関数が I 上で連続である実数値関数を I 上の C^n-級関数という．$C^n(I)$ を I 上の C^n-級関数全体の集合とすると，$C^n(I)$ は線形空間 $F(I, \boldsymbol{R})$ の部分空間である．

○**例 5.3.2** a, b を定数とする．次で定める線形空間 $F(\boldsymbol{R}, \boldsymbol{R})$ の部分集合

$$W = \{y(x) \in C^2(\boldsymbol{R}) \mid y'' + ay' + by = 0\}$$

は $F(\boldsymbol{R}, \boldsymbol{R})$ の部分空間である．

実際，任意の $y_1, y_2 \in W$ に対して，$y_i'' + ay_i' + by_i = 0 \ (i = 1, 2)$ であるので，

$$\begin{aligned}&(y_1 + y_2)'' + a(y_1 + y_2)' + b(y_1 + y_2)\\&\quad = (y_1'' + ay_1' + by_1) + (y_2'' + ay_2' + by_2) = 0 + 0 = 0\end{aligned}$$

となり，$y_1 + y_2 \in W$ である．また，任意の $y \in W$ と任意の $\lambda \in \boldsymbol{R}$ に対して，

$$(\lambda y)'' + a(\lambda y)' + b(\lambda y) = \lambda(y'' + ay' + by) = \lambda 0 = 0$$

なので，$\lambda y \in W$ である．さらに，明らかに $0(x) \in W$ である．

例えば，$W = \{y(x) \in C^2(\boldsymbol{R}) \mid y'' - y' - 2y = 0\}$ を考えたとき，$\{e^{-x}, e^{2x}\}$ はその基底であり，その次元は $\dim W = 2$ である．このことについては，5.6 節で取り扱う．

5.4 座標と表現行列

次の定理は，演習問題 3.2.6 と同様にして証明することができる．

定理 5.4.1 線形空間 V において，$\boldsymbol{u}_1, \boldsymbol{u}_2, \cdots, \boldsymbol{u}_n$ を 1 次独立なベクトルの組とする．このとき，$\boldsymbol{u}_1, \boldsymbol{u}_2, \cdots, \boldsymbol{u}_n$ の 1 次結合としての書き表し方は一意的である．すなわち，$\boldsymbol{x} = c_1\boldsymbol{u}_1 + c_2\boldsymbol{u}_2 + \cdots + c_n\boldsymbol{u}_n$ と表したときの係数 $c_1, c_2, \cdots, c_n$ は $\boldsymbol{x}$ に対して一意的に定まる．

r 次元線形空間 V の基底 $\{\boldsymbol{u}_1, \boldsymbol{u}_2, \cdots, \boldsymbol{u}_r\}$ が与えられると，定理 5.4.1 により，任意のベクトル $\boldsymbol{x} \in V$ はこの基底に関する 1 次結合

$$\boldsymbol{x} = c_1\boldsymbol{u}_1 + c_2\boldsymbol{u}_2 + \cdots + c_r\boldsymbol{u}_r$$

として，一意的に表現される．このとき，係数を成分とする r 次列ベクトル

$$\begin{pmatrix} c_1 \\ c_2 \\ \vdots \\ c_r \end{pmatrix}$$

を V の基底 $\{\boldsymbol{u}_1, \boldsymbol{u}_2, \cdots, \boldsymbol{u}_r\}$ に関する $\boldsymbol{x}$ の**座標**という．

例題 5.4.1　線形空間 $\boldsymbol{R}[x]_2$ において，次の (1), (2) のベクトルの組はどちらも $\boldsymbol{R}[x]_2$ の基底である．それぞれの基底に関する $f(x) = -x - 3 \in \boldsymbol{R}[x]_2$ の座標を求めよ．

(1) 基底 $\{x^2, x, 1\}$

(2) 基底 $\{x^2, x^2 + x, x^2 + x + 1\}$

[解答]　$\{x^2, x^2 + x, x^2 + x + 1\}$ は 1 次独立であり，かつ $\boldsymbol{R}[x]_2$ の生成系であることを確かめることができるので，$\{x^2, x^2 + x, x^2 + x + 1\}$ は $\boldsymbol{R}[x]_2$ の基底である．

さて，$f(x)$ を指定された基底の 1 次結合として表現すると，

(1) $f(x) = 0 \cdot x^2 + (-1) \cdot x + (-3) \cdot 1$

(2) $f(x) = 1 \cdot x^2 + 2 \cdot (x^2 + x) + (-3) \cdot (x^2 + x + 1)$

であるので，(1), (2) のそれぞれの基底に関する $f(x)$ の座標は

$$(1) \begin{pmatrix} 0 \\ -1 \\ -3 \end{pmatrix}, \quad (2) \begin{pmatrix} 1 \\ 2 \\ -3 \end{pmatrix}$$

である．■

●**注意**　この例題からも明らかなように，基底の取り方を変えたり，あるいは基底のベクトルの並び方を変えると，前の座標とは異なるものになる．座標は，基底や基底のベクトルの順序に依存することに注意する必要がある．

r 次元線形空間 V の基底を $\{\boldsymbol{u}_1, \boldsymbol{u}_2, \cdots, \boldsymbol{u}_r\}$ とする．$\boldsymbol{v}_1, \boldsymbol{v}_2, \cdots, \boldsymbol{v}_n \in V$ が 1 次結合

$$\boldsymbol{v}_j = a_{1j}\boldsymbol{u}_1 + a_{2j}\boldsymbol{u}_2 + \cdots + a_{rj}\boldsymbol{u}_r \quad (j = 1, 2, \cdots, n)$$

で表されるとし，数ベクトル $\boldsymbol{a}_j \in \boldsymbol{R}^r$ を基底 $\{\boldsymbol{u}_1, \boldsymbol{u}_2, \cdots, \boldsymbol{u}_r\}$ に関す

る $\boldsymbol{v}_j$ の座標とする．このとき，各 $\boldsymbol{a}_j$ を第 j 列とする $r \times n$ 行列 $A = (\boldsymbol{a}_1\ \boldsymbol{a}_2\ \cdots\ \boldsymbol{a}_n) = (a_{ij})$ を基底 $\{\boldsymbol{u}_1, \boldsymbol{u}_2, \cdots, \boldsymbol{u}_r\}$ に関する $\boldsymbol{v}_1, \boldsymbol{v}_2, \cdots, \boldsymbol{v}_n$ の**表現行列**という．例題 5.2.1 の解答の中で現れた連立 1 次方程式は，$\boldsymbol{R}[x]_3$ の基底 $\{x^3, x^2, x, 1\}$ に関する $f_1(x), f_2(x), f_3(x), f_4(x)$ の表現行列を係数行列とする連立 1 次方程式である．このことは次の定理 5.3.1 のように一般化することができ，この定理により，線形空間 V のベクトルの組の 1 次関係をそのベクトルの組の表現行列を用いて調べることができる．

定理 5.4.2 r 次元線形空間 V の基底 $\{\boldsymbol{u}_1, \boldsymbol{u}_2, \cdots, \boldsymbol{u}_r\}$ に関して，$r \times n$ 行列 A を V のベクトル $\boldsymbol{v}_1, \boldsymbol{v}_2, \cdots, \boldsymbol{v}_n$ の表現行列とする．このとき，次が成立する．

(1) $\boldsymbol{v}_1, \boldsymbol{v}_2, \cdots, \boldsymbol{v}_n$ は 1 次独立である $\iff$ $\mathrm{rank}\, A = n$

(2) $\boldsymbol{v}_1, \boldsymbol{v}_2, \cdots, \boldsymbol{v}_n$ の間と A の n 個の列ベクトル $\boldsymbol{a}_1, \boldsymbol{a}_2, \cdots, \boldsymbol{a}_n$ の間には，同じ 1 次関係式が成立する．

(3) $\boldsymbol{v}_1, \boldsymbol{v}_2, \cdots, \boldsymbol{v}_n$ の中から選び出すことのできる 1 次独立な最大個数と，A の n 個の列ベクトル中から選び出すことのできる 1 次独立な最大個数は等しい．

[証明] 省略．(Web にて公開する．) ■

例題 5.4.2 線形空間 $\boldsymbol{R}[x]_3$ の次の 4 つのベクトル $f_1(x), f_2(x), f_3(x), f_4(x)$ の 1 次関係について調べよ．

$$f_1(x) = -2x^3 + 3x^2 + x, \qquad f_2(x) = 2x^3 + x^2 + 1,$$
$$f_3(x) = 6x^3 - x^2 - x + 2, \qquad f_4(x) = x^3 + 3x^2$$

[解答] $\boldsymbol{R}[x]_3$ の基底として $\{x^3, x^2, x, 1\}$ を考える．この基底に関する $f_1(x), f_2(x), f_3(x), f_4(x)$ の表現行列 A は，

$$A = \begin{pmatrix} -2 & 2 & 6 & 1 \\ 3 & 1 & -1 & 3 \\ 1 & 0 & -1 & 0 \\ 0 & 1 & 2 & 0 \end{pmatrix}$$

である．このとき，定理 5.4.2 により，$f_1(x), f_2(x), f_3(x), f_4(x)$ の間の 1 次関係式は A の 4 つの列ベクトル $\boldsymbol{a}_1, \boldsymbol{a}_2, \boldsymbol{a}_3, \boldsymbol{a}_4$ の間の 1 次関係式と同じである．行列 A を行基本変形により簡約化すると，

$$A = \begin{pmatrix} -2 & 2 & 6 & 1 \\ 3 & 1 & -1 & 3 \\ 1 & 0 & -1 & 0 \\ 0 & 1 & 2 & 0 \end{pmatrix} \longrightarrow \begin{pmatrix} 1 & 0 & -1 & 0 \\ 0 & 1 & 2 & 0 \\ 0 & 0 & 0 & 1 \\ 0 & 0 & 0 & 0 \end{pmatrix} = B$$

を得る．A の階段行列 B の列ベクトルを $\boldsymbol{b}_1, \boldsymbol{b}_2, \boldsymbol{b}_3, \boldsymbol{b}_4$ とすると，$\boldsymbol{b}_1, \boldsymbol{b}_2, \boldsymbol{b}_4$ は 1 次独立であり，$\boldsymbol{b}_3 = -\boldsymbol{b}_1 + 2\boldsymbol{b}_2$ が成り立つ．よって，$\boldsymbol{a}_1$, $\boldsymbol{a}_2$, $\boldsymbol{a}_4$ は $\boldsymbol{a}_1$, $\boldsymbol{a}_2$, $\boldsymbol{a}_3$, $\boldsymbol{a}_4$ の中から選び出すことのできる 1 次独立な最大組であり，$\boldsymbol{a}_3 = -\boldsymbol{a}_1 + 2\boldsymbol{a}_2$ が成り立つ．これらの 1 次関係式は $f_1(x)$, $f_2(x)$, $f_3(x)$, $f_4(x)$ の間の 1 次関係式と同じであるので，$f_1(x)$, $f_2(x)$, $f_4(x)$ は $f_1(x)$, $f_2(x)$, $f_3(x)$, $f_4(x)$ の中から選び出すことのできる 1 次独立な最大組であり，$f_3(x) = -f_1(x) + 2f_2(x)$ が成り立つ． ■

r 次元線形空間 V の基底 $\{\boldsymbol{v}_1, \boldsymbol{v}_2, \cdots, \boldsymbol{v}_r\}$ に関する座標を考えることにより，対応

$$\begin{array}{ccc} V & \longrightarrow & \boldsymbol{R}^r \\ \uplus & & \uplus \\ \boldsymbol{v} & \longmapsto & \boldsymbol{v} \text{ の座標} \end{array}$$

を得る．この対応により V と数ベクトル空間 $\boldsymbol{R}^r$ を線形空間としての構造を含めて同一視することができる．したがって，有限次元線形空間 V について調べたいことがあるとき，V の基底がわかりさえすれば，座標を使って数ベクトル空間 $\boldsymbol{R}^r$ や行列に関する問題として調べ，再度座標を通じて調べたい線形空間の元としてとらえなおせばよい．

5.5 内積空間

V を $\boldsymbol{R}$ 上の線形空間とする．V の任意の 2 つのベクトル $\boldsymbol{a}, \boldsymbol{b}$ に対して，実数値 $(\boldsymbol{a}, \boldsymbol{b})$ が定まり，

(I1) $(\boldsymbol{a}, \boldsymbol{b}) = (\boldsymbol{b}, \boldsymbol{a})$

(I2) $(\boldsymbol{a} + \boldsymbol{b}, \boldsymbol{c}) = (\boldsymbol{a}, \boldsymbol{c}) + (\boldsymbol{b}, \boldsymbol{c})$

(I3) $(\lambda\boldsymbol{a}, \boldsymbol{b}) = \lambda(\boldsymbol{a}, \boldsymbol{b}) \quad (\lambda \in \boldsymbol{R})$

(I4) $(\boldsymbol{a}, \boldsymbol{a}) \geqq 0$，ただし等号成立は $\boldsymbol{a} = \boldsymbol{0}$ のときに限る．

が成り立つとき，実数値 $(\boldsymbol{a}, \boldsymbol{b})$ を対応させる対応 (,) を線形空間 V の**内積**といい，内積が指定された $\boldsymbol{R}$ 上の線形空間を $\boldsymbol{R}$ 上の**内積空間**という．

○**例 5.5.1** 命題 3.4.1 により $\boldsymbol{R}^n$ における標準内積は (I1)〜(I4) をみたす．

○**例 5.5.2** 閉区間 $[a, b]$ 上の実数値連続関数全体からなる線形空間 $C([a, b])$ において，対応 (,) を

$$(f, g) = \int_a^b f(x)g(x)\,dx \quad (f, g \in C([a, b]))$$

で定義する．このとき，定積分の定義と線形性により，(I1)〜(I4) がみたされる．ただし，(I4) の等号成立は関数の連続性からわかる．よって，このように定義された $C([a, b])$ における対応 (,) は $C([a, b])$ の内積である．

○**例 5.5.3** 多項式からなる線形空間 $\boldsymbol{R}[x]_n$ において，対応 (,) を $f(x) = a_n x^n + a_{n-1}x^{n-1} + \cdots + a_0$, $g(x) = b_n x^n + b_{n-1}x^{n-1} + \cdots + b_0$ に対して

$$(f(x), g(x)) = a_n b_n + a_{n-1}b_{n-1} + \cdots + a_0 b_0$$

と定義する．このとき，対応 (,) は $\boldsymbol{R}[x]_n$ の内積である．また，例 5.5.2 を利用した

$$(f(x), g(x)) = \int_0^1 f(x)g(x)\,dx$$

も $\boldsymbol{R}[x]_n$ の別の異なる内積を与える．

V を内積 (,) が指定された $\boldsymbol{R}$ 上の内積空間とする．このとき，ベクトル $\boldsymbol{a} \in V$ に対して，$\|\boldsymbol{a}\|$ を

$$\|\boldsymbol{a}\| = \sqrt{(\boldsymbol{a}, \boldsymbol{a})}$$

と定める．これを $\boldsymbol{a}$ の**長さ**または**ノルム**という．

ベクトルの長さについて，次の性質が成り立つ．

定理 5.5.1 $\boldsymbol{R}$ 上の内積空間におけるベクトルの長さについて，次が成立する．

(1) $\|\boldsymbol{a}\| \geqq 0$

(2) $\|\boldsymbol{a}\| = 0 \iff \boldsymbol{a} = \boldsymbol{0}$

(3) $\|\lambda\boldsymbol{a}\| = |\lambda|\,\|\boldsymbol{a}\|$

(4) $|(\boldsymbol{a}, \boldsymbol{b})| \leqq \|\boldsymbol{a}\|\,\|\boldsymbol{b}\|$ 　(シュワルツの不等式)

(5) $\|\boldsymbol{a} + \boldsymbol{b}\| \leqq \|\boldsymbol{a}\| + \|\boldsymbol{b}\|$ 　(三角不等式)

［証明］ 性質 (1)〜(3) については，内積の性質 (I2), (I4) に従う．性質 (4), (5) については，定理 3.4.2 とまったく同様にして証明することができる． ■

数ベクトル空間 $\boldsymbol{R}^n$ と同様にして「直交する」「正規直交基底」などの概念を一般の内積空間においても考えることができる．さらに，定理 3.4.5 で紹介

したグラム・シュミットの直交化法とまったく同様の操作を一般の内積空間についても用いることにより，与えられた基底から正規直交基底を構成することができる．また，複素線形空間においても，数ベクトル空間 $\boldsymbol{C}^n$ の複素内積の概念を一般化することができ，直交系，正規直交基底，グラム・シュミットの直交化法なども同様に考えることができる [2]．

5.6 自然科学・工学への応用

線形代数は数学の各分野における基本的な考え方であるだけでなく，自然科学や工学の分野でも重要な道具として用いられ，様々な分野で基礎的数学の役割をはたしている．本節では，自然科学や工学で応用されている事柄のなかから2つを選んで解説する．

5.6.1 ヴァンデルモンドの行列式と秘密分散法

ヴァンデルモンドの行列式 (演習問題 2.5.4) とよばれる次の等式が成立する．

$$\begin{vmatrix} 1 & 1 & \cdots & 1 \\ x_1 & x_2 & \cdots & x_n \\ x_1^2 & x_2^2 & \cdots & x_n^2 \\ \vdots & \vdots & \ddots & \vdots \\ x_1^{n-1} & x_2^{n-1} & \cdots & x_n^{n-1} \end{vmatrix} = \prod_{1 \leqq i < j \leqq n} (x_j - x_i)$$

中学校・高等学校で，関数のグラフ上の異なる2点が与えられると1次関数を決定することができ，グラフ上の異なる3点が与えられると2次関数を決定することができることを学んだ．このことは次のように n 次関数へ一般化することができる．

定理 5.6.1 n 次関数のグラフ上の異なる $n+1$ 個の点が与えられると，その n 次関数を一意的に決定することができる．しかしながら，n 次関数のグラフ上の点となりうる，$n+1$ 個より少ない点が与えられても，それらを通る n 次関数を一意的に決定することはできない．

[証明] 求めるべき n 次関数を $f(x) = a_0 + a_1 x + a_2 x^2 + \cdots + a_n x^n$ とおき，与えられたグラフ上の異なる $n+1$ 個の点の座標を (c_i, d_i) $(i = 1, 2, \cdots, n+1)$ とする．このとき，$f(x)$ の係数 $a_0, a_1, \cdots, a_n$ は次の連立1次方程式をみたさなければな

2) これらの事柄の詳細については，Web 解説を参照していただきたい．

らない．

$$\begin{pmatrix} 1 & c_1 & c_1^2 & \cdots & c_1^n \\ 1 & c_2 & c_2^2 & \cdots & c_2^n \\ \vdots & \vdots & \vdots & \ddots & \vdots \\ 1 & c_n & c_n^2 & \cdots & c_n^n \\ 1 & c_{n+1} & c_{n+1}^2 & \cdots & c_{n+1}^n \end{pmatrix} \begin{pmatrix} a_0 \\ a_1 \\ a_2 \\ \vdots \\ a_n \end{pmatrix} = \begin{pmatrix} d_1 \\ d_2 \\ \vdots \\ d_n \\ d_{n+1} \end{pmatrix} \tag{5.6.1}$$

連立 1 次方程式 (5.6.1) の係数行列を A とおくと，A は $n+1$ 次正方行列であり，その行列式はヴァンデルモンドの行列式により，

$$|A| = \prod_{1 \leqq i < j \leqq n+1} (c_j - c_i)$$

を得る．ここで，$c_i \neq c_j$ $(i \neq j)$ であることに注意すると，$|A| \neq 0$ であることがわかる．よって，A は正則行列であり，連立 1 次方程式 (5.6.1) はただ 1 つの解をもつ．すなわち，n 次関数 $f(x) = a_0 + a_1 x + a_2 x^2 + \cdots + a_n x^n$ の係数 $a_0, a_1, \cdots, a_n$ を一意的に決定することができる．

一方, $n+1$ 個より少ない k 個 $(k < n+1)$ の座標平面上の点 (c_i, d_i) $(i = 1, 2, \cdots, k)$ が与えられ，これらを通る n 次関数 $f(x) = a_0 + a_1 x + a_2 x^2 + \cdots + a_n x^n$ が存在するとする．係数 $a_0, a_1, \cdots, a_n$ は次の連立 1 次方程式の解である．

$$\begin{pmatrix} 1 & c_1 & c_1^2 & \cdots & c_1^n \\ 1 & c_2 & c_2^2 & \cdots & c_2^n \\ \vdots & \vdots & \vdots & \ddots & \vdots \\ 1 & c_k & c_k^2 & \cdots & c_k^n \end{pmatrix} \begin{pmatrix} a_0 \\ a_1 \\ a_2 \\ \vdots \\ a_n \end{pmatrix} = \begin{pmatrix} d_1 \\ d_2 \\ \vdots \\ d_k \end{pmatrix} \tag{5.6.2}$$

連立 1 次方程式 (5.6.2) の係数行列を B とおくと，B は $k \times (n+1)$ 行列である．連立 1 次方程式 (5.6.1) の係数行列 A は正則なので，その $n+1$ 個の行ベクトルは 1 次独立である．よって，B の k 個の行ベクトルは 1 次独立であり，$\operatorname{rank} B = k$ である．したがって，$(n+1) - \operatorname{rank} B = (n+1) - k > 0$ であるので，定理 2.3.1 により連立 1 次方程式 (5.6.2) は無数に多くの解をもち，その結果，n 次関数 $f(x)$ の係数を一意的に決定することはできない．■

情報社会において，情報の取扱いには気を付けなければならず，個人情報や企業秘密などを盗聴者から守り，その情報の改竄や破壊などを防ぐ必要がある．このような情報を守る技術が「情報セキュリティ技術」である．クラウド・コンピューティングの時代になり，情報セキュリティ技術の 1 つである「秘密分散法」の重要度が増している．秘密分散法のなかの基本的な考え方に **(k, n) 閾値（しきいち）法**とよばれるものがある．これは，秘密情報を n 個の情報に分散し，これら n 個の分散情報から任意の k 個を集めると元の秘密情報を復元できるが，k 個より少ない分散情報を集めても元の秘密情報を復元することはできない技術で

ある．

(k,n) 閾値法を実現する方法として，定理 5.6.1 の利用を考えることができる．$k-1$ 次関数 $f(x)$ の定数項を秘密情報 s とし，$k-1$ 個より多い n 個のグラフ $y=f(x)$ 上の点 $(c_1,d_1),(c_2,d_2),\cdots,(c_n,d_n)$ を分散情報とする．このとき，定理 5.6.1 により，これら n 個の分散情報 $(c_1,d_1),(c_2,d_2),\cdots,(c_n,d_n)$ のうちの任意の k 個の分散情報が集まれば，$k-1$ 次関数 $f(x)$ を一意的に決定することができ，それにより，定数項である元の秘密情報 s を入手することができる．一方，k 個より少ない分散情報を集めても $f(x)$ を一意的に決定することができず，秘密情報 s を入手することはできない．実際のコンピュータの世界では，数の範囲として，有限個の数からなる集合で加減乗除の演算が定義されている「有限体」とよばれる数の集合を用いる．有限体でも定理 5.6.1 が成立するので，上記のような考え方で (k,n) 閾値法を実現することができる．

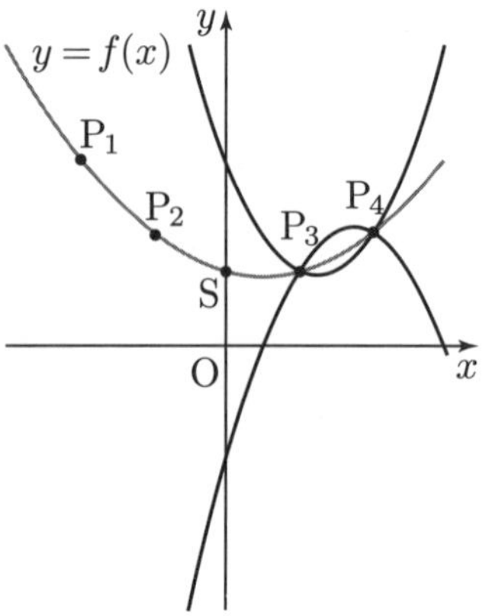

図 5.1 $(3,4)$ 閾値法の例，2 個の点 P_3,P_4 では決定できない

5.6.2 微分方程式と行列の対角化

自然科学や工学の分野において，時間とともに変化する量 (関数) を決定するために，その変化を微分方程式で表すことが多い．

変数 x についての関数 y とその導関数 y'，y''，$\cdots$，$y^{(n)}$ の間の関係式

$$F(x,y,y',y'',\cdots,\ y^{(n)})=0$$

を $\boldsymbol{n}$ **階常微分方程式**という．また，微分方程式をみたす関数 y をその微分方程式の**解**という．

例えば，$y=3e^{2x^2}-1$ は微分方程式 $y'=4x(y+1)$ の (1 つの) 解であり，関数 $y=e^x(\cos 2x-\sin 2x)$ は微分方程式 $y''-2y'+5y=0$ の (1 つの) 解である．

微分方程式

$$y'=ay$$

の任意の解は $y=ce^{ax}$ (ただし，c は任意定数) で与えられる．実際に，関数

の積の微分法により $\dfrac{d}{dx}(ye^{-ax}) = 0$ であることがわかるので，ye^{-ax} は定数 c である．よって，$y = ce^{ax}$ である．

定数係数連立線形微分方程式

$$\begin{cases} y_1' = ay_1 + by_2 \\ y_2' = cy_1 + dy_2 \end{cases}$$

とよばれる連立微分方程式を，行列の対角化 (やジョルダン標準形) などを利用して解くことができる．実際にはもっと多くの関数 y_i についての連立微分方程式についても考えることができるが，ここでは 2 つの未知関数 y_1, y_2 に関する連立微分方程式についてのみ考え，行列の対角化の 1 つの応用を紹介する．

例題 5.6.1 行列の対角化を用いて，次の連立微分方程式を解け．

$$\begin{cases} y_1' = y_1 + 2y_2 \\ y_2' = 4y_1 + 3y_2 \end{cases}$$

[解答] 連立微分方程式は $\begin{pmatrix} y_1' \\ y_2' \end{pmatrix} = \begin{pmatrix} 1 & 2 \\ 4 & 3 \end{pmatrix}\begin{pmatrix} y_1 \\ y_2 \end{pmatrix}$ と表せる．$A = \begin{pmatrix} 1 & 2 \\ 4 & 3 \end{pmatrix}$ とおくと，正則行列 $P = \begin{pmatrix} 1 & -1 \\ 2 & 1 \end{pmatrix}$ により，$P^{-1}AP = \begin{pmatrix} 5 & 0 \\ 0 & -1 \end{pmatrix}$ と対角化できる．ここで，$\begin{pmatrix} y_1 \\ y_2 \end{pmatrix} = P\begin{pmatrix} u \\ v \end{pmatrix}$ とおくと，$\begin{pmatrix} y_1' \\ y_2' \end{pmatrix} = P\begin{pmatrix} u' \\ v' \end{pmatrix}$ である．このとき，

$$\begin{pmatrix} u' \\ v' \end{pmatrix} = P^{-1}\begin{pmatrix} y_1' \\ y_2' \end{pmatrix} = P^{-1}A\begin{pmatrix} y_1 \\ y_2 \end{pmatrix} = P^{-1}AP\begin{pmatrix} u \\ v \end{pmatrix} = \begin{pmatrix} 5 & 0 \\ 0 & -1 \end{pmatrix}\begin{pmatrix} u \\ v \end{pmatrix}$$

であるから，$u' = 5u$, $v' = -v$ である．これを解くと，$u = c_1e^{5x}$, $v = c_2e^{-x}$ (ただし，c_1, c_2 は任意定数) を得る．したがって，$\begin{pmatrix} y_1 \\ y_2 \end{pmatrix} = P\begin{pmatrix} u \\ v \end{pmatrix} = \begin{pmatrix} c_1e^{5x} - c_2e^{-x} \\ 2c_1e^{5x} + c_2e^{-x} \end{pmatrix}$ である．c_1, c_2 は任意定数なので，c_1, c_2 にどのような実数を代入しても，すべてが与えられた連立微分方程式の解である． ■

このように，対角化させる正則行列 P による変換 $\begin{pmatrix} y_1 \\ y_2 \end{pmatrix} = P\begin{pmatrix} u \\ v \end{pmatrix}$ を考えることにより，より簡単な未知関数 u, v についての連立微分方程式に帰着して解くことができる．

なお，例題 5.6.1 の解 $\begin{pmatrix} y_1 \\ y_2 \end{pmatrix}$ の全体集合 V は，$\left\{ \begin{pmatrix} e^{5x} \\ 2e^{5x} \end{pmatrix}, \begin{pmatrix} -e^{-x} \\ e^{-x} \end{pmatrix} \right\}$ を基底とする $\boldsymbol{R}$ 上の 2 次元線形空間である．

例題 5.6.2 行列の対角化を用いて，次の微分方程式を解け．

$$y'' - y' - 2y = 0$$

［解答方針］ 微分方程式は $\begin{pmatrix} y' \\ y'' \end{pmatrix} = \begin{pmatrix} 0 & 1 \\ 2 & 1 \end{pmatrix} \begin{pmatrix} y \\ y' \end{pmatrix}$ と表せるので，例題 5.6.1 と同様に微分方程式を解けばよい．答え：$y = c_1 e^{-x} + c_2 e^{2x}$（ただし c_1, c_2 は任意定数） ■

なお，例題 5.6.2 の連立微分方程式の解 y の全体集合 W は，$\{e^{-x},\ e^{2x}\}$ を基底とする $\boldsymbol{R}$ 上の 2 次元線形空間である．

演習問題

5.1 線形空間 V において，零ベクトル $\boldsymbol{0}$ は一意的に定まることを示せ．

5.2 線形空間 V の元 $\boldsymbol{x}$ に対し，$\boldsymbol{x} + \boldsymbol{y} = \boldsymbol{0}$ となる元 $\boldsymbol{y}$ は一意的に定まることを示せ．

5.3 例 5.1.1〜例 5.1.3 が線形空間であることを証明せよ．

5.4 線形空間 V において，1 次独立なベクトルの組 $\boldsymbol{a}_1, \boldsymbol{a}_2, \cdots, \boldsymbol{a}_n$ の中の任意の k 個のベクトルの組 $\boldsymbol{a}_{i_1}, \boldsymbol{a}_{i_2}, \cdots, \boldsymbol{a}_{i_k}$ も 1 次独立であるであることを証明せよ．

5.5 線形空間 V のベクトル $\boldsymbol{a}_1, \boldsymbol{a}_2, \cdots, \boldsymbol{a}_n$ について，$\boldsymbol{a}_1, \boldsymbol{a}_2, \cdots, \boldsymbol{a}_n$ が 1 次従属であるためには，$\boldsymbol{a}_1, \boldsymbol{a}_2, \cdots, \boldsymbol{a}_n$ の中の少なくとも 1 つのベクトルが残りの $n-1$ 個のベクトルの 1 次結合で表せることが必要十分であることを証明せよ．

5.6 線形空間 $\boldsymbol{R}[x]_2$ における次の組 (i), (ii) について，以下の問いに答えよ．

(i) $x+1,\ (x+1)^2,\ (x-1)^2$

(ii) $x^2+x+1,\ (x+1)^2,\ (x-1)^2$

(1) 各々の組について，1 次独立であるかどうかを定義に従って調べよ．

(2) 各々の組について，1 次独立であるかどうかを定理 5.4.2 を用いて調べよ．

5.7 線形空間 V において，$\boldsymbol{a}_1,\ \boldsymbol{a}_2,\ \boldsymbol{a}_3,\ \boldsymbol{a}_4 \in V$ は 1 次独立であるとする．このとき，次のベクトルの組 $\boldsymbol{b}_1,\ \boldsymbol{b}_2,\ \boldsymbol{b}_3,\ \boldsymbol{b}_4$ の中から選び出すことのできる 1 次独立な最大組を 1 組求めよ．また，選ばれていない他のベクトルをその最大組の 1 次結合で表せ．

(1) $\boldsymbol{b}_1 = -\boldsymbol{a}_1 + 2\boldsymbol{a}_2 - \boldsymbol{a}_3 + 3\boldsymbol{a}_4,\quad \boldsymbol{b}_2 = -2\boldsymbol{a}_1 - \boldsymbol{a}_3 + 2\boldsymbol{a}_4$

$\boldsymbol{b}_3 = -7\boldsymbol{a}_1 - 6\boldsymbol{a}_2 - 2\boldsymbol{a}_3 + \boldsymbol{a}_4,\ \boldsymbol{b}_4 = 2\boldsymbol{a}_1 + \boldsymbol{a}_2 + \boldsymbol{a}_3 - \boldsymbol{a}_4$

(2) $\boldsymbol{b}_1 = 3\boldsymbol{a}_1 + \boldsymbol{a}_2 - \boldsymbol{a}_3 - 2\boldsymbol{a}_4$, $\boldsymbol{b}_2 = 6\boldsymbol{a}_1 + 2\boldsymbol{a}_3 - 2\boldsymbol{a}_3 - 4\boldsymbol{a}_4$
$\boldsymbol{b}_3 = \boldsymbol{a}_2 - 3\boldsymbol{a}_3 - \boldsymbol{a}_4$, $\boldsymbol{b}_4 = 6\boldsymbol{a}_1 - \boldsymbol{a}_2 + 7\boldsymbol{a}_3 - \boldsymbol{a}_4$

5.8 線形空間 $\boldsymbol{R}[x]_3$ において，次のベクトルの組 $f_1(x)$，$f_2(x)$，$f_3(x)$，$f_4(x)$ の中から選び出すことのできる 1 次独立な最大組を 1 組求めよ．また，選ばれていない他のベクトルをその最大組の 1 次結合で表せ．

(1) $f_1(x) = x^3 - x^2 + 3x$, $f_2(x) = -2x^3 - 2x - 1$
$f_3(x) = x^3 + 3x^2 - 5x + 2$, $f_4(x) = -9x^3 - x^2 - 7x - 5$

(2) $f_1(x) = 2x^3 - 3x^2 + x - 3$, $f_2(x) = 4x^3 - 6x^2 + 2x - 6$
$f_3(x) = x + 1$, $f_4(x) = x^3 - x^2 + 2x$

5.9 V を $V \neq \{\boldsymbol{0}\}$ なる線形空間とする．線形空間 V の生成系の中で最小個数のベクトルからなる生成系は V の基底であることを証明せよ．

5.10 線形空間 $\boldsymbol{R}[x]_3$ の部分集合 W_1, W_2, W_3, W_4 は $\boldsymbol{R}[x]_3$ の部分空間であるかどうかを調べよ．

(1) $W_1 = \{f(x) \in \boldsymbol{R}[x]_3 \mid f'(1) = 1, f(-1) = 0\}$

(2) $W_2 = \{f(x) \in \boldsymbol{R}[x]_3 \mid f'(1) + f(-1) = 0\}$

(3) $W_3 = \{f(x) \in \boldsymbol{R}[x]_3 \mid f'(1) + f(-1) \geqq 0\}$

(4) $W_4 = \{f(x) \in \boldsymbol{R}[x]_3 \mid x^2 f''(x) + f'(x) - 6f(x) = 0\}$

5.11 線形空間 $\boldsymbol{R}[x]_3$ の部分空間 $W = \{f(x) \in \boldsymbol{R}[x]_3 \mid f(1) = 0,\ f'(-1) = 0\}$ の 1 組の基底と次元を求めよ．

5.12 内積 (,) とベクトルの長さ $\| * \|$ について，次の等式を示せ．

$$(\boldsymbol{a}, \boldsymbol{b}) = \frac{1}{4}(\|\boldsymbol{a} + \boldsymbol{b}\|^2 - \|\boldsymbol{a} - \boldsymbol{b}\|^2)$$

5.13 定理 5.5.1 のシュワルツの不等式および三角不等式において，等号が成立するのはどのようなときかを答えよ．

5.14 $\boldsymbol{R}[x]_2$ における対応 (,) を

$$(f(x), g(x)) = \int_0^1 f(x)g(x)\,dx \quad (f(x), g(x) \in \boldsymbol{R}[x]_2)$$

で定める．このとき，対応 (,) は $\boldsymbol{R}[x]_2$ の内積であることを示せ．

5.15 次の x の関数 y_1, y_2 についての連立微分方程式を解け．

$$\begin{cases} y_1' = -3y_1 + 3y_2 \\ y_2' = -2y_1 + 4y_2 \end{cases}$$

5.16 次の x の関数 y についての微分方程式を解け．

$$y'' - 6y' + 5y = 0$$

A
オンライン演習「愛あるって」

A.1 「愛あるって」の理論的背景

本書に付随したアダプティブオンライン演習「愛あるって」は，**項目反応理論** (Item Response Theory といい，IRT という略語を用いる) を背景とした新しい評価法を用いている．これまでの評価法では，各問題にはあらかじめ配点が与えられ，それぞれの問題の得点を合計した総得点が評価値であった．同じ試験を多くの人に課せば全員の総得点が得られる．そこから平均や標準偏差を算出すれば，自分の相対的な評価値を偏差値という形で求めることができる．しかし，問題の配点を変えれば総得点が違ってくる場合がある．配点によって評価値が変わるのは公正な評価法とはいえないかもしれない．そこで，各受験者の評価値に加えて問題の難易度も同時に求めながら，公正で公平な評価法が提案された．これが IRT による評価法である．この理論は，これまでに TOEFL など多くの公的な場面で適用されている．本書ではこの評価法を用いた演習をオンラインで行うことができる．

IRT では，各問題 j に対する受験者 i の評価確率 $P_j(\theta_i; a_j, b_j, c_j)$ がロジスティック分布，すなわち，

$$P_j(\theta_i; a_j, b_j, c_j) = c_j + \frac{1}{1 + \exp\{-1.7a_j(\theta_i - b_j)\}} \tag{A.1}$$

に従っていると仮定する．a_j, b_j, c_j は，それぞれ問題 j の識別力 (簡単にいうと，問題の良し悪しを表す)，困難度 (文字どおり，問題の難易度を表す)，当て推量 (偶然に正答する確率を表す)，θ_i は受験者 i の学習習熟度 (ability) を表している．数値 1.7 は分布が標準正規分布に近くなるように調整された定数である．受験者 $i = 1, 2, \cdots, N$ が項目 $j = 1, 2, \cdots, n$ に対して取り組んだ結果，その解答が正答なら $\delta_{i,j} = 1$，誤答なら $\delta_{i,j} = 0$ と書き表すと，すべての

受験者がすべての問題に挑戦した結果 (これを**反応パターン**という) の確率は，独立事象を仮定すれば，$c_j = 0$ と仮定した場合，

$$L = \prod_{i=1}^{N} \prod_{j=1}^{n} P_j(\theta_i; a_j, b_j)^{\delta_{i,j}} (1 - P_j(\theta_i; a_j, b_j))^{1-\delta_{i,j}} \tag{A.2}$$

と表される．これを**尤度関数**という．図 A.1 に，IRT による評価の過程のイメージを示す．

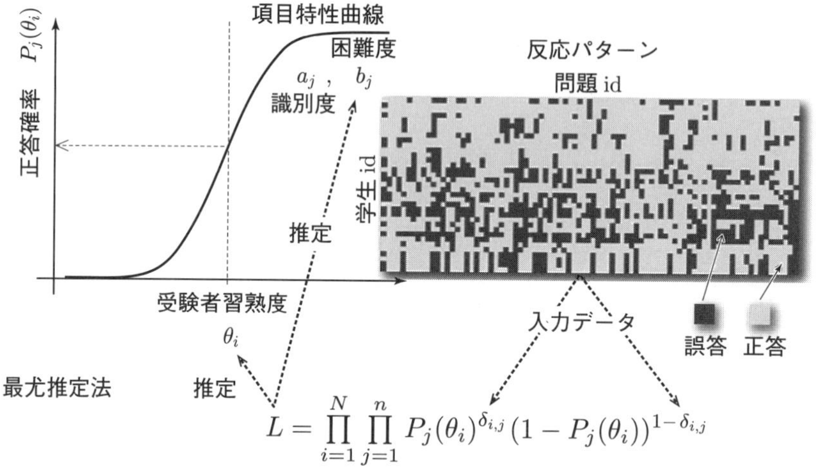

図 A.1 項目反応理論 (IRT) による評価の過程

誤答 0 と正答 1 からなる $\delta_{i,j}$ を式 (A.2) の尤度関数 L に代入し，それを最大にするような a_j, b_j, θ_i を同時に求めるのが IRT による評価法である．

ここで，なぜ古典的な評価法ではなく IRT を使った評価法が適切なのかについて考えてみる．いま，A, B 両君が 13 問の数学問題に挑戦し，$\delta_{i,j}$ の値が問題順に，

A 1111110001011

B 1011110011011

であったとする．2 問目と 9 問目で正誤が入れ替わっているだけで他は同じ解答パターンなので，正答率はどちらも同じ値 0.69 となる．しかし，A, B 以外の受験者も加えて IRT を使って問題の難易度 b_j を計算してみると，2 問目では 2.3，9 問目では 1.2 なので，2 問目を正答した A 君のほうが学習習熟度が高いと考えるのが自然であると思われる．実際，A, B 両君の ability θ_i を求めてみると，それぞれ 1.70，1.56 である．IRT は自然な配点を自動的に行って

いることがわかる．この例は，IRT のほうがよりふさわしい学習習熟度の評価値を与えていることを示唆している．

このオンライン演習では，問題の出題時には問題の難易度はすでに与えられている．受験者には，まず平均的なレベルの問題が与えられる．その問題が解けると少し難しい問題が与えられる．解けなければもう少しやさしい問題になる．このようにいくつかの問題を解いていくうちに自分の習熟度レベルと問題のレベルとが段々一致してくる．何問か解いた時点で最終的な評価点を出す．これを**アダプティブオンラインテスティング**という．

アダプティブテスティングでは，困難度はあらかじめ与えられているので未知数は θ_i だけと少なくなり，したがって習熟度を推定する計算する手間は IRT よりも簡単になる．ただし，ときおり行う難易度の調整の計算は通常の IRT よりも計算の手間は大きくなる．図 A.2 に，アダプティブオンラインテスティングでの推定過程のイメージを示す．

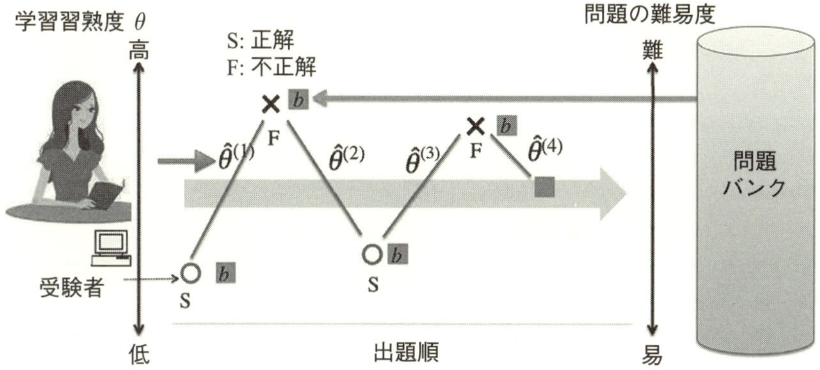

図 A.2　アダプティブテスティングでの推定過程．b, $\hat{\theta}$ は，問題を 1 問解くごとに変更されていく推定値を表す．

A.2 「愛あるって」の使い方

A.2.1 初期登録手続き

「愛あるって」では，初期登録を行った後，問題を解答するシステムになっている．

初期登録は以下の手順に従って行う．

1. 培風館のホームページ

   `http://www.baifukan.co.jp/shoseki/kanren.html`

   にアクセスし，本書の「愛あるって」をクリックする．初回のアクセス時には，「接続の安全性を確認できません」というメッセージが表示されることがあるが，そのままブラウザの指示に従って進める．
2. システムにアクセスすると，ユーザ名とパスワードが求められる．ここでは，仮に以下のユーザ名とパスワードを入力して「OK」ボタンを押す．
   - ユーザ名： guest
   - パスワード： irt2014
3. すでにログインIDをもっているユーザは登録されたユーザIDとパスワードを入力してログインする．まだ登録していない場合，

   「ユーザIDをお持ちでない方は コチラ 」

   をクリックする．その後，ログインID，氏名，パスワード，メールアドレス(任意)を入力する．「登録」ボタンを押すと登録が完了する．

A.2.2 実際の利用法

1. 登録後にシステムにログインすると，受験トップ画面が現れるので，図A.3のように演習を行いたい章を選択し「開始」ボタンを押す．

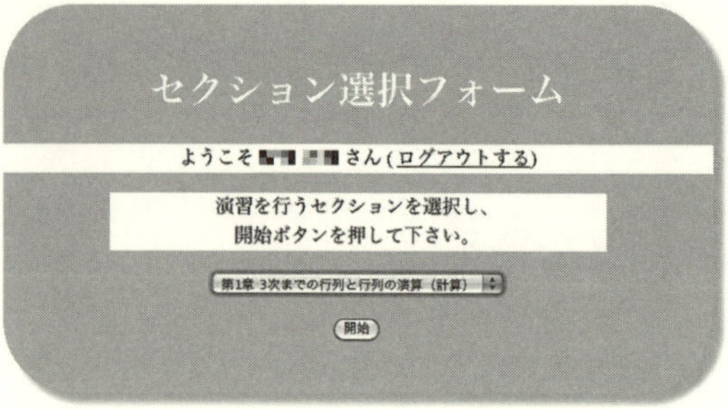

図A.3 演習を行いたい章を選択

2. 開始されると図A.4のような画面が表示されるので，問題をよく読み，各問に対応した選択肢から，正解だと思うものを選んでクリックする．解き終えたら「回答して次へ」のボタンを押す．最後の問題を解き終えた場合は「解答して終了」ボタンを押す．

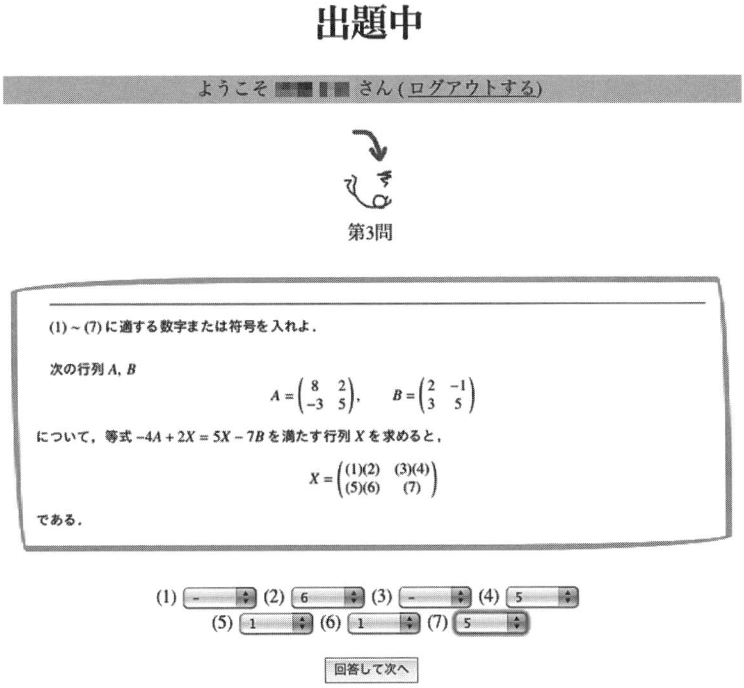

図 A.4　第 3 問目

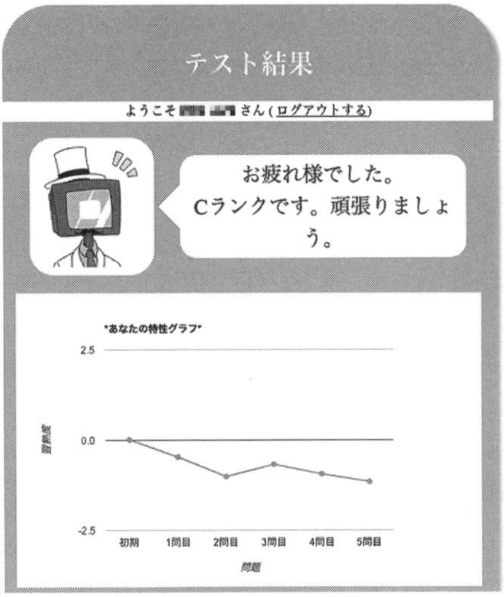

図 A.5　習熟度の変化と 5 段階評価

3. 問題を解き終えると図 A.5 のような画面が表示され，各問題を解くごとに推定されたあなたの習熟度がグラフ化される．「成績一覧」では，過去の習熟度の変化や全体におけるあなたのランク (S，A，B，C，D の 5 段階評価) をグラフで見ることができる．その下には，図 A.6 のような画面が表示され，問題番号をクリックすれば正答と解説が表示される．「印刷する」ボタンをクリックすると受験した内容を pdf に出力した後，印刷することができる．

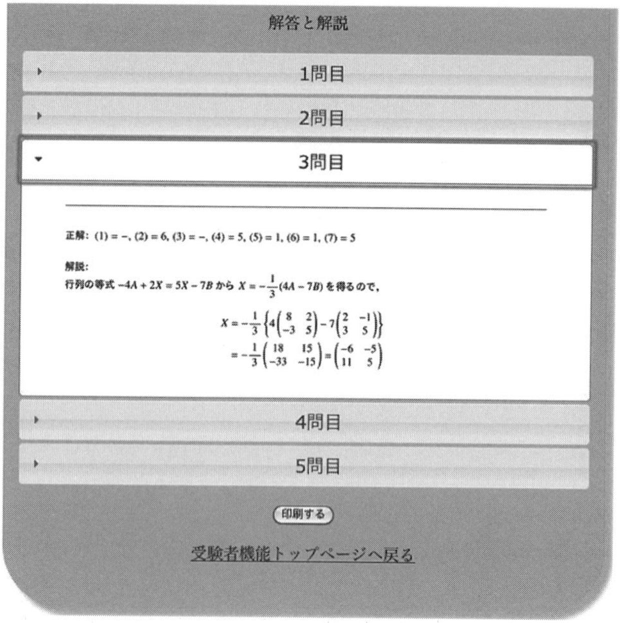

図 A.6　解説画面

演習問題略解

解答の詳細な解説や証明問題などの解答を略したものについては，Web にて，その解答を公開している．培風館のホームページ (p.ii 参照) で本書の「演習問題解説」をクリックするとダウンロードできる．

第1章

1.1.1 (1) $\begin{pmatrix} -3 \\ -19 \\ -2 \end{pmatrix}$ (2) $\begin{pmatrix} -11 \\ 2 \\ -5 \end{pmatrix}$

1.1.2 $\pm\dfrac{1}{\sqrt{14}}\begin{pmatrix} -1 \\ 2 \\ 3 \end{pmatrix}$

1.2.1 (1) $\dfrac{x+2}{5} = \dfrac{y-3}{2} = \dfrac{z-1}{-1}$ (2) $\dfrac{x-1}{-3} = \dfrac{z+2}{4},\ y = 3$

1.2.2 (1) $\cos\theta = \dfrac{1}{6}$ (2) $\cos\theta = \dfrac{2}{\sqrt{42}}$

1.2.3 平面の方程式は $3x + 4y + 3z = 1$．例えば，平面のベクトル表示として，

$$\begin{pmatrix} x \\ y \\ z \end{pmatrix} = s\begin{pmatrix} 4 \\ -3 \\ 0 \end{pmatrix} + t\begin{pmatrix} 0 \\ -3 \\ 4 \end{pmatrix} + \begin{pmatrix} 0 \\ 1/4 \\ 0 \end{pmatrix}$$

1.3.1 $x = 3,\ y = -1$

1.3.2 $X = \begin{pmatrix} -41/5 & 37/5 \\ 13/5 & 34/5 \end{pmatrix},\ Y = \begin{pmatrix} -24/5 & 8/5 \\ 17/5 & 31/5 \end{pmatrix}$

1.3.3 (1) $\begin{pmatrix} 3 & 7 \\ -2 & 14 \end{pmatrix}$ (2) $\begin{pmatrix} 3 & -5 \\ 5 & 8 \end{pmatrix}$ (3) $\begin{pmatrix} 4 & -3 & -1 \\ 9 & 2 & 3 \end{pmatrix}$ (4) 定義されない

(5) $\begin{pmatrix} -2 & -2 & 4 \\ 13 & 10 & 3 \\ -1 & -6 & 1 \end{pmatrix}$ (6) $\begin{pmatrix} -11 & 5 \\ -4 & 0 \end{pmatrix}$ (7) 定義されない (8) $\begin{pmatrix} -7 & -14 & 1 \\ 8 & 10 & 2 \\ -5 & -7 & 0 \end{pmatrix}$

(9) $\begin{pmatrix} -11 \\ -2 \end{pmatrix}$ (10) $\begin{pmatrix} -10 \\ 16 \\ -9 \end{pmatrix}$

1.3.7 $\begin{pmatrix} n(3n+1)/2 & 1-(-2)^n \\ n & n/(n+1) \end{pmatrix}$

1.3.8 (1) 略　(2) $\begin{pmatrix} \cos n\theta & -\sin n\theta \\ \sin n\theta & \cos n\theta \end{pmatrix}$

1.3.10 (1) $\begin{pmatrix} 3^{n-1} & -3^{n-1} \\ -2\cdot 3^{n-1} & 2\cdot 3^{n-1} \end{pmatrix}$

(2) $$A^n = \frac{2^n-(-3)^n}{5}A + \frac{3\cdot 2^n + 2\cdot(-3)^n}{5}E$$
$$= \begin{pmatrix} \{(-3)^n + 2^{n+2}\}/5 & 4\{-(-3)^n + 2^n\}/5 \\ \{-(-3)^n + 2^n\}/5 & \{4\cdot(-3)^n + 2^n\}/5 \end{pmatrix}$$

1.3.11 (1) $A^2 = \begin{pmatrix} 0 & 0 & a^2 \\ 0 & 0 & 0 \\ 0 & 0 & 0 \end{pmatrix}$,　$A^n = O\ (n \geqq 3)$

(2) $\begin{pmatrix} 1 & na & n(n-1)a^2/2 + nb \\ 0 & 1 & na \\ 0 & 0 & 1 \end{pmatrix}$

1.4.1 (1) $\begin{pmatrix} x \\ y \\ z \end{pmatrix} = t\begin{pmatrix} 1 \\ -1 \\ 1 \end{pmatrix} + \begin{pmatrix} 1 \\ -1 \\ 0 \end{pmatrix}$ (ただし，t は任意定数)　(2) 解なし

1.4.2 (1) $\begin{pmatrix} x \\ y \\ z \end{pmatrix} = t\begin{pmatrix} 2 \\ -5 \\ 1 \end{pmatrix} + \begin{pmatrix} 1 \\ -3 \\ 0 \end{pmatrix}$ (ただし，t は任意定数)　(2) 解なし

(3) $\begin{pmatrix} x \\ y \\ z \end{pmatrix} = s\begin{pmatrix} 2 \\ 1 \\ 0 \end{pmatrix} + t\begin{pmatrix} 1 \\ 0 \\ 1 \end{pmatrix} + \begin{pmatrix} -2 \\ 0 \\ 0 \end{pmatrix}$ (ただし，s, t は任意定数)

1.5.1 (1) 16　(2) −53　(3) 187　(4) −95

1.5.2 [両辺をそれぞれ計算することにより示すことができる．なお，右辺の計算において，第2章で学ぶ行列式の第3列に関する余因子展開を利用すると，この等式の意味が明確になる．]

1.5.4 [ケーリー・ハミルトンの定理を利用するとよい．]

1.5.5 (1) 行列式が 0 なので，正則行列ではない．　(2) 正則行列であり，その逆行列は $\dfrac{1}{7}\begin{pmatrix} 3 & -2 \\ -4 & 5 \end{pmatrix}$.　(3) 正則行列であり，その逆行列は $\begin{pmatrix} 3 & -2 \\ 4 & -3 \end{pmatrix}$.

1.5.6 (1) $\begin{pmatrix} 1/2 & 0 & 0 \\ 0 & 2/3 & 1/3 \\ 0 & -1/3 & 1/3 \end{pmatrix}$　(2) $\begin{pmatrix} 1 & 0 & 0 \\ 1/2 & 1/2 & 0 \\ 3/4 & 1/4 & -1/2 \end{pmatrix}$

1.5.7 (1) $x \neq \pm\sqrt{3}$ (2) $x \neq 1, -3$

1.5.8 (1) $\dfrac{1}{5}\begin{pmatrix} -3 & 0 \\ 16 & -15 \end{pmatrix}$ (2) $\begin{pmatrix} 6 & -1 \\ 5 & -1 \end{pmatrix}$

1.5.9 (1) $|P| = -5 \neq 0$ なので，P は正則行列である．また，その逆行列は $P^{-1} = \dfrac{1}{5}\begin{pmatrix} -2 & -7 \\ -1 & -1 \end{pmatrix}$ である． (2) $\begin{pmatrix} -3 & 0 \\ 0 & 2 \end{pmatrix}$

(3) $\dfrac{1}{5}\begin{pmatrix} -2\cdot(-3)^n + 7\cdot 2^n & -7\cdot(-3)^n + 7\cdot 2^n \\ 2\cdot(-3)^n - 2^{n+1} & 7\cdot(-3)^n - 2^{n+1} \end{pmatrix}$

1.6.1 y 軸に関する対称変換は $\begin{pmatrix} -1 & 0 \\ 0 & 1 \end{pmatrix}$， 原点に関する点対称変換は $\begin{pmatrix} -1 & 0 \\ 0 & -1 \end{pmatrix}$

1.6.2 $\dfrac{1}{2}\begin{pmatrix} 1 & \sqrt{3} \\ \sqrt{3} & -1 \end{pmatrix}$

1.6.3 (1) 原点のまわりの $\dfrac{\pi}{3}$ 回転

(2) [$B = A + A^2 + \cdots + A^6$ とおいて，AB を考えよ．]

1.6.4 原点に関する点対称変換は $\begin{pmatrix} -1 & 0 & 0 \\ 0 & -1 & 0 \\ 0 & 0 & -1 \end{pmatrix}$， yz 平面に関する対称変換は $\begin{pmatrix} -1 & 0 & 0 \\ 0 & 1 & 0 \\ 0 & 0 & 1 \end{pmatrix}$， xz 平面に関する対称変換は $\begin{pmatrix} 1 & 0 & 0 \\ 0 & -1 & 0 \\ 0 & 0 & 1 \end{pmatrix}$．

1.6.5 x 軸のまわりの回転は $\begin{pmatrix} 1 & 0 & 0 \\ 0 & \cos\theta & -\sin\theta \\ 0 & \sin\theta & \cos\theta \end{pmatrix}$， y 軸のまわりの回転は $\begin{pmatrix} \cos\theta & 0 & \sin\theta \\ 0 & 1 & 0 \\ -\sin\theta & 0 & \cos\theta \end{pmatrix}$．

1.6.6, 1.6.7 [直線や平面のベクトル方程式を考えよ．]

第2章

2.1.1 (1) $c\begin{pmatrix} 2 & 0 \\ 1 & 0 \end{pmatrix} + d\begin{pmatrix} 0 & 2 \\ 0 & 1 \end{pmatrix}$ (c, d は任意定数)

(2) $a\begin{pmatrix} 1 & 0 \\ 0 & 1 \end{pmatrix} + c\begin{pmatrix} 0 & 2 \\ 1 & 2 \end{pmatrix}$ (a, c は任意定数)

(3) $b\begin{pmatrix}3 & 0\\ 1 & 0\\ -2 & 0\end{pmatrix}+e\begin{pmatrix}0 & 3\\ 0 & 1\\ 0 & -2\end{pmatrix}+\begin{pmatrix}1 & 0\\ 0 & 0\\ 0 & 1\end{pmatrix}$ (b, e は任意定数)

(4) $a\begin{pmatrix}1 & -3\\ 0 & 0\end{pmatrix}+c\begin{pmatrix}0 & 0\\ 1 & -3\end{pmatrix}$ (a, c は任意定数)

(5) $(0\ \ -2\ \ 3)$　　(6) 任意の n 次対角行列

2.1.2 (1) $(a+b)^{n-1}\begin{pmatrix}a & b\\ a & b\end{pmatrix}$

(2) $k \geqq 0$ に対し，$n=3k$ のとき E,

$n=3k+1$ のとき $\begin{pmatrix}0 & 1 & 0\\ 0 & 0 & 1\\ 1 & 0 & 0\end{pmatrix}$, $n=3k+2$ のとき $\begin{pmatrix}0 & 0 & 1\\ 1 & 0 & 0\\ 0 & 1 & 0\end{pmatrix}$.

(3) $\begin{pmatrix}a^n & na^{n-1} & \frac{n(n-1)}{2}a^{n-2}\\ 0 & a^n & na^{n-1}\\ 0 & 0 & a^n\end{pmatrix}$

2.1.3 (1) $AB=BA=E$　　(2) $({}^tA)^{-1}={}^t(A^{-1})={}^tB=\begin{pmatrix}3 & 2 & -3\\ 7 & 5 & -8\\ 1 & 1 & -1\end{pmatrix}$,

$({}^tB)^{-1}={}^t(B^{-1})={}^tA=\begin{pmatrix}3 & -1 & -1\\ -1 & 0 & 3\\ 2 & -1 & 1\end{pmatrix}$

2.1.4 (1) $2\boldsymbol{a}_1-\boldsymbol{a}_2+3\boldsymbol{a}_3$　　(2) $(\boldsymbol{a}_2+2\boldsymbol{a}_3\ \ 3\boldsymbol{a}_1-4\boldsymbol{a}_2)$

(3) $(\boldsymbol{a}_2\ \ \boldsymbol{a}_3\ \ \boldsymbol{a}_1+2\boldsymbol{a}_2)$

2.1.5 (1) $XY=YX=E_{m+n}$　　(2) $\begin{pmatrix}3 & -1 & 2 & 1\\ -2 & 1 & -3 & -2\\ 0 & 0 & 0 & 1\\ 0 & 0 & 1 & 0\end{pmatrix}$

2.1.7 (4) $\begin{pmatrix}5 & 4 & 6\\ 4 & 4 & 4\\ 6 & 4 & 3\end{pmatrix}+\begin{pmatrix}0 & 3 & -3\\ -3 & 0 & -2\\ 3 & 2 & 0\end{pmatrix}$

2.2.1 (1) $\begin{pmatrix}1 & 0 & -10\\ 0 & 1 & 3\end{pmatrix}$, 階数 2　　(2) $\begin{pmatrix}0 & 1 & -2 & 0\\ 0 & 0 & 0 & 1\end{pmatrix}$, 階数 2

(3) $\begin{pmatrix}1 & 0 & 1 & 0\\ 0 & 1 & -1 & 0\\ 0 & 0 & 0 & 1\end{pmatrix}$, 階数 3　　(4) $\begin{pmatrix}1 & 0 & 0 & -3 & -5\\ 0 & 1 & 0 & 2 & 4\\ 0 & 0 & 1 & 1 & 0\\ 0 & 0 & 0 & 0 & 0\end{pmatrix}$, 階数 3

(5) $a=1$ のとき $\begin{pmatrix}1&1&0\\0&0&0\\0&0&0\end{pmatrix}$, 階数 1;　$a=-2$ のとき $\begin{pmatrix}1&0&-1\\0&1&-1\\0&0&0\end{pmatrix}$, 階数 2;

$a\neq 1,-2$ のとき E_3, 階数 3

(6) $a=1$ のとき $\begin{pmatrix}1&\cdots&1\\0&\cdots&0\\\vdots&\vdots&\vdots\\0&\cdots&0\end{pmatrix}$, 階数 1;　$a=1-n$ のとき

$\begin{pmatrix}1&0&\cdots&0&-1\\0&1&\cdots&0&-1\\\vdots&\vdots&&\vdots&\vdots\\0&0&\cdots&1&-1\\0&0&\cdots&0&0\end{pmatrix}$, 階数 $n-1$;　$a\neq 1-n,1$ のとき E_n, 階数 n

2.2.2 $R_3(1,2;1)=\begin{pmatrix}1&1&0\\0&1&0\\0&0&1\end{pmatrix}$, $R_3(2,1;1)=\begin{pmatrix}1&0&0\\1&1&0\\0&0&1\end{pmatrix}$, $R_3(1,2;1)A=$

$\begin{pmatrix}5&7&9\\4&5&6\\7&8&9\end{pmatrix}$, $AR_3(1,2,;1)=\begin{pmatrix}1&3&3\\4&9&6\\7&15&9\end{pmatrix}$, $R_3(2,1;1)A=\begin{pmatrix}1&2&3\\5&7&9\\7&8&9\end{pmatrix}$,

$AR_3(2,1;1)=\begin{pmatrix}3&2&3\\9&5&6\\15&8&9\end{pmatrix}$

2.2.3 $\operatorname{rank}0$ は O;　$\operatorname{rank}1$ は $\begin{pmatrix}0&0&1\\0&0&0\\0&0&0\end{pmatrix}$, $\begin{pmatrix}0&1&*\\0&0&0\\0&0&0\end{pmatrix}$, $\begin{pmatrix}1&*&*\\0&0&0\\0&0&0\end{pmatrix}$;

$\operatorname{rank}2$ は $\begin{pmatrix}0&1&0\\0&0&1\\0&0&0\end{pmatrix}$, $\begin{pmatrix}1&0&*\\0&1&*\\0&0&0\end{pmatrix}$, $\begin{pmatrix}1&*&0\\0&0&1\\0&0&0\end{pmatrix}$;　$\operatorname{rank}3$ は E_3

2.2.4 (1) 順に $R_2(2,1;-2), Q_2(2;1/2), R_2(1,2;-1)$

(2) 例えば，$P=\begin{pmatrix}2&-1/2\\-1&1/2\end{pmatrix}$, $Q=\begin{pmatrix}1&0&-1\\0&1&-1\\0&0&1\end{pmatrix}$.

2.3.1 (1) $\begin{pmatrix}x\\y\\z\end{pmatrix}=\begin{pmatrix}2\\3\\1\end{pmatrix}$　(2) $\begin{pmatrix}x\\y\\z\end{pmatrix}=t\begin{pmatrix}5\\-1\\2\end{pmatrix}+\begin{pmatrix}1/2\\1/2\\0\end{pmatrix}$ (t は任意定数)

(3) $\begin{pmatrix} x \\ y \\ z \\ w \end{pmatrix} = s\begin{pmatrix} -1 \\ 1 \\ 1 \\ 0 \end{pmatrix} + t\begin{pmatrix} 4 \\ 3 \\ 0 \\ 1 \end{pmatrix}$ (s, t は任意定数)　　(4) $\begin{pmatrix} x \\ y \\ z \\ w \end{pmatrix} = \begin{pmatrix} 2 \\ 3 \\ 2 \\ 1 \end{pmatrix}$

2.3.2 (1) $a = \pm 1$;　$a = 1$ のとき $\begin{pmatrix} x \\ y \end{pmatrix} = t\begin{pmatrix} -2 \\ 1 \end{pmatrix} + \begin{pmatrix} 1 \\ 0 \end{pmatrix}$ (t は任意定数),

$a = -1$ のとき $\begin{pmatrix} x \\ y \end{pmatrix} = t\begin{pmatrix} 2 \\ 1 \end{pmatrix} + \begin{pmatrix} -1 \\ 0 \end{pmatrix}$ (t は任意定数)

(2) $a = -2$; $\begin{pmatrix} x \\ y \\ z \end{pmatrix} = t\begin{pmatrix} -1 \\ 2 \\ 1 \end{pmatrix} + \begin{pmatrix} -7 \\ 3 \\ 0 \end{pmatrix}$ (t は任意定数)

2.3.3 (1) $a = -\frac{1}{2}$; $\begin{pmatrix} x \\ y \end{pmatrix} = t\begin{pmatrix} 2 \\ 1 \end{pmatrix}$ (t は任意定数)

(2) $a = 1, -3$;　$a = 1$ のとき $\begin{pmatrix} x \\ y \\ z \\ w \end{pmatrix} = s\begin{pmatrix} -1 \\ 1 \\ 0 \\ 0 \end{pmatrix} + t\begin{pmatrix} -1 \\ 0 \\ 1 \\ 0 \end{pmatrix} + u\begin{pmatrix} -1 \\ 0 \\ 0 \\ 1 \end{pmatrix}$

(s, t, u は任意定数),　$a = -3$ のとき $\begin{pmatrix} x \\ y \\ z \\ w \end{pmatrix} = t\begin{pmatrix} 1 \\ 1 \\ 1 \\ 1 \end{pmatrix}$ (t は任意定数)

2.3.4 (1) $\begin{pmatrix} 8 & -13 & 19 \\ -2 & 3 & -4 \\ -1 & 2 & -3 \end{pmatrix}$　　(2) $\frac{1}{3}\begin{pmatrix} -6 & 5 & -7 \\ 6 & -4 & 5 \\ 3 & -2 & 1 \end{pmatrix}$

(3) $a = 1$ のときは正則でない．$a \neq 1$ のとき $\frac{1}{a-1}\begin{pmatrix} a+1 & -1 & -1 \\ -1 & 1 & 0 \\ -1 & 0 & 1 \end{pmatrix}$.

(4) $\begin{pmatrix} 1 & 0 & 0 & 0 \\ -1 & 1 & 0 & 0 \\ 0 & -1 & 1 & 0 \\ 0 & 0 & -1 & 1 \end{pmatrix}$　　(5) $\begin{pmatrix} -1 & -5 & 6 & -2 \\ -2 & -1 & 2 & 0 \\ 2 & 3 & -4 & 1 \\ 2 & 4 & -5 & 1 \end{pmatrix}$

2.3.5 (1) $\begin{pmatrix} -8 & -1 & -1 \\ 3 & 1 & 2 \end{pmatrix}$　　(2) $\begin{pmatrix} 2 & -4 \\ 3 & 8 \\ -2 & -3 \end{pmatrix}$

2.3.6 (1) 例えば，$R_3(2,1;2)R_3(3,1;4)R_3(3,2;3)$

(2) 例えば，$R_2(2,1;b)Q_2(2;c-ab)R_2(1,2;a)$

2.4.1 $\sigma\tau = \begin{pmatrix} 1 & 2 & 3 & 4 \\ 4 & 2 & 1 & 3 \end{pmatrix}$, $\tau\sigma = \begin{pmatrix} 1 & 2 & 3 & 4 \\ 1 & 4 & 2 & 3 \end{pmatrix}$, $\sigma^{-1}\tau^{-1} = \begin{pmatrix} 1 & 2 & 3 & 4 \\ 1 & 3 & 4 & 2 \end{pmatrix}$

2.4.2 (1) $\operatorname{sgn}\sigma = -1$ (2) $\operatorname{sgn}\tau = (-1)^{n-1}$

2.4.4 どちらも $n!/2$ 個

2.4.5 (1) -2 (2) $-1/5$ (3) -24 (4) 0 (5) 3 (6) $a(b-a)(c-b)(d-c)$
(7) $(a+3b)(a-b)^3$ (8) $n = 2m, 2m+1$ のとき $(-1)^m a_{1n}a_{2\,n-1}\cdots a_{n1}$

2.4.6 (1) $|A^2| = a^2$, $|2A| = 2^n a$, $|{}^tAB| = ab$ (2) $|A^{-1}| = 1/a$, $|A^{-1}BA| = b$

2.5.1 (1) 1 (2) 18 (3) 5 (4) -2 (5) -126 (6) $(ac-b^2)^2$

2.5.3 (1) $(a+6)(a-1)(a-2)(a-3)$
(2) $(a+b+c+d)(a-b+c-d)(a+b-c-d)(a-b-c+d)$

2.5.4 [$n = 3$ のとき $\begin{vmatrix} 1 & 1 & 1 \\ a_1 & a_2 & a_3 \\ a_1^2 & a_2^2 & a_3^2 \end{vmatrix} \underset{\substack{②+①\times(-a_1) \\ ③+②\times(-a_1)}}{=} \begin{vmatrix} 1 & 1 & 1 \\ 0 & a_2-a_1 & a_3-a_1 \\ 0 & a_2(a_2-a_1) & a_3(a_3-a_1) \end{vmatrix}$

$= (a_2-a_1)(a_3-a_1)\begin{vmatrix} 1 & 1 \\ a_2 & a_3 \end{vmatrix}$ となる．同様のことを行えば帰納法により示される．]

2.5.5 (1) 16 (2) 1440 (3) $96a(a+1)(a-2)(a-3)$

2.5.6 (1) $\begin{pmatrix} 1 & 0 & 0 \\ -2 & 1 & 0 \\ 2 & -3 & 1 \end{pmatrix}$ (2) $\dfrac{1}{3}\begin{pmatrix} 2 & -1 & -1 \\ -7 & 8 & 2 \\ 8 & 10 & -1 \end{pmatrix}$

(3) $\begin{pmatrix} 1 & 1 & -1 & -1 \\ 1 & 0 & -1 & 0 \\ -1 & 0 & 1 & 1 \\ -1 & -1 & 2 & 1 \end{pmatrix}$

2.5.7 (1) $x = \dfrac{4a+3b}{17}$, $y = \dfrac{-3a+2b}{17}$ (2) $x = -\dfrac{6}{5}$, $y = 1$, $z = \dfrac{4}{5}$

(3) $x = \dfrac{a^2-3a+5}{(a-1)(a^2+a+7)}$, $y = \dfrac{a^2+3a-1}{(a-1)(a^2+a+7)}$, $z = \dfrac{-a^2+a+3}{(a-1)(a^2+a+7)}$

2.5.8 $3x - y - 6z + 17 = 0$

第3章

3.1.1 (1) $\boldsymbol{a}_4 = 3\boldsymbol{a}_2 - \boldsymbol{a}_3$ (2) $\boldsymbol{a}_1$ は $\boldsymbol{a}_2, \boldsymbol{a}_3, \boldsymbol{a}_4$ の 1 次結合で表せない．

3.1.2 (1) 部分空間 (2) 部分空間でない (3) 部分空間でない
(4) $a = b = 0$ のときに限り部分空間 (5) 部分空間

3.1.3 (1) 部分空間でない (2) 部分空間

3.1.5 (1) 例えば，$\boldsymbol{a}_1 + \boldsymbol{a}_2 + \boldsymbol{a}_3 = \boldsymbol{0}$ より 1 次従属． (2) 1 次独立
(3) $c \neq 0$ のとき 1 次独立; $c = 0$ のとき，例えば $2\boldsymbol{a}_1 - \boldsymbol{a}_2 + \boldsymbol{a}_3 = \boldsymbol{0}$ より 1 次従属．

3.2.1 (1) 1 次元，基底 $\left\{\begin{pmatrix}2\\3\\6\end{pmatrix}\right\}$ (2) 2 次元，基底 $\left\{\begin{pmatrix}1\\0\\-3\end{pmatrix},\begin{pmatrix}0\\1\\-2\end{pmatrix}\right\}$

(3) 2 次元，基底 $\left\{\begin{pmatrix}-2\\1\\0\\5\end{pmatrix},\begin{pmatrix}-3\\0\\1\\10\end{pmatrix}\right\}$ (4) 2 次元，基底 $\left\{\begin{pmatrix}-2\\1\\1\\0\end{pmatrix},\begin{pmatrix}-1\\-2\\0\\1\end{pmatrix}\right\}$

3.2.2 (1) 例えば，基底 $\{\boldsymbol{a}_1,\boldsymbol{a}_2\}$，$\boldsymbol{a}_3=-5\boldsymbol{a}_1+3\boldsymbol{a}_2$，$\boldsymbol{a}_4=7\boldsymbol{a}_1-\boldsymbol{a}_2$
(2) 例えば，基底 $\{\boldsymbol{a}_1,\boldsymbol{a}_2,\boldsymbol{a}_4\}$，$\boldsymbol{a}_3=-3\boldsymbol{a}_1+2\boldsymbol{a}_2$，$\boldsymbol{a}_5=\boldsymbol{a}_1-3\boldsymbol{a}_2+2\boldsymbol{a}_4$

3.2.3 $c=2$

3.2.5 [基底への延長定理を利用せよ．]

3.3.1 (1) 線形写像でない (2) 線形写像，表現行列 $\begin{pmatrix}0&0&3\\0&3&-2\\3&-2&1\end{pmatrix}$

(3) $a=0$，$b=-1$ のときに限り線形写像，表現行列 $\begin{pmatrix}0&0&-1\\1&0&0\end{pmatrix}$

(4) 線形写像，表現行列 $\begin{pmatrix}0&-3&2\\3&0&-1\\-2&1&0\end{pmatrix}$

3.3.2 (1) $\begin{pmatrix}1&0\\-5&2\end{pmatrix}$ (2) $\dfrac{1}{4}\begin{pmatrix}2&6\\-1&7\\1&5\end{pmatrix}$

3.3.3 (1) $\mathrm{Ker}\,f$ の基底 $\left\{\begin{pmatrix}-3\\-2\\1\end{pmatrix}\right\}$, 次元 1; $\mathrm{Im}\,f$ の基底 $\left\{\begin{pmatrix}2\\-3\\1\end{pmatrix},\begin{pmatrix}1\\-2\\-1\end{pmatrix}\right\}$,
次元 2

(2) $\mathrm{Ker}\,f$ の基底 $\left\{\begin{pmatrix}2\\1\\0\\0\end{pmatrix},\begin{pmatrix}-5\\0\\-1\\2\end{pmatrix}\right\}$, 次元 2; $\mathrm{Im}\,f$ の基底 $\left\{\begin{pmatrix}1\\2\\-3\end{pmatrix},\begin{pmatrix}3\\2\\-1\end{pmatrix}\right\}$,
次元 2

3.3.4 $\mathrm{Ker}\,f$ の基底 $\{\boldsymbol{a}_1-2\boldsymbol{a}_2+\boldsymbol{a}_3\}$, 次元 1;
$\mathrm{Im}\,f$ の基底 $\{\boldsymbol{a}_2+\boldsymbol{a}_3,\boldsymbol{a}_1+2\boldsymbol{a}_2-\boldsymbol{a}_3\}$, 次元 2

3.3.5 $g\circ f$ の表現行列 $\begin{pmatrix}3&-4&5\\1&1&-3\\0&1&-2\end{pmatrix}$, $f\circ g$ の表現行列 $\begin{pmatrix}0&-2\\1&2\end{pmatrix}$． $g\circ f$ は逆

変換をもたない. $(f \circ g)^{-1}\begin{pmatrix} x_1 \\ x_2 \end{pmatrix} = \begin{pmatrix} x_1 + x_2 \\ -\dfrac{x_1}{2} \end{pmatrix}$

3.3.6 (1) $\left\{\begin{pmatrix} 2 \\ 5 \\ 6 \end{pmatrix}\right\}$ (2) $\left\{\begin{pmatrix} -3 \\ -4 \\ 4 \end{pmatrix}, \begin{pmatrix} -1 \\ -3 \\ 8 \end{pmatrix}\right\}$

3.3.7 [$\mathrm{Im}\, f_B \subset \mathrm{Ker}\, f_A$ であることと, 次元定理による.] 後半の例 : $\begin{pmatrix} 0 & 0 & 0 \\ 1 & 1 & 1 \\ -1 & -1 & -1 \end{pmatrix}$

3.4.1 $\dfrac{\pi}{2}$ のとき $c = \dfrac{1}{4}$; $\dfrac{\pi}{3}$ のとき $c = 4$; $\dfrac{2\pi}{3}$ のとき $c = -2, -6$

3.4.3 (1) $\left\{\dfrac{1}{\sqrt{5}}\begin{pmatrix} 1 \\ -2 \end{pmatrix}, \dfrac{1}{\sqrt{5}}\begin{pmatrix} 2 \\ 1 \end{pmatrix}\right\}$ (2) $\left\{\dfrac{1}{3}\begin{pmatrix} 1 \\ 2 \\ 2 \end{pmatrix}, \dfrac{1}{3\sqrt{2}}\begin{pmatrix} 4 \\ -1 \\ -1 \end{pmatrix}, \dfrac{1}{\sqrt{2}}\begin{pmatrix} 0 \\ -1 \\ 1 \end{pmatrix}\right\}$

(3) $\left\{\dfrac{1}{2}\begin{pmatrix} 1 \\ 1 \\ 1 \\ 1 \end{pmatrix}, \dfrac{1}{2\sqrt{5}}\begin{pmatrix} -3 \\ -1 \\ 1 \\ 3 \end{pmatrix}, \dfrac{1}{\sqrt{30}}\begin{pmatrix} 2 \\ -1 \\ -4 \\ 3 \end{pmatrix}\right\}$

3.4.4 $\left\{\dfrac{1}{\sqrt{2}}\begin{pmatrix} 1 \\ 0 \\ 0 \\ -1 \end{pmatrix}, \dfrac{1}{\sqrt{3}}\begin{pmatrix} -1 \\ 1 \\ 0 \\ -1 \end{pmatrix}, \dfrac{1}{\sqrt{10}}\begin{pmatrix} -1 \\ -2 \\ 2 \\ -1 \end{pmatrix}\right\}$

3.4.6 (1) $a = \dfrac{1}{\sqrt{3}},\ b = \dfrac{1}{\sqrt{2}},\ c = 0,\ d = \dfrac{1}{\sqrt{6}},\ e = -\dfrac{1}{\sqrt{6}},\ f = -\dfrac{2}{\sqrt{6}}$

(2) $\boldsymbol{a} = \dfrac{2}{\sqrt{3}}\boldsymbol{u}_1 + \dfrac{5}{\sqrt{2}}\boldsymbol{u}_2 - \dfrac{1}{\sqrt{6}}\boldsymbol{u}_3$

3.4.8 (3) $A = \dfrac{1}{3}\begin{pmatrix} 1 & 2 & -2 \\ 2 & 1 & 2 \\ -2 & 2 & 1 \end{pmatrix}$

第 4 章

4.1.1 (1) $3, 4$; $V(3) = \left\langle\begin{pmatrix} 1 \\ 1 \end{pmatrix}\right\rangle,\ V(4) = \left\langle\begin{pmatrix} 1 \\ 2 \end{pmatrix}\right\rangle$

(2) a (重複度 2); $V(a) = \left\langle\begin{pmatrix} 1 \\ 2 \end{pmatrix}\right\rangle$ (3) 2 (重複度 3); $V(2) = \left\langle\begin{pmatrix} 1 \\ 0 \\ 1 \end{pmatrix}, \begin{pmatrix} 0 \\ 1 \\ 2 \end{pmatrix}\right\rangle$

(4) $1, 2, -3$; $V(1) = \left\langle\begin{pmatrix} 1 \\ 0 \\ -1 \end{pmatrix}\right\rangle, V(2) = \left\langle\begin{pmatrix} -2 \\ 2 \\ 5 \end{pmatrix}\right\rangle, V(-3) = \left\langle\begin{pmatrix} 1 \\ -1 \\ 0 \end{pmatrix}\right\rangle$

(5) -3 (重複度 2), -1; $V(-3) = \left\langle \begin{pmatrix} 0 \\ 1 \\ 1 \end{pmatrix} \right\rangle, V(-1) = \left\langle \begin{pmatrix} 1 \\ 2 \\ 1 \end{pmatrix} \right\rangle$

(6) 1 (重複度 2), -1 (重複度 2); $V(1) = \left\langle \begin{pmatrix} 0 \\ 0 \\ 1 \\ 1 \end{pmatrix} \right\rangle, V(-1) = \left\langle \begin{pmatrix} 1 \\ -1 \\ 0 \\ 0 \end{pmatrix}, \begin{pmatrix} 0 \\ 0 \\ 1 \\ -1 \end{pmatrix} \right\rangle$

4.1.2 $-1 < ab < 3$

4.2.1 (1) 対角化できない

(2) $P = \begin{pmatrix} 1 & 1 \\ 2 & -1 \end{pmatrix}$ により $P^{-1}AP = \begin{pmatrix} 1 & 0 \\ 0 & 4 \end{pmatrix}$

(3) $P = \begin{pmatrix} 1 & 1 & 2 \\ 1 & 2 & 3 \\ 1 & 1 & 1 \end{pmatrix}$ により $P^{-1}AP = \begin{pmatrix} -1 & 0 & 0 \\ 0 & 0 & 0 \\ 0 & 0 & 1 \end{pmatrix}$

(4) 対角化できない

(5) $P = \begin{pmatrix} 1 & 0 & -2 \\ 0 & 1 & -1 \\ -2 & 3 & 2 \end{pmatrix}$ により $P^{-1}AP = \begin{pmatrix} 2 & 0 & 0 \\ 0 & 2 & 0 \\ 0 & 0 & 1 \end{pmatrix}$

4.2.2 (1) $\begin{pmatrix} 2{\cdot}3^n - 4^n & 3^n - 4^n \\ -2{\cdot}3^n + 2{\cdot}4^n & -3^n + 2{\cdot}4^n \end{pmatrix}$

(2) $\begin{pmatrix} -2^n + 2{\cdot}3^n & 0 & -2^{n+1} + 2{\cdot}3^n \\ 0 & 1 & 0 \\ 2^n - 3^n & 0 & 2^{n+1} - 3^n \end{pmatrix}$

4.2.3 例えば, $\begin{pmatrix} 3 & -2 \\ 1 & 0 \end{pmatrix}$

4.2.4 $a \neq 0$ のとき $b = 0$; $a = 0$ のとき $b = c = d = 0$

4.3.1 (1) $P = \dfrac{1}{\sqrt{5}} \begin{pmatrix} 2 & 1 \\ -1 & 2 \end{pmatrix}$ により ${}^tPAP = \begin{pmatrix} 2 & 0 \\ 0 & 7 \end{pmatrix}$

(2) $P = \begin{pmatrix} \frac{1}{\sqrt{2}} & 0 & \frac{1}{\sqrt{2}} \\ 0 & 1 & 0 \\ \frac{1}{\sqrt{2}} & 0 & -\frac{1}{\sqrt{2}} \end{pmatrix}$ により ${}^tPAP = \begin{pmatrix} 1 & 0 & 0 \\ 0 & 1 & 0 \\ 0 & 0 & -1 \end{pmatrix}$

(3) $P = \begin{pmatrix} \frac{1}{\sqrt{6}} & \frac{1}{\sqrt{3}} & \frac{1}{\sqrt{2}} \\ \frac{2}{\sqrt{6}} & -\frac{1}{\sqrt{3}} & 0 \\ \frac{1}{\sqrt{6}} & \frac{1}{\sqrt{3}} & -\frac{1}{\sqrt{2}} \end{pmatrix}$ により ${}^tPAP = \begin{pmatrix} 1 & 0 & 0 \\ 0 & 4 & 0 \\ 0 & 0 & -1 \end{pmatrix}$

(4) $P=\begin{pmatrix} \frac{1}{\sqrt{2}} & -\frac{1}{\sqrt{6}} & \frac{1}{\sqrt{3}} \\ 0 & \frac{2}{\sqrt{6}} & 0 \\ -\frac{1}{\sqrt{2}} & -\frac{1}{\sqrt{6}} & \frac{1}{\sqrt{3}} \end{pmatrix}$ により ${}^tPAP=\begin{pmatrix} a-1 & 0 & 0 \\ 0 & a-1 & 0 \\ 0 & 0 & a+2 \end{pmatrix}$

4.3.3 [演習問題 3.4.7 を利用せよ.]

4.3.4 (1) $V(2)=\left\langle \begin{pmatrix} 1 \\ 1 \end{pmatrix} \right\rangle, \quad A=\frac{1}{2}\begin{pmatrix} 1 & 3 \\ 3 & 1 \end{pmatrix}$

(2) $V(2)=\left\langle \begin{pmatrix} 1 \\ 1 \\ 0 \end{pmatrix}, \begin{pmatrix} 0 \\ 1 \\ 1 \end{pmatrix} \right\rangle, \quad A=\frac{1}{3}\begin{pmatrix} 7 & -1 & 1 \\ -1 & 7 & -1 \\ 1 & -1 & 7 \end{pmatrix}$

4.4.1 (1) $\begin{pmatrix} x_1 \\ x_2 \end{pmatrix}=\begin{pmatrix} \frac{1}{\sqrt{2}} & \frac{1}{\sqrt{2}} \\ -\frac{1}{\sqrt{2}} & \frac{1}{\sqrt{2}} \end{pmatrix}\begin{pmatrix} y_1 \\ y_2 \end{pmatrix}$ により $y_1^2+3y_2^2$

(2) $\begin{pmatrix} x_1 \\ x_2 \\ x_3 \end{pmatrix}=\begin{pmatrix} \frac{1}{\sqrt{2}} & -\frac{1}{\sqrt{6}} & \frac{1}{\sqrt{3}} \\ 0 & \frac{2}{\sqrt{6}} & \frac{1}{\sqrt{3}} \\ -\frac{1}{\sqrt{2}} & -\frac{1}{\sqrt{6}} & \frac{1}{\sqrt{3}} \end{pmatrix}\begin{pmatrix} y_1 \\ y_2 \\ y_3 \end{pmatrix}$ により $-y_1^2-y_2^2+2y_3^2$

(3) $\begin{pmatrix} x_1 \\ x_2 \\ x_3 \end{pmatrix}=\begin{pmatrix} \frac{2}{\sqrt{6}} & \frac{1}{\sqrt{3}} & 0 \\ \frac{1}{\sqrt{6}} & -\frac{1}{\sqrt{3}} & \frac{1}{\sqrt{2}} \\ \frac{1}{\sqrt{6}} & -\frac{1}{\sqrt{3}} & -\frac{1}{\sqrt{2}} \end{pmatrix}\begin{pmatrix} y_1 \\ y_2 \\ y_3 \end{pmatrix}$ により $y_1^2+4y_2^2-y_3^2$

(4) $\begin{pmatrix} x_1 \\ x_2 \\ x_3 \\ x_4 \end{pmatrix}=\frac{1}{\sqrt{2}}\begin{pmatrix} 1 & 0 & 1 & 0 \\ 0 & 1 & 0 & 1 \\ 0 & 1 & 0 & -1 \\ 1 & 0 & -1 & 0 \end{pmatrix}\begin{pmatrix} y_1 \\ y_2 \\ y_3 \\ y_4 \end{pmatrix}$ により $y_1^2+y_2^2-y_3^2-y_4^2$

4.4.3 (1) $-2<a<2$ (2) $a<4$ (3) $-1/2<a<1$

4.4.4 [$(A\boldsymbol{x}, A\boldsymbol{x}) \geqq 0$ を用いよ.]

4.4.5 (1) $\frac{X^2}{3}+\frac{Y^2}{2}=1$ (楕円) (2) $\frac{X^2}{2}-\frac{Y^2}{14}=1$ (双曲線)

(3) $Y=\frac{1}{\sqrt{5}}X^2$ (放物線)

第5章

5.6 (1) [(i) $c_1(x+1)+c_2(x+1)^2+c_3(x-1)^2=0$ が成立するための c_1, c_2, c_3 についての条件を考えればよい. (ii) についても同様.]

(2) $\boldsymbol{R}[x]_2$ の基底として $\{x^2, x, 1\}$ を考え, これに関する表現行列を用いる.

(i) $(x+1, (x+1)^2, (x-1)^2)=(x^2, x, 1)\begin{pmatrix} 0 & 1 & 1 \\ 1 & 2 & -2 \\ 1 & 1 & 1 \end{pmatrix}$ であるので, 表現行列

$A = \begin{pmatrix} 0 & 1 & 1 \\ 1 & 2 & -2 \\ 1 & 1 & 1 \end{pmatrix}$ について調べると，A が正則行列であることがわかるので，定理 5.3.5 により，与えられた組は 1 次独立である．(ii) 同様にして，1 次従属である．

5.7 (1) 例えば，$\{\boldsymbol{b}_1, \boldsymbol{b}_2, \boldsymbol{b}_4\}$ は 1 次独立な最大組の 1 つ．$\boldsymbol{b}_3 = -3\boldsymbol{b}_1 + 5\boldsymbol{b}_2$

(2) 例えば，$\{\boldsymbol{b}_1, \boldsymbol{b}_3\}$ は 1 次独立な最大組の 1 つ．$\boldsymbol{b}_2 = 2\boldsymbol{b}_1$, $\boldsymbol{b}_4 = 2\boldsymbol{b}_1 - 3\boldsymbol{b}_3$

5.8 (1) 例えば，$\{f_1(x), f_2(x)\}$ は 1 次独立な最大組の 1 つ．$f_3(x) = -3f_1(x) - 2f_2(x)$, $f_4(x) = f_1(x) + 5f_2(x)$.

(2) 例えば，$\{f_1(x), f_3(x), f_4\}$ は 1 次独立な最大組の 1 つ．$f_2(x) = 2f_1(x)$

5.10 (1) 部分空間ではない． (2) 部分空間である． (3) 部分空間ではない．

(4) 部分空間である．

5.11 例えば，$\{2x^3 + 3x^2 - 5, 3x^3 + 2x^2 - 5x\}$ は基底の 1 つ．次元は 2.

5.15 $y_1 = c_1e^{3x} + 3c_2e^{-2x}$, $y_2 = 2c_1e^{3x} + c_2e^{-2x}$ (ただし，c_1, c_2 は任意定数)

5.16 $y = c_1e^{x} + c_2e^{5x}$ (ただし，c_1, c_2 は任意定数)

索　引

さ　行

た　行

な　行

は　行

ま　行

や　行

ら 行

わ

編者略歴

桂　利行
かつら　としゆき

1976年　東京大学大学院理学系研究科
博士課程（数学専攻）中退
現　在　東京大学名誉教授，理学博士

著者略歴

池田敏春
いけだ　としはる

1979年　広島大学大学院理学研究科修士
課程修了
現　在　九州工業大学名誉教授，
理学博士

佐藤好久
さとう　よしひさ

1988年　九州大学大学院理学研究科修士
課程（数学専攻）修了
現　在　九州工業大学大学院情報工学研
究院教授，博士（理学）

廣瀬英雄
ひろせ　ひでお

1977年　九州大学理学部数学科卒業
現　在　九州工業大学名誉教授，
工学博士

2015年 4月30日　初 版 発 行
2025年 2月20日　初版第9刷発行

理工系学生のための
線形代数

編　者　桂　利行
著　者　池田敏春
　　　　佐藤好久
　　　　廣瀬英雄
発行者　山本　格

発行所　株式会社　培風館
東京都千代田区九段南4-3-12・郵便番号 102-8260
電話(03)3262-5256(代表)・振替 00140-7-44725

中央印刷・牧 製本

PRINTED IN JAPAN

ISBN978-4-563-00491-0　C3041